# 飞行器红外图像目标检测与跟踪技术

杨小冈　卢瑞涛　陈世伟　席建祥　著

科学出版社

北京

# 内 容 简 介

本书主要研究飞行器红外图像目标检测与跟踪技术，包括红外弱小目标检测、红外显著目标的异源匹配检测、红外显著目标的深度学习检测、启发式红外显著目标跟踪、辨别式红外显著目标跟踪、惯导信息辅助图像目标跟踪优化等关键问题，提出并构建飞行器红外图像目标检测与跟踪仿真系统，为推动相关基础理论研究的深入开展，以及研究成果的工程应用提供有效的技术支撑。

本书可以作为控制科学与工程、兵器科学与技术、航空宇航科学与技术、测绘科学与技术、信息与通信工程、计算机科学与技术等专业的研究生教材，也可供从事计算机视觉与应用、飞行器精确导航与制导、目标探测与图像处理、模式识别与智能系统等相关领域研究的科研人员参考使用。

**图书在版编目（CIP）数据**

飞行器红外图像目标检测与跟踪技术 / 杨小冈等著. —北京：科学出版社，2022.1

ISBN 978-7-03-071245-5

Ⅰ. ①飞… Ⅱ. ①杨… Ⅲ. ①飞行器-红外成像系统-目标检测 ②飞行器-红外成像系统-目标跟踪 Ⅳ. ①V249.32

中国版本图书馆 CIP 数据核字（2021）第 267183 号

责任编辑：魏英杰 / 责任校对：崔向琳
责任印制：吴兆东 / 封面设计：陈　敬

科学出版社 出版
北京东黄城根北街 16 号
邮政编码：100717
http://www.sciencep.com
北京厚诚则铭印刷科技有限公司印刷
科学出版社发行　各地新华书店经销

*

2022 年 1 月第 一 版　开本：720×1000　B5
2024 年 3 月第三次印刷　印张：21　插页 10
字数：426 000

**定价：180.00 元**
（如有印装质量问题，我社负责调换）

# 前　言

五年前，作者团队出版了《飞行器异源景像匹配制导技术》，是国内较早从机器视觉的角度系统论述飞行器景像匹配导航与制导相关理论与技术问题的学术著作。该书以增强飞行器景像匹配制导系统的可靠性、精确性、鲁棒性为目的，深入研究异源景像匹配制导方法与仿真技术。书中明确指出，"机器视觉的应用是飞行器导航与制导系统向自主化、智能化方向发展的关键技术途径之一"。时至今日，智能技术发展蓬勃兴起，机器视觉应用遍地开花，作者团队坚守研究初心，通过凝练近年来最新研究成果，兼顾内容体系，组织出版本书。

本书瞄准飞行器智能化视觉导航与制导系统发展需求，针对机载红外成像探测模式，深入研究地面复杂背景条件下的目标检测与跟踪技术，包括红外弱小目标检测、红外显著目标检测、启发式目标跟踪、辨别式目标跟踪、惯导辅助目标跟踪、红外目标检测与跟踪仿真等关键热点问题。

全书共八章。第1章绪论，概要论述红外图像目标检测与跟踪技术的基本问题、研究现状、应用情况，以及本书的研究内容与结构安排。

第2章围绕红外图像弱小目标检测问题展开研究，在总结经典弱小目标检测算法的基础上，从单帧图像和序列图像两个方面对红外弱小移动目标检测进行深入研究，设计了三种有效的弱小目标检测算法，并通过仿真验证算法有效性。

第3章重点研究红外图像显著目标的异源匹配检测技术。在对经典的基于边缘匹配分析的基础上，从互信息度量、分布场特征和方向距特征三个方面入手，设计有效的异源图像检测算法，为异源图像匹配的工程应用提供技术参考。

第4章对基于深度学习的显著目标检测技术进行重点研究，在分析典型深度学习目标检测框架的基础上，对候选区域选取方法进行深入研究，并设计基于级联卷积神经网络的目标检测算法，最后重点分析目标多视点图像仿真生成算法。

第5章围绕启发式的红外图像显著目标跟踪方法进行研究。从经典的均值漂移算法适应性改进，到贝叶斯分布场的拓展应用，再到稀疏子模板的可靠表示，最后到局部词袋的鲁棒描述，对启发式的目标跟踪算法进行设计与仿真验证。

第6章深入研究辨别式的红外图像显著目标跟踪方法，从局部特征和全局特征两个方面研究流形排序下的目标跟踪算法，并对核相关滤波算法进行适应性改进，提高跟踪精度，最后对深度学习算法在目标跟踪中的应用进行探讨。

第7章重点分析惯导信息辅助图像目标跟踪优化问题，考虑飞行器上惯导信息对目标跟踪中的模板校正、位置预测等方面的研究内容，切实为跟踪算法的工程应用提供技术手段。

第8章提出并构建红外图像目标检测与跟踪仿真实验系统，综合集成本书研究的理论成果及目标检测与跟踪领域的相关技术内容，重点介绍硬件结构、工作原理和主要功能，并在仿真系统中对相关算法进行测试，为相关理论在武器系统中的实用化与工程化提供有效的技术参考与支持。

作者团队长期围绕"图像识别与智能化精确制导技术"，开展了大量基础性、前瞻性与实用性的研究工作。该团队隶属火箭军工程大学"控制科学与工程"国家重点学科，负责新兴学科方向"导弹智能认知与控制技术"建设任务，2020年入选"陕西高校青年创新团队"。本书内容是团队多年来创新研究成果的梳理与总结。本书的出版得到邵军勇院长、张旭东局长的大力支持，得益于黄新生教授、王仕成教授、胡昌华教授、王煊军教授、王宏力教授、张胜修教授、王雪梅教授、付光远教授等的悉心指导，刘云峰高工、苏娟教授、蔡光斌副教授、王家泽工程师、汤文工程师、胡来红讲师、李传祥讲师等的真诚帮助，赵爱罡、齐乃新、王建永、郑刚、付阁、唐小佩、李维鹏、范继伟、黄月平、张涛、刘闯、高凡、黄攀、李清格、常振良、陈彤等研究生的辛勤付出。在本书付梓之际，向他们表示崇高的敬意和衷心的感谢！

特别感谢国家自然科学基金项目(61203189、61374054、61806209)对本书相关研究的资助！

限于作者水平，书中难免存在不妥之处，恳请读者批评指正。

作　者

2021 年 1 月于西安

# 目　　录

# 第1章 绪 论

异源景像匹配技术可为各类飞行器的自主导航提供重要技术途径，是自主巡视飞行器领域研究的关键、热点问题[1]。具备自主精确导航能力的飞行器可以为空基影像测量、区域监测、资源勘探、情报保障、任务规划等新兴技术的发展提供基础平台支撑，广泛应用于城市规划、移动安防、智慧厂区、智能装备等高新科技领域。在自主导航基础上，具备环境智能感知能力是飞行器智能化发展的一个重要特征。本书结合智能飞行器发展需求，针对典型应用场合的目标检测与跟踪问题展开研究，特别是以红外成像模式为背景，体现环境感知的全天时特性，包括弱小目标与区域目标、固定目标与时敏目标等多种常见目标类型，以期为特定应用场合的空地智能感知提供理论与技术参考。本章系统论述图像目标检测与跟踪的基本问题，从图像目标检测技术、图像目标跟踪技术，以及相关技术应用现状等方面分析国内外相关领域的研究进展与趋势。

## 1.1 图像目标检测与跟踪问题描述

目标检测与跟踪是计算机视觉领域的核心技术，为后续的目标识别、行为识别、场景理解、态势感知等提供重要的信息来源和技术基础[2]。目标检测与跟踪直接作用于输入图像，给出目标的位置信息、形状信息、属性信息和连续信息，将这些信息传递给视觉分析和理解系统，从而完成对图像的高级处理过程。

### 1.1.1 图像目标检测问题

目标检测的范畴主要包括行人检测、车辆检测、区域运动检测、时敏目标检测、异常变化检测、威胁检测，以及生物体检测等，目标检测通常是目标识别和跟踪系统的前期处理环节，检测性能的优劣直接影响后续跟踪的精度[3]。目标检测技术可以是依据单帧图像的检测，也可以是利用视频序列的检测，处理的图像模式既可以是可见光图像，也可以是红外图像、夜视图像、合成孔径雷达(synthetic aperture radar，SAR)图像等。本书重点考虑红外图像的目标检测问题。

目标检测的主要任务是从图像或者视频序列中将敏感，或者感兴趣的目标提取来，并给出其精确定位的过程。一般来说，它是利用目标的特征信息或者目标与背景的差异信息，将目标从背景中分离并定位[4]。但是，在真实的场景中，图像背景复杂多变、目标和背景相互耦合、目标的运动状态未知、场景中的干扰较大。这些都给目标检测带来较大的挑战。

按照算法处理对象的不同，目标检测系统的框架结构可分为基于背景建模的目标检测系统和基于前景建模的目标检测框架。基于背景建模的方法通常通过连续帧图像对背景进行建模和估计，并通过差分图像来有效分离出前景区域，最后通过阈值的分割提取目标。基于背景模型的算法结构如图 1.1 所示。

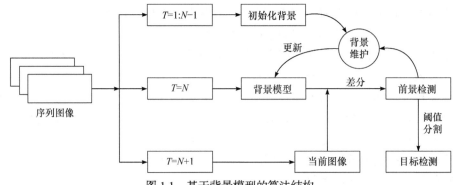

图 1.1　基于背景模型的算法结构

基于前景目标检测方法直接利用目标的特征信息，如颜色、形状、纹理、轮廓或者高层特性等，建立目标具有辨别性的描述模型，并通过设计有效的分类器对目标进行分类和定位，从而完成对目标的检测。基于前景模型的算法结构如图 1.2 所示。

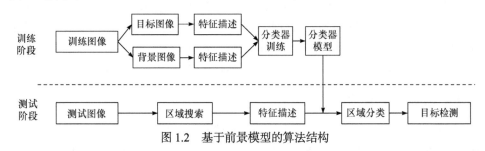

图 1.2　基于前景模型的算法结构

### 1.1.2　图像目标跟踪问题

目标跟踪问题可以描述为在场景中估计目标轨迹的过程，一个典型的目标跟踪系统包含四个模块[5]。跟踪系统的各部分组成如图 1.3 所示。对于一个输入图像序列，手动或者自动检测到目标，将目标的状态作为跟踪的初始状态，同时对目标建模，获取相关特征构造目标的描述类型，然后在后续的图像中利用目标模型，采用统计滤波或者密度估计的方式估计目标当前的状态，同时利用当前定位结果更新目标模型[6]。

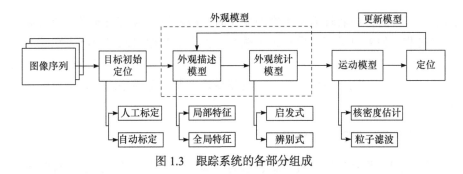

图 1.3　跟踪系统的各部分组成

(1) 目标初始定位

在目标的初始化阶段，初始定位一般分为手动标记定位和自动标记定位。对于手动标记定位，例如在传统的电视制导武器，以及在察打一体无人机的机载成像武器中，通过作战人员标定要打击的目标，确定打击的对象。对于自动标记定位，例如在智能监控中通过与固定背景比较自动获取运动目标，人脸识别中自动对人脸的识别定位，以及在最新的具备发射后不管(fire and forget，FAF)的制导武器中利用异源景像匹配技术，都具备对目标的自动捕获能力。

(2) 外观模型

在获得目标初始状态的基础上，下一步就是提取目标的特征，即构造目标描述模型。一般来说，目标描述模型有全局特征和局部特征两种。全局特征包括区域像素特征、光流特征、直方图特征和主动轮廓特征等。局部特征包括模板子块特征、分割特征、点特征和显著性特征等。外观统计模型根据目标的描述特征，利用统计学的方法通过构造有效的数学模型区分目标。外观统计模型一般分为启发式模型和辨别式模型。启发式模型首先搜索候选区域，然后通过比较与参考目标模型的相似度来定位最可能目标区域。辨别式模型把目标跟踪问题看作一个在图像局部区域内的二值分类问题，目的是通过分类面把目标从背景中分离出来。

(3) 目标运动模型

目标运动模型是在一帧图像中获取候选样本的过程，直接影响跟踪算法的效率和鲁棒性[7]。一般情况下，都是通过预测器来完成的，如核密度估计(kernel density estimation，KDE)和粒子滤波(particle filter，PF)等。KDE 本质上是一种梯度下降方法，通过不断地迭代移动，直至收敛到极值。PF 是一种用于估计动态系统状态变量的后验概率分布的贝叶斯重要性采样(importance sampling，IS)技术。它可以给出一种能够方便地进行状态变量分布的后验概率密度函数估计和随时间推演的算法框架。

(4) 更新模型

由于目标和背景会在跟踪过程中不断变化，如果目标模型不进行更新，当目标的形变较大时，或者环境发生剧烈变化时，跟踪算法就无法准确定位目标，导致跟踪失败；如果目标模型更新过于频繁，就会不断地引入误差产生跟踪漂移问题。目标模型的更新是一个合理权衡的过程，如何设计有效的更新策略，使跟踪算法可以鲁棒地适应外观的变化，同时尽量地抑制跟踪漂移问题，是目标跟踪技术的研究重点。

### 1.1.3 图像检测与跟踪技术应用

目标检测与跟踪是计算机视觉领域的一项重要工作。随着高性能计算机的增多和摄像机的普及，对自动视频分析与日俱增的需求，目标检测与跟踪成为当前的热门研究领域。目前来说，图像检测与目标跟踪技术的应用主要包括如下领域。

(1) 智能视频监控

视频监控正在迅速向着网络化、数字化的方向发展。智能视频监控是在没有人工干预的情况下，自动地从非结构化的视频中提炼出结构化信息，并把对信息的表达从图像层次提升到语义层次。智能视频监控已经成为视频监控的重要发展方向，受到国内外各界的广泛关注。卡内基·梅隆大学等在美国国防部的支持下，先后启动多项关于智能视频监控的研究，并取得一系列进展。国外的一些信息巨头，如微软、国际商业机器公司(International Business Machines Corporation, IBM)、英特尔等也十分重视智能视频监控相关技术，分别设置了专业的研究部门进行相关理论研究，并开发了一些智能视频监控软硬件系统和中间件[8]。国内的智能视频监控虽然起步晚，但是发展迅速，以海康威视、大华等安防公司为代表，在智能监控技术方面取得很大的突破和应用推广。

(2) 智能交通系统

作为未来交通系统的发展方向,智能交通系统是将先进的数据通信传输技术、电子传感技术，以及计算机技术等有效地集成运用于整个地面交通管理系统而建立的实时、高效的综合交通运输管理系统。智能交通系统主要分析视频信息对交通流量进行评估、分析和控制。在视频流中，实时检测和跟踪车辆通过分析车辆的速度、车流的密度和道路的拥堵情况，以及对违章逃逸车辆的追踪、车辆异常行为的分析等建立并完善智能交通系统的结构[9]。智能交通系统可以每天连续24小时进行实时监控，并对海量的数据进行分析和理解，极大地节省人力、财力和物力，提高工作效率。

(3) 智能机器人

机器人通过摄像头捕获视觉信息，通过目标跟踪技术进行目标定位，并在此基础上完成指定的任务。在机器人技术这一领域，美国和日本具有较大优势。美国的波士顿动力(Boston Dynamics)公司代表超级机器人的国际最高水平，最新研制的一款机器狗，可以完成奔跑、转弯、爬坡等诸多挑战动作，用于全地形探测、复杂环境应急救援等任务。另外，波士顿动力还研制了一款名为 Atlas 的仿人机器人。相比于日本的阿西莫，Atlas 可以更加熟练地行走、爬楼梯和跳跃，还能在受到冲击时保持平衡稳定。智能机器人可以依靠安装的摄像机和传感器，通过局部视觉方式，实现对目标的检测、识别，进而有目的地移动并完成指定任务，可代替人在危险环境中(如有毒、放射线、水下、污染等)进行指定的劳动等。智能机器人的工作环境复杂多变，给目标检测与跟踪算法提出了更高的要求和挑战，因此研究精度更高、实时性更好的目标检测与跟踪算法，对进一步推广智能机器人的应用领域具有重要意义。

(4) 智能人机交互

随着虚拟现实技术的快速发展，人们已经不满足于传统的鼠标和键盘为主的交互方式，而是期望计算机以更加智能的方式与人进行交流。要实现这种智能的交互方式，计算机需要通过摄像头采集图像信息，并捕获和跟踪人类的运动，对相关数据(如表情、手势、姿势和身体动作)进行分析和理解。目标跟踪技术是分析和理解语义信息的基础。相比于传统的键盘和鼠标为主的接触式人机交互技术，微软于 2010 年开发的 Kinect 体感游戏系统，为人机交互提供了一种更加直观和方便的交互方式，并在后续对 Kinect 进行升级，在图像处理速度和深度检测精度有了进一步的提高。

(5) 精确导航与制导

现代的战争不仅要求精确制导武器能够准确地摧毁目标，还要求更高的隐蔽性、可靠性和抗干扰能力。成像制导武器已经成为精确制导武器发展的主要方向。基于视觉的目标跟踪技术能够在线实时地提供目标的精确位置、面积、运动速度等有效信息，是成像制导系统中不可缺少的一部分[10]。目标跟踪技术还在军事领域的其他方面有着广泛的应用，包括战场侦察、武器控制系统、航天器的导航定位，以及光电检测系统等领域。无人机(unmanned aerial vehicle，UAV)在进行搜索侦查和精确打击任务中[11]，能否在复杂的场景中精确检测和稳定跟踪真实目标，是完成任务的关键步骤，如以色列梅卡瓦火控系统、日本 90 式主战坦克火控系统、美国海军陆战队的 AV-8A 系统等。

(6) 智能医学诊断

智能医学诊断是指对图像进行增强、标记，以及生物特征的检测、跟踪来帮助医生诊断疾病，并协助医生对感兴趣的区域进行定性或定量的估计测量和比较，也可以对患病部位进行跟踪识别，增强医生对病情深入了解，协助医生更快、更准确地祛除疾病。目前，超声波和核磁共振(nuclear magnetic resonance，NMR)技术已被广泛地应用于病情诊断。目标检测与跟踪技术在超声波和核磁共振序列图像的自动分析中有广阔的应用前景，可基于超声波图像和核磁共振图像进行病情的智能处理和辅助判断，为医生的诊断提供更可靠和更全面的辅助诊断信息。

另外，视觉目标检测和跟踪技术还在图像压缩、视频检索、三维重构、虚拟现实、活动分析等领域具有重要的应用价值。

# 1.2　图像目标检测技术研究进展

空地复杂场景下的目标检测由于特殊的应用场景和传感器探测模式，其成像与可见光相比有独有的特点，主要体现在红外场景下的目标颜色信息缺乏、亮度信息与目标本身的热辐射直接相关、在远距离目标缺乏纹理等特性。本节对空地复杂背景下的远距离红外弱小目标检测、异源图像匹配检测、基于深度学习的目标检测三个方面对目前的研究进展进行分析。

## 1.2.1　红外弱小目标检测技术

在信息化战争中，尽早地识别并锁定目标具有重要的意义。由于弱小移动目标的特殊性和复杂性，弱小目标的检测技术成为目标识别领域的难点。针对弱小移动目标的检测，目前的算法大致可以分为基于单帧图像的检测算法和基于序列图像的检测算法。

1. 基于单帧图像的红外弱小目标检测算法

基于单帧图像的检测算法利用弱小目标在灰度分布上的奇异性，在空域或者频域上对背景杂波进行抑制，增强目标，然后通过分割算法实现对弱小目标的检测。算法通常包括空间域图像的检测算法和频率域图像的检测算法。

(1) 空间域类型的检测算法

空间域类型的检测算法主要依靠目标与背景的差异性，通过背景估计或者高通滤波的方式达到抑制背景增强目标的目的。传统的空域滤波算法包括高通模板滤波算法、低通滤波算法、形态学的算法、二维最小均方(two dimensional least mean square，TDLMS)滤波算法、人类视觉系统(human visual system，HVS)算法和稀疏表示算法等。

高通模板滤波算法，通过高通模板与原始红外图像做卷积来抑制低频背景分量，增强高频分量，提高弱小目标的信噪比[12]。董鸿燕等[13]在对比高通模板的滤波性能之后，提出一种基于高通和顺序滤波相结合的小目标检测算法。夏爱利等[14]采用多级高通滤波器对图像进行滤波，可以有效地抑制背景杂波，提高算法的单帧检测能力。侯洁等[15]将高通滤波与图像增强技术结合，提出一种准确快速的单帧检测算法，可以在突出小目标的同时实现对噪声的抑制。基于高通模板滤波的算法速度快、实时性好，但很容易受到噪声和亮斑的干扰。

低通滤波算法，利用构造不同的滤波器对背景进行估计，然后通过原图与估计背景的差分抑制背景杂波[16,17]。常用的滤波器包括中值滤波器、均值滤波器等。Nie 等[18]对目标背景的特性进行分析，提出一种基于维纳滤波器的自适应背景抑制的算法。Bae 等[19]利用空间双边滤波器和时间差乘相结合的算法检测运动小目标。基于低通滤波的检测算法简单便于实现，但是对于复杂地面背景的图像，如果存在亮斑和强边缘的干扰，这种算法的检测性能就会急剧下降。

形态学算法，是一种非线性滤波方法。这种方法通过在图像上进行集合的开、闭运算来抑制奇异点。基于形态学的 Tophat 算子滤波对背景的抑制具有较好的作用，受到越来越多的关注[20]。Ye 等[21]提出一种基于能量累计和形态学 Tophat 算子的弱小目标检测算法，在平稳的背景中得到较好的检测效果。过润秋等[22]首先利用形态学 Tophat 变换，实现对背景的抑制和候选目标的提取，然后通过开运算进一步去除虚假目标和噪声，可以准确地检测出弱小目标。为了解决传统 Tophat 滤波器适应性较差的缺点，文献[23]采用神经网络和遗传算法优化滤波器的参数，得到较好的效果。文献[24]根据目标区域的性质，在轮廓结构的基础上提出一种修正的 Tophat 变换，可以提高弱小目标的检测性能。文献[25]对各种改进的 Tophat 滤波器的关系和性能进行了对比。由于形态学滤波中结构元素的尺寸要大于目标的尺寸，才能实现对目标的检测，因此结构元素的选取和构造方法就成为形态学算法的关键点和难点。

TDLMS 滤波算法。TDLMS 滤波器[26]被认为是一种非常有效的背景自适应滤波算法，将其应用到红外小目标的检测中可以得到很好的检测效果。这种算法可以根据图像的内容自动计算模板参数，并在每一次迭代中将预测图像与期望图像求差异，当误差小于阈值时，停止迭代，输出背景图像。对于弱小目标的检测，Soni 等[27]将自适应 TDLMS 滤波器的性能等同于白化滤波器，得到很好的效果。文献[28]利用块对角的最小均方(block diagonal least mean squared，BDLMS)算法提升 TDLMS 滤波器的性能。另外，Cao 等[29]利用邻域分析和数据融合，提出一种新的 TDLMS 滤波器的结构。这种滤波器可以有效地对目标周围区域进行信息的捕捉，可以得到较好的检测效果。TDLMS 算法的鲁棒性很强，可以通过自身的迭代自适应进行背景估计。这种算法依靠迭代的方式确定最优模板，因此计算量很大，实时性较差。

HVS 算法。HVS 包括人眼视觉注意力机制、亮度及对比度敏感机制等。Chen 等[30]利用局部对比度(local contrast measure，LCM)进行检测，基本原则是利用小目标区域与周围相应区域的差异进行对比度测量。Wei 等[31]受生物视觉机制启发，利用多尺度中不同块对比度的方式来检测目标。但是，对于云层边缘的图像来说，由于云层边缘的影响，上述两种方法得到的结果存在不同程度的混乱和噪声。Deng 等[32]提出局部权重差异度量(weighted local difference measure，WLDM)映射，用来提高多尺度局部差异对比度。此外，还有利用局部信息获取显著图的方法，Bai 等[33]提出基于导数熵对比度测量(derivative entropy-based contrast measure, DECM)的方法，适用于复杂场景的小目标检测，主要通过幅度和位置信息得到更好的检测结果。在 DECM 算法考虑方向特征的基础上，Han 等[34]提出一种利用关联局部对比度(relative local contrast measure, RLCM)的多尺度检测算法。该算法可以增强真正的小目标，同时抑制所有类型的复杂背景，具有很好的鲁棒性和有效性，对提高检测速度非常有用。

低秩约束与稀疏表示的算法。红外图像中的灰度值大多呈渐变过渡状态。除了局部相似性外，空间距离相隔甚远的两个图像块往往也近似线性相关，即具有非局部相似性[35]。另外，红外图像中的目标相对整幅图像而言，一般尺寸较小。基于此，Gao 等[36]提出红外块图像(infrared patch image, IPI)模型，将红外小目标检测转化为一个低秩矩阵和稀疏矩阵的恢复问题，即鲁棒主成分分析(robust principal component analysis, RPCA)问题的求解。Dai 等[37]在 IPI 模型中引入结构先验信息，依据每一个目标块图像的块结构采用方向核为其自适应地分配权重，构建加权子块图像(weight infrared patch-image, WIPI)模型。Guo 等[38]提出一种基于重加权 RPCA 的红外小目标检测方法，用较小的权重惩罚较大的奇异值，能够将强边缘更好地保留在背景图像中。同理，对稀疏项加权可将小目标更好地保留在目标图像中。Sun 等[39]提出重加权红外块张量(reweighted infrared patch-tensor, RIPT)模型，采用张量核范数恢复底层低秩背景张量和稀疏目标张量，通过张量奇异值分解降低计算复杂度。Gao 等[40]进一步将目标视为噪声中一种特殊的稀疏成分，采用基于马尔可夫随机场(Markov random field, MRF)的混合高斯(mixture of Gaussian, MOG)模型对该问题进行建模，进而分离出目标。

(2) 频域滤波类型的检测算法

基于频域滤波的算法首先对图像进行傅里叶变换，在频域上进行高通滤波，然后进行傅里叶逆变换得到背景图像。这种算法可以抑制缓慢变化的背景，提取弱小目标，大致可分为经典频域高通滤波算法和小波变换的算法。

经典频域高通滤波算法。常用的三种经典的频域高通滤波器为理想高通滤波器(ideal high pass filter, IHPF)、巴特沃斯高通滤波器(Butterworth high pass filter, BHPF)和高斯高通滤波器(Gaussian high pass filter, GHPF)[41]。这三种高通滤波器涵盖从非常尖锐(理想高通)到非常平坦(高斯高通)范围的滤波器函数，在滤波效果与振铃效应方面各有不同。IHPF 对背景抑制最为彻底，但是由于在频域具有明显的截断效应，其振铃效应非常明显，对某些复杂背景下的弱小目标检测较为不利。高斯高通滤波的正变换与逆变换均是高斯型的，可以保证高斯高通滤波不产生振铃效应，但是通频带和截止带过渡得比较缓慢，会影响背景抑制的效果。巴特沃斯高通滤波在通频带和截止带没有明显的截断，其振铃效应和滤波结果介于理想高通滤波和高斯高通滤波之间。

基于小波变换的算法。基于小波变换算法的主要思想是将目标看作图像中的高频分量,利用小波基来分离和提取图像中的低频信息和高频信息,然后对所有的高频分量采取特殊的处理策略,从而完成弱小目标的检测。对红外小目标检测来说,利用小波变换可以达到对图像的多层尺度解析和频率筛选,起到较好的增强目标和抑制背景的效果。Wang 等[42]使用基于小波和高阶累积量的方法对各小波子带进行基于累积量的自适应滤波,可以有效地抑制噪声,提高信噪比。Zhao 等[43]采用基于图像融合的方法,将各小波子带分别重建,并将重建后的图像进行融合,得到新的图像用于分割。徐永兵等[44]通过小波变换获取图像中的高频信息,然后采用费希尔切分算法对其采取目标切分,从背景中分离目标点。王文龙等[45]提出一种基于 Donoho 的小波变换方法,采用新的阈值求取方法对目标进行检测。此外,基于轮廓波变换的检测算法[46-48]和基于剪切波变换的检测算法[49,50]也受到越来越多的研究。

2. 基于序列图像弱小目标检测技术

弱小目标不仅在灰度分布上具有奇异性,在空间位置还具有运动性。这种运动性体现在序列图像上位置的变化。相比基于单帧图像的检测算法,基于序列图像的检测算法利用了更多的信息,在复杂背景下的检测结果有较大的提升。目前比较流形的基于序列图像的检测算法大致分为以下几种。

(1) 时域剖面

使用凝视相机拍摄场景时,每个点的像素值会随时间的变化表现为波动信号,即像素点的时域剖面(temporal profile,TP)。TP 表征时间段内像素点像素值的变化情况。若有运动小目标划过该像素点,该像素点的 TP 便会出现冲击信号。Silverman 等[51,52]指出仅利用序列图像中像素点的时域分布特性,可以进行目标检测,并设计出一种新的一维滤波器,可以有效地检测出运动目标,降低算法的复杂度。Tzannes 等[53]在分析天空背景下像素点分布特征的基础上,将其分为晴空背景、云杂波和目标三类,采用常量与噪声的叠加描述背景,采用一阶马尔可夫模型(Markov model,MM)描述云杂波,采用冲击信号和背景的叠加描述目标,提出一种三假设检验的目标检测方法。Lim 等[54]进一步分析这三类像素点的均值和方差特性,提出一种自适应均值滤波算法,取得较好的检测效果。另外,他们采用傅里叶变换分析 TP 的频谱特性,根据这三类像素点的频谱分布特性,提出一种带通滤波器的算法对移动目标进行检测[55]。Bae 等[19]提出一种基于矢量积的时域滤波方法,根据 TP 的矢量积,通过分析目标和背景 TP 的不同特性区分目标和背景,然后对 TP 进行预测,可以有效地检测出运动的弱小目标。基于 TP 的算法具有更好的执行效率和更高的研究价值。这类算法对场景的区分是研究的关键点和难点。

(2) 三维匹配滤波

三维匹配滤波器(three dimensional matched filtering，TDMF)[56]是早期经典的基于序列图像的检测算法。该方法的主要思想是，针对目标所有可能的运动情况，设计多个相对应的 TDMF，然后对每个滤波器的滤波输出进行统计，选出输出信噪比最大的滤波器，从该滤波器对应的运动状态得到目标在图像中的位置和运动轨迹。由于每个匹配滤波器对应一条完整的轨迹，因此该方法还可实现多目标检测。这种算法可以检测具有固定速度的运动目标，但是需要目标的形状和速度等先验信息。为了提升检测弱小目标的性能，文献[57]提出一种新的三维双方向滤波器，与传统的 TDMF 相比，这种算法可以增加运动目标的能量累积能力。文献[58]提出一种改进的三维方向滤波器。这种算法首先采用双向扩散偏微分方程(dual-diffusion partial differential equation，DFPDE)预处理每一帧图像，然后利用由粗到精的搜索策略提升滤波器的速度。文献[59]利用三维时空自适应预测滤波器抑制复杂背景，然后利用三维粗搜索方向滤波器和三维精搜索方向滤波器对目标进行增强，最终得到动目标。尽管三维方向滤波器被认为是基于块的统计，文献[60]将多帧图像目标的检测问题转化为基于像素的分析模型。这种算法需要预先知道目标的最大运动速度。文献[61]提出一种基于 Max-mean 和 Max-median 滤波器的小目标检测方法，取得了较好的检测效果。三维匹配滤波方法把运动小目标的检测问题转化为三维变换域中三维滤波器的匹配问题，使它可以检测低信噪比下的运动弱小目标。这种方法由于受计算复杂度的限制，不可能穷尽式搜索，因此只能在很小的速度变化范围内应用。

(3) 多假设检验

假设检验法的开创性研究工作开始于 Blostein 和 Huang 两位学者[62]。该算法主要解决的核心问题是噪声对弱小运动目标检测造成的干扰问题，利用多步假设检验的方法可以很巧妙地解决该问题。为了提升算法的效率，Blostein 等[63]提出一种多重多假设检验的方法，使用多假设跟踪的方法滤除更多的虚假航迹。李红艳等[64]提出一种结合小波与遗传算法的多阶段假设检验算法，采用小波滤波器对每帧图像滤波，提高目标的信噪比，剔除部分噪声点，可以降低低信噪比小目标检测算法的运算量。崔常嵬等[65]在对传统假设检验方法分析的基础上，针对正推法的轨迹交叉和初始点数目而引起的组合爆炸等问题，给出一种基于逆推法的统计检测算法。分阶段假设检验法虽然可以同时检测出多个沿不同方向直线运动的目标，但在低信噪比的情况下，为了保证一定的虚警概率，候选轨迹起始点就会非常多，导致计算量迅速增大，降低实际系统的执行效率。

(4) 动态规划

由于运动目标的能量在不同帧之间是关联的，而噪声是不相关的，因此目标轨迹上的能量累计远大于非目标轨迹上的能量累计。因此，从检测的首帧到末帧，可以通过动态规划的方法获取目标运动轨迹的路径。Barniv 等[66]最早将这一方法应用于运动弱小目标的检测。他们根据贝叶斯理论，利用概率密度函数构造优化决策过程的值函数。然而，该方法在对目标能量进行累积时存在能量扩散效应，影响检测结果。Arnold 等[67]对该方法进一步改进，使其检测能力进一步增强。Tonissen 等[68]直接利用目标的幅度信息构造值函数，检测起伏模型的运动目标。此算法虽然具有良好的检测目标的性能，但跟踪性能很差。Johnston 等[69]在Tonissen 等研究的基础上，利用极限理论分析动态规划算法的性能，得出虚警概率和检测概率的近似表达式。动态规划算法将小目标的轨迹搜索问题转化为最优寻迹问题，沿目标轨迹积累能量，是基于像素级的操作运算，易于实现。当目标运动速度未知时，计算中所需的速度窗参数无法确定，一旦将速度窗的参数范围放宽，计算量将迅速增大。

(5) 基于神经网络的算法

随着成像系统设备的广泛使用，很多研究学者使用红外相机拍摄自己的数据集，尽可能模拟复杂背景并使拍摄目标满足国际标准协会定义的小目标特点，促使深度学习逐渐运用到红外弱小目标的检测领域。Liu 等[70]提出一种基于卷积神经网络(convolutional neural network，CNN)的热红外目标跟踪算法，同时考虑空间信息缺乏，只利用全连接层的特征或者单个卷积层的特征均不适合红外目标跟踪，提出一种基于相关滤波器的多层卷积热红外跟踪系统。该算法的提出为基于神经网络的红外运动小目标检测提供了一种新的思路，即若将检测问题视为二分类，则可通过多个弱分类器的集成得到更为准确的检测结果。Lin 等[71]针对超采样成像特点，设计了 7 层深 CNN，以端到端的方式自动提取小目标特征并抑制杂波。Shi 等[72]提出一种基于去噪自编码器网络和 CNN 的端到端红外小目标检测模型。它将红外图像中的小目标视为噪声，并将小目标检测任务转化为去噪问题，利用感知损失解决编码过程中背景纹理特征丢失的问题，提出结构损失来弥补小目标出现的感知损失缺陷。

3. 红外弱小目标检测的技术难点

尽管国内学者对弱小目标的检测问题做了大量的研究，但是复杂背景下的弱小目标检测仍然是计算机视觉领域的研究难点，目前仍然没有适应于各类复杂场景的通用算法，主要面临如下挑战。

(1) 目标面积小

成像传感器与目标的距离很远，目标在图像中所占的像素非常少，使小目标形态特征弱化，没有轮廓和结构信息，可供利用的信息比较少，并且在低信噪比的环境中，存在大量的噪声干扰。因此，基于单帧的检测算法仅利用小目标的灰度奇异性很难进行有效的检测，必须考虑序列图像之间小目标的运动特性。

(2) 背景复杂程度高

对地面目标进行检测时, 目标的信噪比很低, 很容易淹没在复杂的背景场景中, 并且成像场景跨度大, 同时复杂背景又分多种情况, 背景的统计特性又不尽相同。背景中的亮斑和强边缘等给检测带来非常大的干扰, 因此基于单帧图像的检测算法很难有效去除图像中的亮斑和高亮区域的干扰, 而传统的基于统计背景模型的序列图像检测算法在这种情况下的检测性能会急剧下降。

(3) 背景及目标运动规律复杂

在真实的场景中, 被检测运动目标(如装甲车、坦克等)的运动轨迹未知, 运动速度也是未知的, 因此传统的基于目标速度和大小的先验知识的检测算法就会失效。同时, 由于摄像机与弹体固连, 弹体的运动直接反映图像的运动, 因此图像中背景的运动十分复杂, 仅依靠先验知识或者简单的分类信息很难对背景进行准确的建模。

如图 1.4 所示, 对于地面的复杂背景, 弱小目标所占的像素非常小, 图像中存在较多的亮斑干扰、强边缘干扰和噪声干扰, 并且由于摄像机的抖动, 图像还可能存在轻微的模糊, 这都给弱小目标的检测带来挑战。

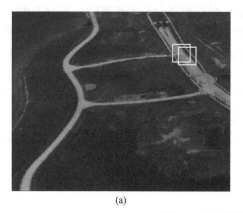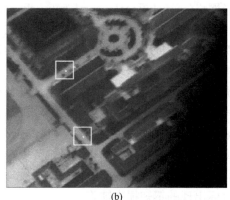

(a)　　　　　　　　　　　　　　　　　　　(b)

图 1.4　复杂背景下的弱小目标

## 1.2.2　异源图像匹配检测技术

异源图像匹配算法的分类主要基于特征空间和相似性度量两部分的选择。搜索空间和搜索策略属于搜索范畴, 具有图像特点的还是前两部分。目前的异源图像匹配算法主要包括基于区域的匹配检测算法和基于特征的匹配检测算法。

1. 基于区域的匹配检测算法

直接或间接利用图像某一区域的灰度信息作为特征空间和相似性度量的基础, 利用相似性度量算法找出该区域与待匹配图像的对应关系, 并从全局找出最佳匹配位置就是基于区域特性的匹配算法。这种算法以模板为单位，所以又称模板匹配法。模板图是事先拍摄好或者处理好的图像，将其作为基准，用来和实时图的窗口进行比较，基于特征空间和相似性度量，确定哪个窗口图是最佳匹配位置。常用的方法有灰度相关法[73,74]、最大互信息(mutual information，MI)相关法[75,76]和梯度相关法[77]。

灰度相关是图像间的灰度分布相同，可以直接对同一位置的灰度值进行相乘，最后全图累加，这是最简单直接的处理方式。灰度相关法要求图像间必须具有相似的灰度特性，所以对于灰度信息相差较大的异源图像不适用。灰度相关法有很多种，比较常见的有直接相关、协方差相关、归一化协方差相关。协方差相关一般用于灰度分布相同，但是背景灰度值相差一个常数的图像。在使用过程中，通常是各图像分别减去自己的灰度均值，然后再执行直接相关的步骤。归一化协方差相关是图像之间存在灰度转换，如亮度和对比度变化。

互信息是两个随机变量之间的相关性度量，可以衡量两幅图像之间的相关性。虽然异源图像间同一个位置的灰度信息可能相差很大，但是在统计学上是相关的。

图像的梯度信息以图像灰度信息为处理基础，并且提取灰度信息变化方向这一信息。异源图像同一位置或同一区域目标与背景的灰度信息可能相近，造成匹配算法的难度。无论是目标还是背景，它们灰度信息的变化趋势却是不易改变的。图像最显著的信息就是边缘和轮廓信息，而这些地方往往都是灰度急剧变化的地方，基于图像梯度信息的相关匹配算法则是提取它们变化的方向作为自己的特征空间。文献[1]对此问题具有系统的论述。

### 2. 基于特征的匹配检测算法

基于特征的匹配检测算法首先提取图像中所需要的特征，即特征空间的选择，从而显著地减少需要相关计算的灰度值，提高自适应能力。它从不同的图像中提取一些常见的特征，如点特征、线特征、矩不变特征、相位特征、多尺度特征等，建立新的特征空间，并根据相应的度量方式度量特征空间的相似性。最后，找到最佳匹配位置。基于特性的匹配检测算法流程如图 1.5 所示。

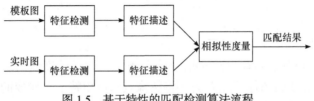

图 1.5 基于特性的匹配检测算法流程

对于基于点特征的匹配方法[78-80]，在图像中容易提取或者检测出的点是图像的特征点，如角点、线交叉点、T 形节点、极值点、重心点、质心点等。常用的点特征提取算法有 Harris 算子、Moravec 算子、Forstner 算子、Susan 算子、小波变换算子等。建立特征点描述空间的算法有尺度不变特征变换(scale invariant feature transform，SIFT)算法和加速鲁棒特征(speed up robust feature，SURF)算法等。

基于点特征的图像匹配算法具有较高的精度和鲁棒性，但当模板图与实时图存在较大差异时，如旋转变化，提取点特征就不容易了。基于线特征的图像匹配算法[81,82]能够有效解决这个问题。线特征比点特征具有更好的不变性。线特征一般是图像中的轮廓、边缘、亮度，或者对比度骤变的地方等特征，如跑道、公路、屋檐、海岸等。提取线特征的过程可以分为边缘提取和线段提取两步。边缘检测是很重要的一步，提取的边缘应当有较好的连贯性，并且应当为单像素宽，然后将这些边缘连接成直线、曲线、轮廓线，或者去拟合它们。

基于局部不变描述子的匹配方法[83,84]通过局部结构特征和量化图像，采用局部不变特征描述子。描述子可以充分反映特征点附近的图像局部特征。局部不变特征不在于它的局部性，而是在于它表现出来的不变性，如旋转不变性、尺度不变性、仿射不变性、灰度不变性等。局部不变描述子大致可以分为基于图像的梯度分布、基于图像的空间频率、基于微分和不变矩等。

### 3. 基于人工神经网络的匹配检测算法

基于人工神经网络(artificial neural network，ANN)的匹配算法首先利用某种图像表示算法对图像进行预处理，并按要求提取一定数量的图像信息特征。然后，根据构造的某种神经网络的要求，选取并输入网络需要的一些初始状态信息参数，同时将选取的图像特征作为基本输入参数传递给神经网络，启动神经网络算法的迭代求解过程，完成基准图与实时图的识别匹配或定位。

对基于 BP 神经网络的图像匹配方法[85,86]，在利用 BP 神经网络方法进行图像匹配时，首先需要对基准图和实时图进行预处理。然后，将提取的基准图的图像特征作为样本数据，对设计的网络进行记忆训练。最后，提取实时图像特征，作为 BP 网络输入参数输入给训练完毕的神经网络，进行迭代求解，完成预期图像的匹配要求。

Hopfield 神经网络是一种递归神经网络，从输出到输入均有反馈连接。每一个神经元跟所有其他神经元相互连接，又称为全互联网络。基于 Hopfield 网络的图像匹配方法[87,88]的各个神经元的连接权值是固定的，更新的只是神经元的输出状态。因此，可有效地解决神经网络图像匹配算法收敛速度慢的缺陷。

基于退火算法的图像匹配方法[89]将图像表示成由特征点构成的特征点集，并利用某种映射函数来表征特征点集之间的映射关系。然后，应用退火技术迭代求解点集之间的匹配矩阵和映射参数，实现基准图与实时图的匹配。

遗传算法借鉴自然界中自然选择和自然遗传机制，采用非遍历寻优搜索策略，在求解过程中，从一个初始变量群体开始，一代一代地寻找问题的最优解，直到满足收敛判据。其主要优点是简单、通用、鲁棒性，适于并行处理，可以保证寻优搜索的结果具有全局最优性，所需的计算量较之遍历式搜索小很多。基于遗传算法的图像匹配方法[90]利用遗传算法的进化功能，应用遗传搜索策略代替传统的遍历搜索方法，高效并行全局求解图像匹配问题，可以大大减少运算量，有效地提高图像匹配速度。

4. 基于孪生神经网络的匹配检测算法

手工设计的特征描述子并不能很好地描述检测到的特征，泛化能力较弱，缺乏高级语义信息，并且具有一定的局限性。基于深度学习的特征描述子通过学习的方法可以很好地克服这些缺点。深度学习采用表征学习的方法，从原始数据中提取低层特征，通过建立多层非线性的表征模型，将这些特征转化为高层次的抽象特征，从而获得更丰富的语义信息，增强特征间的区分度。在异源图像匹配检测中，基于孪生网络的匹配[91-94]具有重要作用。

在图像处理领域，传统孪生神经网络的主要思想是计算输入图像获得其描述向量对，通过定义并最小/大化描述向量之间的对比损失函数进行训练，最后衡量两个输入图片的相似性。孪生神经网络的子网络可以是 CNN 或循环神经网络，其权重可以由能量函数或分类损失优化。近年来，孪生神经网络出现了较大的改进，改良的孪生神经网络不仅可以计算目标与待搜索子区的相似度，还可直接得到目标在待搜索子区中的位置。网络基本应用于目标跟踪领域，并没有特定的图像匹配网络出现。当然，目标跟踪网络与图像匹配有一定相似之处，通过比较相邻两帧图像之间的相似度实现目标的识别与匹配。常用的孪生网络主要有全卷积孪生网络(fully convolutional siamese networks，SiameseFC)、SiameseRPN 与 HeS-FPN 等。

## 1.2.3 基于深度学习的目标检测技术

近年来，随着人工智能(artificial intelligence，AI)的火热发展，目标检测算法也从传统的基于手工设计特征的方法转向基于深度神经网络的检测技术。深度学习与目标检测相结合，可以突破传统手工设计特征带来的发展瓶颈，加速目标检测发展进程[95]。从 2013 年的 OverFeat 到区域卷积神经网络(region CNN，RCNN)系列、SSD(single shot multibox detector)系列和 YOLO 系列，再到 2020 年的 YOLOv5。短短几年时间涌现出许多效果显著的基于深度学习的目标检测算法，此类算法多次刷新几个大型公开数据集的检测记录。深度学习模型正逐渐取代传统机器视觉方法成为目标检测领域的主流算法。基于深度学习的目标检测方法根据检测任务本身的工作特点，常将检测问题归为针对候选区域进行分类与回归的问题。从检测策略上，目标检测算法通常可以分为基于候选区域的目标检测算法和基于回归的目标检测算法。

1. 基于候选区域的目标检测算法

(1) RCNN 系列

2014 年，Girshick 等[96]成功将 CNN 运用在目标检测领域中，提出 RCNN 算法。它将 AlexNet[97]与选择性搜索[98]算法相结合，把目标检测任务分解为若干个独立的步骤，首先采用选择性搜索算法提取 2000 个候选区域，然后对每个候选区域进行归一化，并逐个输入 CNN 来提取特征，最后对特征进行支持向量机(support vector machines，SVM)分类和区域回归。RCNN 模型结构如图 1.6 所示。

输入图片　　选择性搜索算法　　每个候选区域逐个　　卷积神经网络　　支持向量机
　　　　　　提取2000个候选区域　输入CNN中　　　特征提取　　　进行分类
　　　　　　　　　　　　　候选区域归一化

图 1.6　RCNN 模型结构

2014 年，He 等[97]提出空间金字塔网络(spatial pyramid pooling network，SPP-Net)检测算法。它在 CNN 最后一层卷积层和全连接层之间加入 SPP 层，使网络能够输入任意尺度的候选区域，从而每张输入图片只需一次 CNN 运算，就能得到所有候选区域的特征。这使计算量大大减少。SPP-Net 的检测速率比 RCNN 快24~102 倍，同时打破了固定尺寸输入的束缚。

2015 年，Girshick[99]提出 Fast RCNN 算法。他们受 SPP-Net 算法的启发，将 SPP 层简化成单尺度的感兴趣区域(region of interest，ROI)池化层统一候选区域特征的大小，而且进一步提出多任务损失函数思想，将分类损失和边界框回归损失统一训练学习，使分类和定位任务不仅可以共享卷积特征，还可以相互促进提升检测效果。Fast RCNN 模型结构如图 1.7 所示。

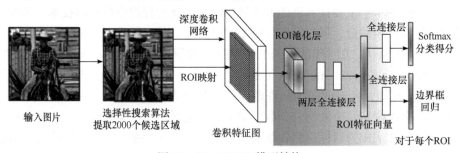

输入图片　　选择性搜索算法　　卷积特征图　　　两层全连接层　　ROI特征向量　　对于每个ROI
　　　　　　提取2000个候选区域
深度卷积网络　ROI映射　ROI池化层　全连接层　Softmax分类得分　全连接层　边界框回归

图 1.7　Fast RCNN 模型结构

2015 年，Ren 等[100]提出 Faster RCNN 算法框架，设计辅助生成样本的 RPN 取代选择性搜索算法。RPN 是一种全卷积网络(fully convolutional network，FCN)结构，它将任意大小的特征图作为输入，经过卷积操作后产生一系列可能包含目标的候选区域，使算法实现端到端的训练，可以极大地提高检测速度。深度 CNN 的浅层特征具有丰富的几何信息，但对语义信息不敏感，不利于目标分类。其高层具有丰富的语义信息，但分辨率太低，不利于目标定位。Faster RCNN 模型结构如图 1.8 所示。

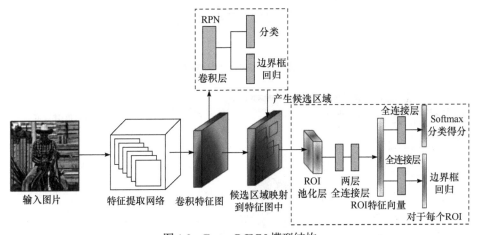

图 1.8　Faster RCNN 模型结构

(2) RCNN 系列特征提取网络的改进

2016 年，Kong 等[101]提出 HyperNet 算法，通过融合多层卷积层的特征图，得到具有多尺度信息的 Hyper 特征。该特征结合卷积层高层的强语义信息、中层的辅助信息，以及浅层的几何信息。同年，黄继鹏等[102]采用多尺度思想，在特征提取网络的高层和低层中提取多个不同尺度的特征进行预测。

2017 年，Lin 等[103]提出特征金字塔网络(feature pyramid network，FPN)，构造了一种自顶向下带有横向连接的层次结构，提取多个不同尺度的特征用于检测。每个尺度特征都是高层特征与浅层特征融合所得，不仅具有较强的语义信息，还具有较丰富的几何信息。FPN 模型结构如图 1.9 所示，其中 1×1 表示 1 像素×1 像素(全书余同，不再标出)。

2018 年，Bharat 等[104]提出图像金字塔的尺度归一化方法(scale normalization for image pyramids，SNIP)。他们借鉴多尺度训练思想，图像金字塔网络将图像生成三种不同分辨率的输入图像。高分辨率图像只用于小目标检测，中等分辨率图像只进行中等目标检测，低分辨率图像只进行大目标检测。SNIP 网络模型结构如图 1.10 所示。

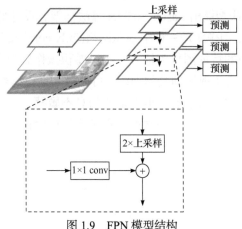

图 1.9　FPN 模型结构

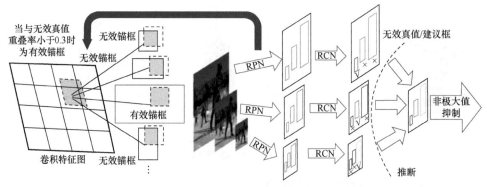

图 1.10　SNIP 网络模型结构

(3) RCNN 系列 ROI 池化层的改进

2016 年，Dai 等[105]提出基于区域的全卷积神经网络(region-based fully convolutional network，R-FCN)。他们考虑目标检测任务是由分类任务和定位任务组成的，分类任务要求目标特征具有平移不变性。定位任务要求目标特征具有平移敏感性。R-FCN 模型结构如图 1.11 所示。

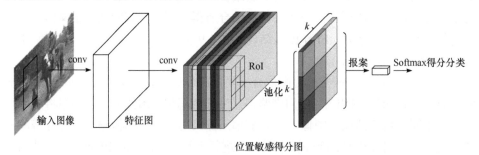

图 1.11　R-FCN 模型结构

Zhu 等[106]提出 CoupleNet 算法，设计由两个分支组成的耦合模块，一个分支采用位置敏感 ROI 池化获取对象的局部信息，另一个分支使用两个 ROI 池化分别获取对象的全局信息和上下文信息，然后有效地结合候选区域的局部信息、全局信息和上下文信息进行检测。

2017 年，Dai 等[107]提出形变卷积网络(deformation convolution network，DCN)，设计可形变卷积和可形变 ROI 池化层。它们的感受野不再是一成不变的正方形，而是和物体的实际形状相匹配。这样可以缓解物体形变问题，使网络学习更多的空间位置信息，增强定位能力。DCN 模型结构如图 1.12 所示。

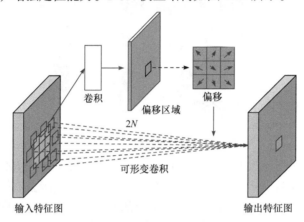

图 1.12　DCN 模型结构

He 等[108]提出 Mask RCNN 算法，为解决特征图和原始图像的 ROI 出现不对准问题提出 ROI 对齐层，并增加掩膜预测分支，可以并行实现像素级的语义分割任务。Mask RCNN 模型结构如图 1.13 所示。2018 年，Jiang 等[109]进一步改进 ROI Pooling 提出精准的感兴趣区域池化(precise ROI pooling，PrROI Pooling)。ROI Pooling 采用最近邻插值方法。

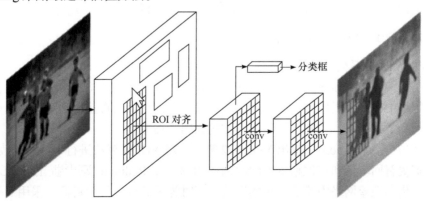

图 1.13　Mask RCNN 模型结构

(4) RCNN 系列区域提取网络的改进

2017 年，Cai 等[110]提出 Cascade RCNN 算法，通过级联三个区域交并比 (intersection over union，IoU)阈值递增的 RCNN[1]检测模型，对 RPN 产生的候选区域进行筛选，留下高 IoU 值的候选区域，有效提高模型的检测精度。其结构如图 1.14 所示。2018 年，Chen 等[111]在 RPN 阶段引入上下文信息对候选区域进行微调，使网络定位得更加准确。2019 年，Wang 等[112]提出新的指导锚点生成 Guided-Anchoring 方法，通过图像特征指导锚点的生成。

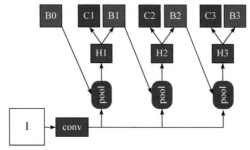

图 1.14　Cascade RCNN 模型结构

(5) RCNN 系列非极大值抑制(non-maximum suppression，NMS)改进

2017 年，Bodla 等[113]提出 Soft NMS 算法，它不是直接去除那些超过 IoU 阈值的相邻结果，而是采用线性或者高斯加权的方式衰减它的置信度值，再选取合适的置信度阈值进行检测框去重，对模型的漏检有很好的改善。He 等[114]提出 Softer NMS 算法，不是直接选取分类置信度得分最高的检测框作为最终检测结果。2018 年，Hu 等[115]提出目标关系模块(relation module，RM)替代 NMS 算法，对目标的检测框进行去除冗余操作。2019 年，Hamid 等[116]提出 GIoU(generalized IoU)作为边界框回归损失函数，在计算检测框与真值框 IoU 的基础上，添加对这两个框的最小闭包区域面积的计算，通过 IoU 减去两框非重叠区域占最小闭包区域的比重得到 GIoU，对边界框的定位能力有大幅度的提升。

2. 基于回归的目标检测算法

(1) YOLO 系列目标检测算法

2015 年，Redmon 等[117]提出 YOLO 算法，将分类、定位、检测功能融合在一个网络中，输入图像只需要经过一次网络计算，就可以直接得到图像中目标的边界框和类别概率。YOLO 网络模型结构如图 1.15 所示。

2017 年，Redmon[118]提出 YOLOv2 算法，对 YOLO 算法进行了一系列改进，重点解决召回率低和定位精度差的问题。2018 年，Redmon 等[119]提出 YOLOv3 算法，借鉴残差网络中跳跃连接的思路，同时为了处理多尺度目标，采用 3 种不同尺度的特征图进行目标检测。YOLOv3 网络模型结构如图 1.16 所示。

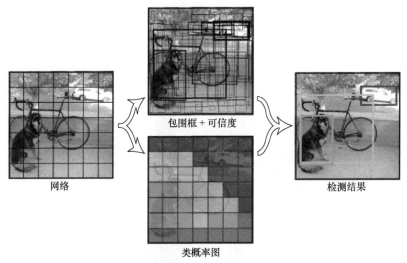

图 1.15　YOLO 网络模型结构

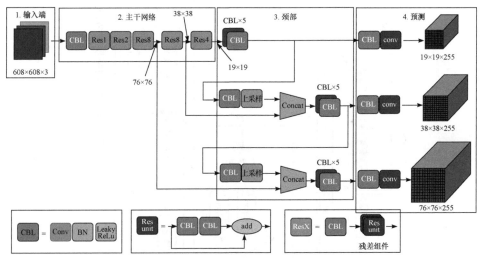

图 1.16　YOLOv3 网络模型结构

2020 年, Bochkovskiy 等[120]提出的 YOLOv4 是一种新的多尺度训练方式编排器, 在常用的数据集、检测器、训练方式上均有明显提升, 没有引入任何推理负担, 有一定的简洁实用性。YOLOv4 网络模型结构如图 1.17 所示。

(2) SSD 目标检测算法

2016 年, Liu 等[121]提出 SSD 算法, 在回归思想的基础上有效结合多尺度检测的思想, 提取多个不同尺度的特征图进行检测, 遵循较大的特征图检测相对较小的目标, 较小的特征图检测较大目标的策略, 可以显著提高对大目标的检测效果, 对小目标检测也有一定的提升。SSD 网络基于 FCN 结构, 将基础网络 VGG16[122]

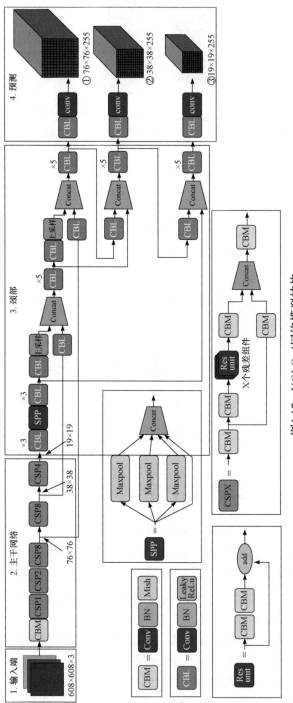

图1.17 YOLOv4网络模型结构

的全连接层替换为卷积层，并在 VGG16 网络末端添加使特征图尺寸逐渐减小的辅助卷积层，提取不同尺度的特征图，而且直接采用卷积操作对不同尺度的特征图进行检测。SSD 网络模型结构如图 1.18 所示。

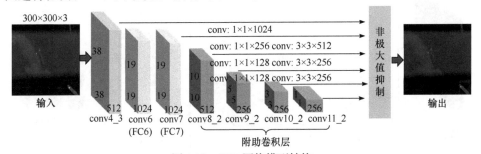

图 1.18 SSD 网络模型结构

2017 年，Jeong 等[123]提出 RSSD 算法，在 SSD 算法的基础上，对提取的不同尺度的特征采用特殊的特征融合方式，即对每个特定的尺度特征，分别对比其大的尺度特征进行池化操作，比其小的尺度特征进行反卷积操作，然后将这些特征进行串接融合，形成新的特定尺度特征。Cheng 等[124]提出 DSSD 算法，将 VGG16 替换为 ResNet101[125]，增强了网络特征提取能力，并设计了两个特殊的模块，即预测模块和反卷积模块。Lin 等提出 RetinaNet 算法，针对 SSD 算法因密集采样导致的难易样本严重失衡问题，提出聚焦损失函数，在交叉熵损失函数的基础上添加两个平衡因子，抑制简单样本的梯度，将更多的注意力放在难分的样本上。其模型结构如图 1.19 所示。

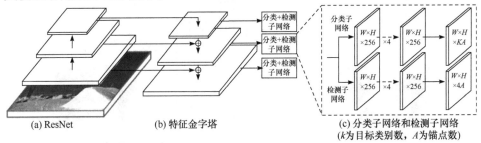

图 1.19 Focal Loss 网络模型结构

Li 等[126]提出梯度协调机制(gradient harmonizing mechanism, GHM)解决样本失衡问题。这种机制可以同时嵌入分类和回归损失中平衡训练样本的梯度，不但可以减少易分样本的关注，而且可以避免特别难分样本对模型的负面影响。2018 年，Liu 等[127]提出 RFB-Net 算法，通过模拟人类视觉感受野，设计感受野模块(receptive field block, RFB)增加网络的特征提取能力。RFB 网络模型结构如图 1.20 所示。Zhang 等[128]提出 RefineDet 算法，结合一阶段和二阶段检测算法的优点，设计物体检测模块和 Anchor 微调模块。

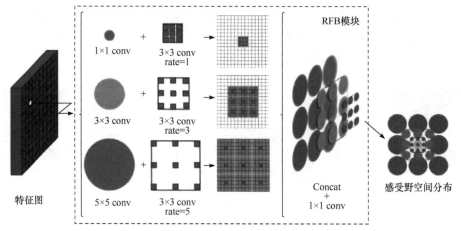

图 1.20　RFB 网络模型结构

(3) 基于 Anchor-free(无锚点)方式的改进

2018 年，Law 等[129]提出 CornerNet 算法，借鉴文献[130]对关键点检测的思想，采用 Hourglass104 网络[131]作为特征提取网络，直接预测物体的左上角点和右下角点得到检测框，将目标检测问题当作关键点检测问题来解决。ConerNet 网络模型结构如图 1.21 所示。Zhou 等[132]提出 ExtremeNet 算法，在关键点选取和关键点组合方式上做出了创新，通过选取物体上下左右四个极值点和一个中心点作为关键点，更加直接关注物体边缘和内部信息，使检测更加稳定。

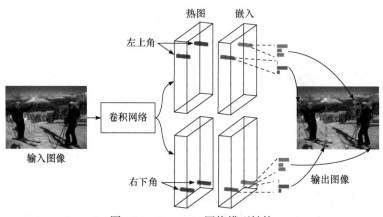

图 1.21　ConerNet 网络模型结构

Zhou 等[133]发现 ConerNet 只使用左右角点会造成大量的误检，提出 CenterNet 算法。它在 CornerNet 的基础上添加了中心点预测分支，使组成一个物体检测框的要求不但是左右角点能够匹配，而且检测框的中心点也要有对应的中心点匹配。2020 年，文献[134]提出 FCOS 网络，逐像素检测，训练时没有 IoU 阈值，正样本数目变多；回归框使用 exp 函数，有利于收敛；在 exp 中使用可学习的变量，提升拟合能力；训练时根据目标与位置的相对距离分层分配，有利于收敛，同时能缓解重叠；使用中心度学习每个位置的相对中心性，在训练时候引入多个 loss 信息；在预测时能够抑制低质量预测。FCOS 网络模型结构如图 1.22 所示。

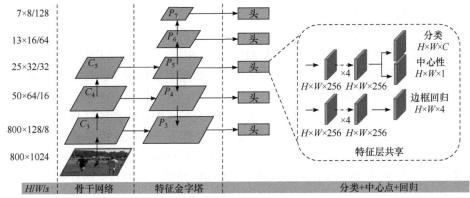

图 1.22　FCOS 网络模型结构

# 1.3　图像目标跟踪技术研究进展

目标跟踪是计算机视觉领域中一项非常重要的研究课题，被广泛地应用在交通监控、运动识别、人机交互、车辆导航，以及图像跟踪制导等多个方面[5]。尽管近年来国内外机构对目标跟踪进行了大量的研究，提出众多适应性的跟踪算法，但由于光照、姿态、尺度，以及复杂背景变化引起的外观模型剧烈的变化，使目标跟踪仍然是一项极具挑战性的研究课题。目前，视觉跟踪技术的研究难点在于设计更加鲁棒的外观模型，以及应对复杂动态环境下的遮挡、漂移和姿态变化等挑战因素。下面从传统目标跟踪技术、基于相关滤波的目标跟踪技术和基于深度学习的目标跟踪技术进行论述。

## 1.3.1　传统图像目标跟踪技术

对于视觉跟踪，应对目标的外观变化是基础而极具挑战性的工作。一般来讲，外观的变化可以分为内部因素(姿态变化、形状变形、旋转)和外部因素(光照、摄像机运动、视角变化、遮挡)。解决上述变化的有效途径就是通过自适应的学习，不断地更新目标表示，也就是在线学习算法。近些年来，目标跟踪常常被认为是一种先检测后跟踪问题，其中统计模型在检测中起着关键的支撑作用。根据统计模型构造的机制，在线跟踪算法一般分为基于启发式的在线跟踪算法和基于辨别式的在线跟踪算法。

1. 启发式的跟踪

基于启发式的在线跟踪算法首先搜索候选区域，然后比较与参考目标模型的相似度，定位最可能的目标区域。这类跟踪算法通常包括以下几类方法。

(1) 基于模板匹配的方法

基于模板匹配的方法就是通过将模板图与实时图的配准完成跟踪。这类方法计算简单、易于实现且运行速度较快，是工程中常用的跟踪算法。常用的匹配跟踪包括基于互相关的匹配跟踪、基于 MI 的匹配跟踪、基于直方图的匹配跟踪等。但是这些算法存在对目标外观模型的描述过于粗略不够精细、没有很好的模板更新策略、容易产生跟踪漂移等问题。为此，Adam 等[135]提出一种基于子模板的外观模型。该模型把目标认为是一系列按空间划分的子模块，能较好地处理目标遮挡和姿态的变化。类似地，Bins 等[136]提出一种基于子区域的跟踪算法，通过分别跟踪各个子区域并且利用一种鲁棒的算法融合位移向量，从而取得精确的跟踪结果。Jepson 等[137]基于 MOG 模型设计一种在线期望最大的目标跟踪算法，得到较好的效果。

(2) 基于核的方法

基于核的跟踪算法通常利用核概率密度估计构造基于核的视觉表示，然后应用到均值漂移(mean shift, MS)算法中完成目标定位跟踪[138,139]。Comaniciu 等[140]提出一种基于空间核约束的颜色直方图的视觉表示，在 MS 迭代算法中通过应用 Bhattacharyya 系数作为度量来完成候选目标区域的定位。显然，这种只考虑颜色信息而忽略其他的边缘、形状等信息的策略，会造成跟踪的不鲁棒性。为此，Leichter 等[141]将颜色和边界信息融合起来，提出一种基于空间特性的目标外观模型，通过两种核函数来丰富目标区域的描述，跟踪更为精确。另外，在 MS 算法中融入尺度信息[142]或者利用非对称核[143]描述目标，也是这类方法研究的热点。

(3) 基于子空间的方法

在视觉目标跟踪中，目标物体通常关联一个隐含的由许多基向量组成的子空间。如果令 Tar 表示目标，用 $(a_1, a_2, \cdots, a_n)$ 表示目标所关联子空间的基向量，那么 Tar 可以表示为 $\mathrm{Tar} = c_1 a_1 + c_2 a_2 + \cdots + c_n a_n = (a_1, a_2, \cdots, a_n)(c_1, c_2, \cdots, c_n)^{\mathrm{T}}$，其中 $(c_1, c_2, \cdots, c_n)$ 为系数向量。基于子空间及启发式跟踪算法研究的重点在于通过子空间分析的方法有效地获得其隐含的子空间及其关联的基向量。Michael 等[144]通过预先定义的子空间内的离线学习构造一个基于光流框架的跟踪模型。为了适应目标外观的变化，Ross 等[145]提出一种基于子空间的外观模型跟踪算法。该算法通过增强地学习一种低维空间的目标表示进行鲁棒跟踪。Wang 等[146]通过偏微分分析构造一种新的基于子空间的多外观模型，产生的低维辨别特征空间具有较好的描述能力。Kwon 等[147]通过将目标的观测模型分解成多个由一系列特征模板组成基础观测模型，然后融合贝叶斯的估计完成跟踪，可以很好地适应目标的姿态变化。

(4) 基于稀疏的方法

近些年，稀疏表示在计算机视觉和模式识别领域受到极大的关注。由于稀疏表示可以很好地应对噪声和遮挡的干扰，基于 L1 约束的算法[148-151]被越来越多地应用在视觉跟踪领域。在 L1 跟踪算法中[148]，目标的观测值可以被字典模板库稀疏地表示和在线更新，即 $y = Az + e = [A\ I][z\ e]^{\mathrm{T}} = Bc$，其中 $y$ 表示观测向量，$A$ 表示模板矩阵，$z$ 表示模板系数，$e$ 为误差项。模板系数可以通过 L1 约束的最小值问题获取，因此目标跟踪就是找到误差冗余项最小的候选目标。但是，这种算法的计算量很大。此外，一些跟踪算法通过近梯度加速的策略[150]提升 L1 跟踪的计算速度。Zhang 等[151]充分利用压缩感知去产生一个低维的压缩特征描述子，并结合稀疏表示获得实时且精确的跟踪效果。为了解决稀疏表示的数据冗余问题，Wang 等[152]将基于子空间的跟踪算法与稀疏表示结合起来，将 L1 规则约束引入主成分分析重造中，提出一种新的子空间目标跟踪算法，可以得到较好的效果。

2. 辨别式的跟踪

基于辨别式的跟踪算法把目标跟踪问题看作一个在图像局部区域内的二值分类问题。这类方法的目标是利用分类面把目标从背景中分离出来。根据统计学的理论知识，我们将基于辨别式的跟踪算法分为基于监督学习的跟踪和基于半监督学习的跟踪。

(1) 基于监督学习的跟踪

监督学习是一种由特殊到一般的推理过程，即先在标记样本中通过学习得到一些规则，然后通过规则来测试样本。近些年来，越来越多的机器学习算法被应用到监督学习中来进行目标跟踪，如提升方法[153]、SVM[154]、朴素贝叶斯[142]、多实例学习(multiple instance learning, MIL)[155]、结构学习[156]等。Avidan[154]第一次将 SVM 融入光流模型，提出一种支持向量跟踪机制，得到比较鲁棒的跟踪效果。文献[120]利用背景类与前景类的协方差在线选择具有辨别性的特征，最后通过对目标和背景进行分类来完成跟踪。Avidan[157]利用 SVM 在线训练一组弱分类器，通过组合这些弱分类器构成一个强分类器完成有效的跟踪。Grabner 等[153]将 Boosting 算法应用到目标跟踪中，提出一种基于 Adaboost 特征选择的算法应对目标外观的变化。不同于传统的监督式分类算法，Babenko 等[158]将样本看成正样本词袋和负样本词袋，通过设计 MIL 分类器实现跟踪。Zhang 等[151]根据数据独立基的多尺度特征空间，构建朴素贝叶斯分类器，通过不断地估计把目标从背景中分离出来。

(2) 基于半监督学习的分类跟踪

半监督学习是一种从特殊到特殊的统计方法。当训练样本不多，并且测试样本相对较多的时候，利用监督学习训练出来的分类面性能较差。半监督学习可以充分地研究包括标记样本和未标记样本之间的隐含几何结构，探索所有样本点的相关关系。在半监督学习中，标记的样本被用来最大化前景类和背景类之间的距离，而未标记的样本则用来探索样本之间的几何结构。Zhang 等[159]提出一种基于内嵌图的学习方法，通过构造反映样本分布的图形结构(标记样本之间、标记与非标记之间、非标记之间)形成约束条件，完成目标和背景的分类。该算法假设目标类服从单一的高斯分布。这种假设在由复杂的内外部因素引起的外观变化下会失去鲁棒性。流形学习作为半监督学习的一类广泛地应用在图像检索[160]、显著性检测[161]和视觉跟踪[162]等领域。Yang 等[161]提出一种基于超像素流形学习的显著性检测算法。算法利用超像素对区域进行分割并作为图结构的节点，图的边则利用超像素之间的空间邻域关系确定，通过最优化的代价函数进行显著性的检测。Zha 等[162]提出一种基于图的直推学习的目标跟踪算法，用三种不同的图结构来构造，外部约束用主成分分析进行规范，通过拉普拉斯约束找到最优的候选目标。

### 1.3.2　基于相关滤波的目标跟踪技术

最小方差和输出(minimum output sum of squared error，MOOSE)[163]是相关滤波跟踪算法的先驱，通过在线训练学习滤波器。在线跟踪过程中，只需要将滤波器与当前图像帧进行相关操作，将响应最大的位置作为跟踪结果。相关滤波器跟踪算法通过将卷积运算转换到频域运算，可以极大地降低运算的复杂度，保证跟踪算法能够实时跟踪。CSK[164]和核相关滤波(kernelized correlation filter，KCF)[165]引入非线性核，并将岭回归与 MOOSE 建立联系。DSST[166]、RAJSSC[167]、SAMF[168]进一步解决了尺度变化的问题。SRDCF[169]、ASRCF[170]、AutoTrack[171]等引入空间正则项减小假设训练样本的周期性带来的边界效应。HCF[172]通过融合不同特征图的响应图，提高算法的准确率和鲁棒性。C-COT[173]和 ECO[174]通过学习连续的滤波器，使算法能够高效地融合不同精度的特征图。Bertinetto 等[175]引入颜色特征与梯度直方图特征互补，缓解梯度直方图特征对目标形变不够鲁棒的问题。

虽然相关滤波通过结合不同的特征可以极大地提高跟踪的准确率，但是引入特征越多，需要在线学习的相关滤波器的参数就越多，直接导致计算复杂度增加。另外，相关滤波器采用的深度网络特征并没有针对跟踪问题作调整。事实上，基于分类的深度网络特征并不完全适用于目标跟踪。为了尽可能地挖掘深度卷积特征给相关滤波算法带来性能的提升，UPDT[176]通过旋转、平移、模糊、通道随机失活等数据扩充的方式，增强深度卷积特征的判别能力，通过结合深度卷积特征和手工特征得到的响应图，提升模型的鲁棒性和准确率。UDT[177]提出无监督深度跟踪算法，利用大规模无标注数据对深度网络进行无监督训练，使提取的深度网络特征更贴合跟踪任务。

### 1.3.3 基于深度学习的目标跟踪技术

鉴于深度学习在图像领域取得不错的表现，深度学习的方法也开始进入目标跟踪领域，代表性算法有孪生网络系列与多域卷积神经网络(multi-domain convolutional neural network，MDNet)[178]两大类。

2015 年底，韩国的 Postech 团队提出 MDNet，通过一个主干网络分别学习不同序列中被跟踪目标的相似性，然后实时微调最后一个全连接层来实现视频目标跟踪。该跟踪器的跟踪精度表现很好，但是由于实时微调全连接层，整体速度极为缓慢(FPS(frames per second)=1)。2016 年，Postech 团队提出 TCNN(CNN in a tree structure)[179]，通过共享 CNN 卷积层的方式，实时更新全连接层，并且保存近十个全连接层，以形成十个节点。每十帧添加一次模型，即一层新的全连接，同时删除最久远的节点。由于每一帧都需要生成 256 个候选框，需要大量的运算与数据存储量，使跟踪器的速度为 1.5 FPS。

同年，牛津大学提出 SiameseFC[94]。它的整个框架只有卷积层和池化层，是一种典型的全卷积神经网络。通过在搜索区域进行模板匹配，寻找相似度最大的区域作为新的目标区域，速度可以达到 58 FPS。2018 年，商汤科技提出的孪生区域生成网络(siamese region proposal network，SiamRPN)[180]通过整合孪生网络与候选区生成网络，舍弃传统的多尺度测试和在线微调，提高跟踪速度(158 FPS)。它的主要贡献在于将模板与后续帧中待搜索区域的匹配过程分离为分类匹配与边框回归。分类匹配区分目标与背景，边框回归确定目标的尺度。同年，还有 DaSiamRPN(distractor-aware siamese networks)[181]，这是 SiamRPN 的后续之作。DaSiamRPN 可以解决正负样本不均衡问题，添加针对目标消失后重新出现的从局部到全局的扩展搜索区域方法。DaSiamRPN 的跟踪速度大于 160 FPS。2019，商汤科技提出 SiamRPN++(siamese visual tracking with verydeep networks)[182]。与前面的网络结构不同，SiamRPN++采用 ResNet 提取特征，并将多层特征通过 RPN 结构进行简单的线性加权融合，然后采用深度相关的方式匹配样本和模板。SiamRPN++在取得不错的跟踪精度的情况下仍能达到实时性的要求，速度为 35 FPS。

# 1.4 本书主要内容

本书结合空地红外目标检测与跟踪算法结构，系统深入地研究目标检测、跟踪，以及仿真技术。重点研究红外弱小移动目标的检测、红外显著目标的异源匹配检测、基于深度学习的红外显著目标检测、启发式红外显著目标的跟踪、辨别式红外显著目标的跟踪、惯导信息辅助图像目标跟踪优化、空地红外目标检测与跟踪仿真等问题。本书总体结构安排如图 1.23 所示。

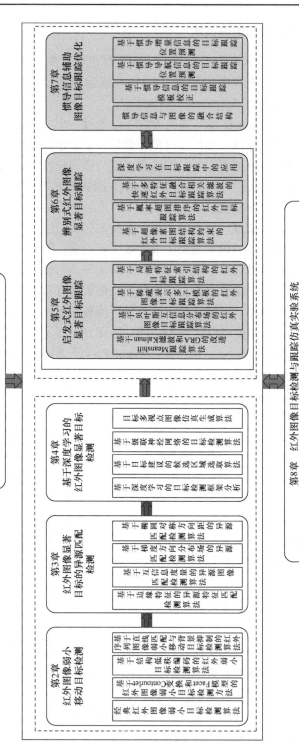

图1.23　本书总体结构安排

# 第2章　红外图像弱小移动目标检测

尽早地识别和锁定目标在信息化战争中有重要的意义，红外弱小移动目标检测是目标识别领域的难点。本章针对红外弱小目标检测问题，首先分析经典红外图像弱小移动目标检测算法；然后提出一种基于 Contourlet 变换和 Facet 模型的单帧图像弱小目标检测算法，在提高图像的信噪比和平滑性的同时有效地抑制复杂背景和噪声，克服传统滤波检测算法易受背景杂波和噪声干扰的缺点；最后设计一种基于结构低秩编码的单帧图像弱小目标检测技术，有效地克服背景杂波的干扰，提高检测性能。此外，针对单帧图像检测算法存在的缺陷，设计一种基于直线匹配与背景抑制的红外序列图像弱小移动目标检测算法，能够适应存在旋转、平移、尺度变化的动态背景，取得有效的检测效果。

## 2.1　引　　言

高科技武器在当今军事领域的进步和发展中发挥着重要的作用，技术的迅速发展改变了军事武器的形式。例如，以主动雷达探测系统等依靠自身发射电磁波并接收回波的武器系统，已经逐渐被无须发射电磁波的被动雷达和红外探测系统取代，可有效提高武器系统的环境适应能力，为搜索、探测、跟踪和打击目标提供可靠的保障。

目前，世界各国都在大力发展红外制导武器。例如，美国的 AM-9B 响尾蛇导弹、英国的红头导弹、法国的魔术 R550 导弹等，运用的制导方式是红外点源寻的制导。此外，还有一种方式叫红外成像寻的制导，如美国坦克破坏者导弹、欧洲的 ASRAAM、以色列的怪蛇-4/5 等。它们的区别主要在于是否需要向外部辐射热源。后者采用不需要外部辐射源的被动探测方式，因此隐身性能强于前一种，能达到更好的作战效果，更适合保存自己，消灭敌人。

尽管红外成像制导技术有很多优点，但是仍存在许多问题。一是，飞行器与目标一般存在较远的距离，因此目标占有的像素量很少，不利于对目标的迅速识别。二是，杂波和噪声会削减目标的信号强度，导致目标被强噪声淹没，大大提高了目标检测和跟踪的难度。三是，对于没有明显形状或者纹理的目标，用于检测跟踪目标的有效信息相对较小，大大提高检测难度。四是，对于移动目标，如坦克、装甲车等目标，在距离较远时很难有明显的特征，且武器本身的运动使图像背景发生改变，导致目标的运动规律改变，因此对此类小目标难以建立较好的数学模型。特别是，飞行器存在姿态变化等大扰动的情况下，对目标的检测难度会大大提高。因此，红外弱小移动目标的检测是一项仍待完善且非常具有实用价值的研究。本章以空地红外图像为研究对象，重点研究复杂场景下的红外弱小移动目标检测技术，为装备武器的相关技术发展提供参考。

## 2.2 经典红外图像弱小目标检测算法

一般认为，红外弱小目标图像由目标、背景和噪声组成，即

$$I(x, y) = T(x, y) + B(x, y) + N(x, y) \tag{2.1}$$

其中，$T(x, y)$、$B(x, y)$ 和 $N(x, y)$ 为目标、背景和探测器噪声。

通常，背景在空间呈现大面积的连续分布状态，在红外辐射上也呈现渐变过渡状态，其灰度分布具有较强的相关性。目标信号由于受到复杂背景的影响，在整幅图像中并非最强，然而它的红外辐射强度与周围自然背景的辐射强度无关，因此目标信号一般强于局部背景的辐射强度，并且在图像中的灰度分布与邻域图像灰度分布不相关。噪声的灰度特性与目标类似，均为图像中局部的灰度奇异点。区别于目标运动轨迹的连续性，噪声在图像中的位置是随机的。因此，工程上通常都是基于以上特性进行目标检测，以较大程度地抑制噪声和背景，突出弱小目标，然后根据分割结果和连续性进一步确定真实目标。红外图像弱小目标检测问题主要包括单帧红外图像弱小目标检测和序列红外图像弱小目标检测。

### 2.2.1 单帧红外图像弱小目标检测算法

根据抑制背景和噪声的方法，可以将单帧红外图像弱小目标检测算法分为基于空间域的检测算法和基于变换域的检测算法。

#### 1. 基于空间域的目标检测算法

（1）中值滤波

中值滤波算法[41]是一种基于非参数统计的排序算法。该算法是利用背景区域的相似性和弱小目标局部极值特性，结合非参数统计方法构造的一种图像处理方法。其计算公式为

$$B(x, y) = \underset{(x,y) \in R}{\mathrm{median}}(I(x, y)) \tag{2.2}$$

$$s(x, y) = I(x, y) - B(x, y) \tag{2.3}$$

其中，$I(x, y)$ 为原始图像中坐标 $(x, y)$ 处像素的灰度值；$B(x, y)$ 为中值滤波后图像坐标 $(x, y)$ 处像素的灰度值；$R$ 为计算的局部区域；$s(x, y)$ 为得到的预处理图像。

由此可知，当对图像中的局部区域按照灰度大小进行排序时，若区域内含有弱小目标，则弱小目标部分像素应位于排序的极小值或极大值位置的附近，而区域中值附近的像素为背景像素。将图像局部区域的中值作为图像中心像素的输出值，得到的图像可看作是剔除弱小目标后的背景图像，再利用原图像减去背景图像就可以得到预处理结果。原始图像和背景图像相差，可以达到增强目标和抑制背景的目的。

中值滤波处理结果如图 2.1 所示。这种滤波器的优点是，运算简单且速度较快，对斑点噪声和椒盐噪声效果显著，并且能很好地保护信号的细节信息(如边缘、锐角等)。另外，很容易对中值滤波器进行自适应化，进一步提高其滤波性能。然而，中值滤波算法的本身决定了它只能过滤掉脉冲宽度小于滤波窗口一半的噪声，而且邻域窗口的大小和形状也对滤波的结果有较大的影响，这是该算法的局限性。

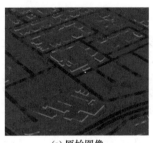

(a) 原始图像　　　　　　　　(b) 预测背景　　　　　　　　(c) 滤波结果

图 2.1　中值滤波处理结果

(2) 均值滤波

同中值滤波一样，均值滤波[54]也通常用于去除图像或者其他信号中的噪声。与中值滤波不同，均值滤波是一种线性滤波器技术，常用来抑制高斯噪声。其算法思想是，在图像上给目标像素一个 $n \times n$ 的模板。该模板包括其周围的邻近像素(以目标像素为中心的周围 $n \times n$ 个像素)，再用模板中全体像素的平均值代替原来的像素值，其中 $n$ 为奇数。重复上面的处理过程，直到整幅图像完成。

均值滤波处理结果如图 2.2 所示。传统的均值滤波算法是一种结构简单且对噪声具有良好抑制能力的算法。它对高斯噪声的抑制特别有用。同中值滤波一样，也很容易对均值滤波器进行自适应化，从而提高滤波性能。

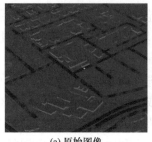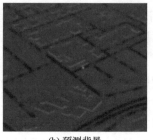

| (a) 原始图像 | (b) 预测背景 | (c) 滤波结果 |

图 2.2　均值滤波处理结果

当然，均值滤波方法也有其自身难以克服的缺陷，例如图像边缘处由于存在两种不同的像素，采用相同的均值滤波会造成图像边缘的模糊；均值滤波对冲激噪声十分敏感；均值滤波没有充分利用图像像素间的相关性和像素的位置信息。

(3) 灰度形态学

设一幅灰度图像 $A = I(x,y)$，其中 $(x,y)$ 为图像上点的坐标，$I(x,y)$ 为 $(x,y)$ 处的灰度值，$b$ 为结构元素，灰度图像的腐蚀 $E$、膨胀 $D$ 运算的定义如下[25]，即

$$E = A \Theta b = \{x,y \,|\, b(x,y) \subseteq F\} \tag{2.4}$$

$$D = A \oplus b = \{x,y \,|\, A \bigcap b \neq \Phi\} \tag{2.5}$$

为了便于计算机实现形态学运算，下面给出灰度形态学基本运算的另一种定义方法。符号如上定义，当且仅当下式成立时，$A$ 被 $b$ 腐蚀，即

$$E(x,y) = \min_{b(i,j)}\left[I(x+i,y+j) - b(i,j)\right] \tag{2.6}$$

当且仅当下式成立时，$A$ 被 $b$ 膨胀，即

$$D(x,y) = \max_{b(i,j)}\left[I(x-i,y-j) - b(i,j)\right] \tag{2.7}$$

腐蚀运算是消除边界点的过程，结果是使目标缩小、孔洞增大，因此可有效地消除孤立噪声点。膨胀运算是将与目标物体接触的所有背景点合并到物体中的过程，结果是使目标增大，孔洞缩小，可填补目标物体中的空洞，形成连通域。形态学的其他运算都是这两个基本运算串并行组合而成的，其中最重要的是灰度开运算和闭运算，即

$$A \circ b = (A \Theta b) \oplus b \tag{2.8}$$

$$A \cdot b = (A \oplus b) \Theta b \tag{2.9}$$

开运算和闭运算的基本作用是对图像进行平滑处理。开运算能够去掉图像中小于结构元素的孤立子域和毛刺。闭运算可以填充一些小洞，将两个距离较近的区域连接起来。由于红外弱小目标在图像上表现为灰度的奇异点，因此可以采用

尺寸大于目标的结构元素对图像进行开运算，从而获得图像背景，再将原始图像与背景相减实现背景抑制。上述对弱小目标进行处理的过程也称为 Tophat 变换，可以用数学公式表达为

$$WTT(A) = A - (A \circ b) \tag{2.10}$$

Tophat 变换处理结果如图 2.3 所示。形态学滤波算法对背景抑制的效果取决于结构元素的尺寸与形状。当结构元素尺寸略大于目标尺寸时，滤波效果最佳。当无法获得弱小目标图像的先验知识时，该算法难以获得最佳效果。

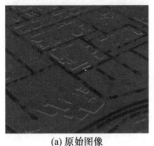 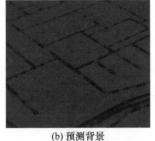 

(a) 原始图像　　　　　　　　(b) 预测背景　　　　　　　　(c) 滤波结果

图 2.3　Tophat 变换处理结果

(4) 空域高通滤波

若滤波器的输入为函数 $I(x,y)$，输出信号为 $g(x,y)$，设滤波器的脉冲响应函数为 $h(x,y)$，用 $*$ 表示卷积运算，则有

$$g(x,y) = I(x,y) * h(x,y) \tag{2.11}$$

对于离散图像，一般选用卷积模板表示滤波器的脉冲响应函数，记为矩阵 $H$。用高通模板进行空间卷积相当于对原图像作高频分量的估计，即根据所采用的不同类型高频分量估计方法，可以得出不同的高通滤波模板[13]。

通过研究以往的文献，本节共总结了以下 5 种效果较好的高通滤波器模板，即

$$H_1 = \frac{1}{4}\begin{bmatrix} 0 & -1 & 0 \\ -1 & 4 & -1 \\ 0 & -1 & 0 \end{bmatrix}, \quad H_2 = \frac{1}{24}\begin{bmatrix} -1 & -1 & -1 & -1 & -1 \\ -1 & -1 & -1 & -1 & -1 \\ -1 & -1 & 24 & -1 & -1 \\ -1 & -1 & -1 & -1 & -1 \\ -1 & -1 & -1 & -1 & -1 \end{bmatrix}$$

$$H_3 = \begin{bmatrix} -1 & -1 & -1 & -1 & -1 \\ -1 & -1 & 3 & -1 & -1 \\ -1 & 3 & 4 & 3 & -1 \\ -1 & -1 & 3 & -1 & -1 \\ -1 & -1 & -1 & -1 & -1 \end{bmatrix}, \quad H_4 = \frac{1}{20}\begin{bmatrix} -1 & -1 & -1 & -1 & -1 \\ -1 & -1 & 4 & -1 & -1 \\ -1 & 4 & 4 & 4 & -1 \\ -1 & -1 & 4 & -1 & -1 \\ -1 & -1 & -1 & -1 & -1 \end{bmatrix}, \quad H_5 = \frac{1}{9}\begin{bmatrix} -1 & -1 & -1 \\ -1 & 8 & -1 \\ -1 & -1 & -1 \end{bmatrix}$$

为了比较其优劣，采用上述 5 种滤波器对红外图像进行仿真实验，结果如图 2.4 所示。

(a) 原始图像      (b) $H_1$滤波结果      (c) $H_2$滤波结果

(d) $H_3$滤波结果      (e) $H_4$滤波结果      (f) $H_5$滤波结果

图 2.4 空域高通滤波处理结果

可以看出，对于模板 $H_2$、$H_3$、$H_5$，其中心像素权值最大，对于孤立噪声点和小目标，其信号强度比较高，所以容易通过；周围部分权值均为$-1$，有一定面积的背景不易通过，这就可以较好地抑制背景。对于模板 $H_1$、$H_2$、$H_5$，将高权值部分分布在十字形区域中，权值分散，这样孤立的噪声点不易通过。不同的高通模板可以产生不同的滤波结果，结果的好坏取决于实际场景模型和期望保留的特征。

2. 基于变换域的弱小目标检测算法

(1) 频域高通滤波

由于目标和背景分别对应频率域的高频分量和低频分量，因此可以利用高通滤波法分离目标和背景。我们以 IHPF、BHPF 和 GHPF 的滤波算法为例，对高通滤波处理算法进行介绍。这三种高通滤波器涵盖从非常尖锐(理想高通)到非常平坦(高斯高通)范围的滤波器函数[41]。设原始图像为 $I(x,y)$，滤波输出为 $g(x,y)$，整个频率域滤波过程可统一表示为

$$g(x,y) = \Im^{-1}\left\{\Im[I(x,y)]H(u,v)\right\} \tag{2.12}$$

其中，算子 $\Im$ 和 $\Im^{-1}$ 为傅里叶变换和傅里叶反变换；$H(u,v)$ 为选取的高通滤波传

递函数。

IHPF、BHPF 和 GHPF 的传递函数分别为

$$H(u,v) = \begin{cases} 0, & D(u,v) \leqslant D_0 \\ 1, & D(u,v) > D_0 \end{cases} \tag{2.13}$$

$$H(u,v) = \frac{1}{1 + (\sqrt{2} - 1)(D_0/D(u,v))^4} \tag{2.14}$$

$$H(u,v) = 1 - \exp(-D^2(u,v)/2D_0^2) \tag{2.15}$$

其中，$D_0$ 为截止频率；$D(u,v)$ 为图像的频域变换。

频域高通滤波处理结果如图 2.5 所示。理想高通滤波对背景的抑制最为彻底，但是由于在频域具有明显的截断效应，理想高通滤波的振铃现象非常明显，其对某些复杂背景下的弱小目标检测较为不利。高斯高通滤波的正变换与逆变换均是高斯函数，从而保证高斯高通滤波不会产生振铃效应，但是高斯高通滤波的通频带和截止带过渡得比较缓慢，因此影响背景抑制的效果。巴特沃斯高通滤波在通频带和截止带没有明显的截断，其振铃现象和滤波结果介于理想高通滤波和高斯高通滤波之间。

(a) 原始图像

(b) 理想高通滤波

(c) 巴特沃斯高通滤波

(d) 高斯高通滤波

图 2.5　频域高通滤波处理结果

(2) 小波变换

小波分析[44]是传统傅里叶分析发展的新阶段。其基本思想是用一簇小波函数的基函数表示或逼近一已知函数(如图像等)。小波函数由一基本小波函数(母小波)

$\psi(x)$ 进行不同尺度的伸缩和平移构成。若二维空间是可分离的，则

$$\varphi_{LL}(x,y) = \varphi(x)\varphi(y) \tag{2.16}$$

$$\psi_{LH}(x,y) = \varphi(x)\psi(y) \tag{2.17}$$

$$\psi_{HL}(x,y) = \psi(x)\varphi(y) \tag{2.18}$$

$$\psi_{HH}(x,y) = \psi(x)\psi(y) \tag{2.19}$$

其中，$\varphi(x)$ 为尺度函数；$\varphi_{LL}(x,y)$ 为二维尺度函数；$\psi_{LH}(x,y)$、$\psi_{HL}(x,y)$、$\psi_{HH}(x,y)$ 分别为水平、竖直、对角小波。

由于母小波适合表示信号的细节和高频分量，而尺度函数适合表示信号的平滑和低频分量，因此在对图像进行二维小波分解时，通常用一维低通滤波器 $L$ 和一维高通滤波器 $H$ 分别作为尺度和小波向量构造尺度函数和小波函数。首先，在水平方向上，分别用低通和高通滤波器对图像 $I(x,y)$ 滤波，并对滤波图像的列进行下采样，得到 $I_L(x,y)$、$I_H(x,y)$；然后分别对 $I_L(x,y)$ 和 $I_H(x,y)$ 在竖直方向进行滤波，并对滤波图像的行进行下采样，得到同一级分解的四幅子图像 $I_{LL}(x,y)$、$I_{LH}(x,y)$、$I_{HL}(x,y)$、$I_{HH}(x,y)$；最后将 $I_{LL}(x,y)$ 作为原图像，继续上面的过程得到图像 $I(x,y)$ 的多层小波分解。其中，$I_{LL}(x,y)$ 是原图像，$I(x,y)$ 的多分辨率分解的低频分量可以看作原图像 $I(x,y)$ 的平滑采样图像，即 $I(x,y)$ 的近似图像。$I_{LH}(x,y)$、$I_{HL}(x,y)$ 和 $I_{HH}(x,y)$ 分别为原图像 $I(x,y)$ 在水平、竖直和对角方向上的细节子图像。二维离散小波变换的某层分解示意图如图 2.6 所示。

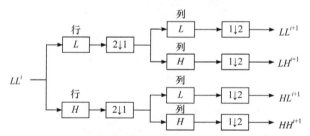

图 2.6　二维离散小波变换的某层分解示意图

同理，二维离散小波逆变换(图像的合成)是分解的反过程。其某层重构如图 2.7 所示。

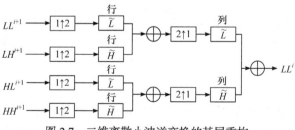

图 2.7　二维离散小波逆变换的某层重构

小波变换是一种窗口大小固定不变，但形状可改变的时频局部化分析方法。小波变换在信号的高频部分，可以取得较好的时间分辨率；在信号的低频部分，可以取得较好的频率分辨率，从而能有效地从信号(如语音、图像等)中提取信息。

基于小波变换的弱小目标检测算法的基本思想是，首先利用小波变换对图像进行分解，获取图像的低频和高频部分；然后，利用背景处于低频部分，而目标处于高频部分的特点，对小波分解得到的低频图像和高频图像进行背景估计(如采用形态滤波消除杂波干扰)；最后，重构得到处理结果图像。小波分析处理结果如图 2.8 所示。

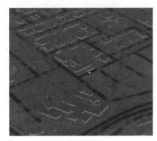  

(a) 原始图像　　　　　　(b) 小波分解图像　　　　　　(c) 处理结果

图 2.8　小波分析处理结果

### 2.2.2　序列红外图像弱小目标检测算法

基于单帧的弱小目标检测算法的计算效率高，在背景平稳的情况下可以取得较好的检测结果。对于复杂地面背景下的场景，如果存在强边缘干扰、亮斑和高亮区域干扰，仅利用目标的亮度特征很难对目标进行有效检测，因此除了要充分利用弱小目标的亮度特性，还应该利用目标的运动特性进行有效检测。这里介绍两种基于序列图像弱小移动目标检测算法的思路。

#### 1. 基于时间关联动态规划的弱小移动目标检测

经过单帧红外图像检测算法运算后，红外图像中的背景噪声减弱。因此，可进一步利用红外弱小目标在图像中的运动关联信息，如连续性、领域性、速度大小、方向等对序列图像中的弱小目标进行有效检测。由于噪声在单帧中是随机分布的，时域序列图像中也不存在一定的连续性和稳定性，因此弱小目标的检测一般能通过目标和噪声在图像序列中运动关联信息的差异来实现。本节重点讨论动态规划的弱小移动目标检测算法。

#### (1) 动态规划算法的数学原理

动态规划实际上是一个将多阶段过程转化成多个互相联系的单阶段过程的决策优化算法[66,67]。它把一个多维决策问题分为若干一维最优化问题，再逐个求解这些一维最优化问题。这优于许多求极值方法，同时也能求出全局极大或极小值。动态规划是求解多阶段决策优化问题的一种方法，它没有一个标准的数学表达式和明确定义的一组规则，因此在求解最优化问题中，必须对具体问题进行具体分析，建立与具体问题相对应的数学模型，利用动态规划最优化原理和方法进行求解。

描述阶段的变量设为阶段变量 $k$，引入状态变量描述过程的演变，取值称为状态集合。$k$ 阶段的状态与状态集合分别记为 $x_k$ 和 $X_K$，如果各阶段的状态与终状态确定之后，动态规划的整个过程也将确定。如果令 $x_1$ 和 $x_n$ 分别表示初始状态和最终状态，过程可以表示为 $\{x_1, x_2, \cdots, x_n\}$。

针对一个最优化过程，每个阶段必须选择变量使整个过程按照一定的准则达到最优。一般来说，用决策函数 $u_k(x_k)$ 表示第 $k$ 个阶段状态 $x_k$ 的决策变量，那么决策变量 $u_i(x_i), i=1,2,\cdots,n$ 组成的决策函数称为策略。由第 $k$ 阶段的状态 $x_k$ 到终状态的所有过程策略可以写为

$$p_k(x_k) = \{u_k(x_k), u_{k+1}(x_{k+1}), \cdots, u_n(x_n)\} \tag{2.20}$$

用状态转移方程表示当前阶段与下一阶段的演变规律，记为

$$x_{k+1} = T_k(x_k, u_k), \quad k=1,2,\cdots,n \tag{2.21}$$

决策过程中检验策略优劣的准则为值函数。值函数可以定义在全过程或后部子过程，它通常是各阶段效益的综合。通过选择一个 $k$ 阶段的策略，可以使值函数最大，即

$$f_k(x_k) = \max_{[u_1, \cdots, u_k]} v_k(x_1; u_1, \cdots, u_k) \tag{2.22}$$

其中，$f_k(x_k)$ 为从初始状态 $x_1$ 到终止状态 $x_k$ 的最优值函数。

设值函数为阶段函数，可表示为

$$v_k(x_1; u_1, \cdots, u_k) = \sum_i^k \omega_i(x_i, u_i) \tag{2.23}$$

其中，$\omega_i(x_i, u_i)$ 为第 $i$ 个阶段，状态 $x_i$ 做出决策 $u_i$ 时的阶段指标函数。

依据最优性原理可得

$$\begin{aligned}
f_k(x_k) &= \max_{u_i \in U} \left[ \sum_{i=1}^{k} \omega_i(x_i, u_i) \right] \\
&= \max_{[u_i, u_k] \in U} \left[ \omega_k(x_k, u_k) + \sum_{i=1}^{k-1} \omega_i(x_i, u_i) \right] \\
&= \max_{[u_i, u_k] \in U} [\omega_k(x_k, u_k) + f_{k-1}(x_{k-1})], \quad k=2,3,\cdots,n
\end{aligned} \tag{2.24}$$

设初始条件为 $f_1(x_1) = \omega_1(x_1, u_1)$，式(2.24)即多阶段决策过程的动态规划方程。

动态规划算法的流程如图 2.9 所示。

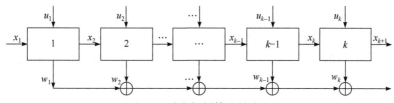

图 2.9　动态规划算法的流程

阶段输入变量 $x_k$ 经过决策函数 $u_k$ 以后，得到值函数 $\omega$ ，由值函数最终得到最优决策结果。

(2) 动态规划算法在弱小目标检测中的应用

设图像大小为 $N \times N$ 个像素，那么观测量值是一个 $N \times N$ 矩阵 $Z(k) = \{z_{ij}(k)\}$ ，其中 $i, j$ 为图像的空间坐标，$k$ 为帧数。测量矩阵可以由下式给出，即

$$z_{ij}(k) = \begin{cases} n_{ij}(k), & (i, j) \in T \\ A(k) + w_{ij}(k), & (i, j) \in T \end{cases} \quad (2.25)$$

其中，$T$ 为目标；对于不同的帧数 $k$ ，附加噪声 $n_{ij}(k) \sim N(0, \delta_n^2)$ 、$w_{ij}(k) \sim N(0, \delta_w^2)$ 随机独立分布；$A(k)$ 为目标信号的幅值，通常假定为常数 $A$ 。

一个目标的轨迹可以定义为 $N$ 帧图像序列中一系列的连续态 $t_{(k)}$ 的集合，因此在 $N$ 帧图像序列中，一个目标的轨迹为

$$T_{(N)} = \{t_{(1)}, t_{(2)}, t_{(3)}, \cdots, t_{(N)}\} \quad (2.26)$$

动态规划在目标检测中的基本关系式可变形为

$$
\begin{aligned}
f_k(x_k) &= \max_{[u_i, u_k] \in U} \left[ \omega_k(x_k, u_k) + f_{k-1}(x_{k-1}) \right] \\
&= \max_{u_k \in U} \left[ \omega_k(x_k, u_k) + \max_{u_{k-1} \in U} \left[ \omega_{k-1}(x_{k-1}, u_{k-1}) + \cdots + \max_{u_2 \in U} \left[ \omega_2(x_2, u_2) + f_1(x_1) \right] \right] \right] \\
&= \max_{u_k \in U} \left[ h_k(x_k) \right]
\end{aligned} \quad (2.27)
$$

其中，$[h_k(x_k)]$ 为阶段值函数，即

$$
\begin{cases}
h_k(x_k) = \omega_k(x_k, u_k) + \max_{u_{k-1} \in U} \left[ h_{k-1}(x_{k-1}) \right], & k = 2, 3, \cdots, N \\
h_1(x_1) = \omega_1(x_1, u_1)
\end{cases} \quad (2.28)
$$

动态规划小目标检测问题可归结为求解由测量序列 $Z(k)$ 产生的 $M$ 阶段值函数 $h_M(x_M)$ ，通过设定阈值 $V_T$ ，对目标轨迹结果加以约束，得出最可能是实际目

标的轨迹。检测结果为

$$\left\{\hat{T}_M\right\} = \left\{T_M : h_M > V_T\right\} \tag{2.29}$$

值函数的选择直接影响动态规划算法对弱小目标的检测性能。由于目标运动的限制，弱小目标的强度在序列帧中是统计关联的，但干扰信号或噪声不关联。因此，直接用各阶段假设目标的强度测量值 $z_{ij}(k)$ 替代阶段指标函数 $\omega_k(x_k, u_k)$，即

$$\begin{cases} h_k(x_k) = z_{ij}(k) + \max\limits_{u_{k-1} \in U}\left[h_{k-1}(x_{k-1})\right], & k = 2, 3, \cdots, N \\ h_1(x_1) = z_{ij}(1) \end{cases} \tag{2.30}$$

在实际应用中，弱小目标的最大运动速度是可以预知的，即使经过二阶相关处理后，相邻帧之间目标的运动范围也是已知的。通常采用 $5 \times 5$ 模板作为相邻帧最大运动范围的集合。搜索范围越大，相邻帧中搜到弱小目标的可能性越大，但会降低实时性。

动态规划算法的流程示意图如图 2.10 所示。图 2.10(c)中十字叉代表累积 20 帧图像后，得到的最强的点所处的位置，即一系列的十字叉代表目标运动轨迹。

(a) 1~20帧能量累积　　　　　　(b) 目标的能量累积　　　　　　(c) 检测到的目标轨迹

图 2.10　动态规划算法的流程示意图

**2. 基于序列图像背景抑制的弱小移动目标检测**

弱小移动目标不仅在空间位置上具有运动特性，在灰度的分布上还有奇异特性。弱小运动目标点由于自身存在运动，背景的候选干扰点在空点中处于静止状态，但是由于摄像机的运动，图像坐标系中存在位置偏移。由于目标点的运动模型和摄像机的运动模型不同，因此可以通过摄像机背景运动模型的抑制来检测弱小移动目标。将弱小目标检测问题转换为候选特征点筛选问题，是基于序列图像背景抑制的检测算法的关键。

基于序列图像背景抑制的检测算法的流程图如图 2.11 所示。

(1) 候选特征点的检测

红外弱小目标在图像的灰度分布上呈现为奇异点，一般是小的亮斑。对于候

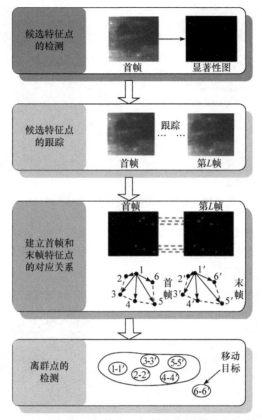

图 2.11　基于序列图像背景抑制的检测算法的流程图

选特征点的检测，要求在包含目标的同时，也尽可能地包括更多的背景亮斑。

　　常用的候选特征点的检测算法有高斯拉普拉斯(Laplacian of Gaussian，LOG)算子[183]和高斯差分(difference of Gaussian，DOG)算子[184]，以及在目标识别领域著名的 SIFT 算子、SURF 算子等。另外，还有学者从频域的角度对候选目标点进行检测，取得了不错的研究效果。需要注意的是，候选特征点的检测算子应该包含更多的候选目标，这样有利于提高检测精度。首帧图像候选目标提取实验结果如图 2.12 所示。

　　(2) 特征点的跟踪

　　特征点的跟踪在检测中至关重要。由于目标的灰度值在图像中比噪声更加稳定，因此可以通过连续追踪建立连续帧之间点集的关系。红外图像中候选目标点的追踪与显著目标的追踪方式不同，更多的是基于亮度信息。在特征点的跟踪算法中，基于 MS[185]、基于分布场(distribution field，DF)的算法[186]、基于相关滤波的跟踪算法[165]比较常见。另外，有学者将控制领域中的 PID(proportional integral

(a) 首帧图像　　　　　　　　　　　　　　　(b) 检测结果

图 2.12　首帧图像候选目标提取实验结果

derivative)算法[187]，模拟人类的眼动机制，结合亮度修正对候选特征点进行跟踪。当候选目标所处环境较为复杂，周围存在干扰时，容易出现误跟踪现象。候选目标跟踪结果如图 2.13 所示。

(a) 首帧图像　　　　　　　　　　　　　　　(b) 末帧图像

图 2.13　候选目标跟踪结果

(3) 建立首帧和末帧的对应点集

连续两帧之间，弱小移动目标的运动非常小，需要通过多帧图像才能检测到目标的运动信息。连续跟踪目标 $N$ 帧之后，就可以建立首帧图像和末帧图像的对应点集。每个候选特征点的位置信息就是候选目标点的描述信息，可以利用对应点集的图像坐标关系检测运动目标。

(4) 离群点的检测

由于摄像机存在运动，因此首帧和末帧中候选目标点的位置必然存在运动。候选点中的背景特征点的运动规律与摄像机运动规律一致，而目标特征点本身还存在运动，所以其运动规律必然与背景特征点不一致。因此，可以通过点集的一致性来建立摄像机运动模型，从而消除背景的运动，检测弱小移动目标。目前，常见的离群点检测模型有图匹配模型、形状匹配模型和聚类模型等。基于形状匹配的特征点抑制如图 2.14 所示。可以看出，弱小目标作为离群点能被有效地检测。

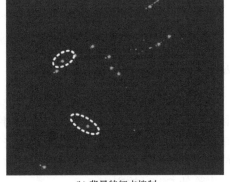

(a) 检测图像　　　　　　　　　　　　　　　(b) 背景特征点抑制

图 2.14　基于形状匹配的特征点抑制

## 2.3　基于 Contourlet 变换和 Facet 模型的红外图像弱小目标检测方法

本节从变换域和空间域结合的角度考虑弱小目标的检测问题。Contourlet 变换[188]是一种图像二维表示方法，相比小波变换，它具有方向性和各向异性，可以很好地捕获图像几何结构，但不具有平移不变性，导致图像去噪时存在伪 Gibbs 现象。Coifman 等[189]提出的循环平移方法可以很好地消除伪 Gibbs 现象。因此，循环平移和 Contourlet 变换相结合在图像的去噪方面具有良好的性能。Facet 模型[190]将二维灰度图像转化为空间的曲面，从而为图像分析提供更加丰富而准确的信息，可以求得图像中一点任意方向的梯度信息，极大地提高传统梯度算子的准确性和精度。

Contourlet 变换和 Facet 模型在图像去噪和边缘的检测方面有较好的性能。Contourlet 变换可以多方向多尺度地分解图像，去除噪声的同时又很好地保留边缘的光滑性。Facet 模型将离散图像转换为连续的图像，为图像的分析提供更加丰富的信息，可以在空间上对图像某个点进行更加全面地分析。为此，本节将基于变换域的方法和基于背景抑制的方法结合起来，综合利用 Contourlet 变换在去除边缘噪声方面和 Facet 模型在边缘检测方面的优点，提出一种基于循环平移 Contourlet 变换和 Facet 模型多向梯度特性的弱小目标检测方法。该方法分为四个步骤。

① 用循环平移 Contourlet 变换对图像进行硬阈值去噪，提高图像的信噪比和平滑性。

② 设计一种基于 Facet 模型多向梯度特性的中值滤波器，对去噪后的图像进行滤波，抑制强纹理的复杂背景。

③ 通过两级最大类间方差进行分割，分割弱小目标。

④ 根据相邻帧候选目标的位置和速度关系进一步地检测和跟踪，排除虚警。

### 2.3.1 循环平移 Contourlet 去噪

Contourlet 变换[188]是一种图像二维表示方法。相比小波变换，它具有方向性和各向异性，可以很好地捕获图像几何结构。由于在 Contourlet 变换和重构中存在下采样和上采样的过程，在图像的去噪过程中不具有平移不变性，因此在图像信号的不连续点就会产生伪 Gibbs 效应，循环平移和 Contourlet 变换相结合可有效去除伪 Gibbs 效应。

#### 1. Contourlet 变换

Contourlet 变换也称塔型方向滤波器组(pyramidal directional filter bank，PDFB)。它首先选用拉普拉斯塔式(Laplacian pyramid，LP)滤波器结构对图像进行分解，产生原图像的一个低通采样逼近和一个原图像与低通采样预测图像之间的一个差值图像，对得到的低通图像继续分解会得到下一层低通逼近和差值图像，如此逐步滤波就得到图像的多分辨率分解。对每一级产生的高频分量利用二维方向滤波器组(directional filter bank，DFB)进行多方向分解，在任意的尺度上可以得到 $2^n$ 数目的方向子带。图 2.15(a)给出了离散 Contourlet 变换的滤波器组结构，原图经过结构分解，可以得到一个低通图像和分布在多尺度、多方向的高频分量。图 2.15(b)为一个可能的 Contourlet 频域分布图，方向数为 8。Contourlet 分解实例如图 2.16 所示。图像 zoneplate 的 2 级 Contourlet 分解图中最细致层上方向数为 8，可以直观看到 DFB 的滤波效果。

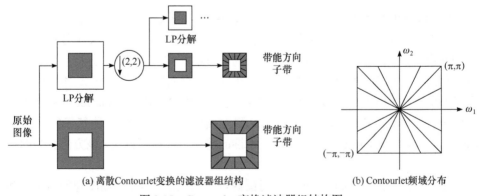

(a) 离散Contourlet变换的滤波器组结构    (b) Contourlet频域分布

图 2.15　Contourlet 变换滤波器组结构图

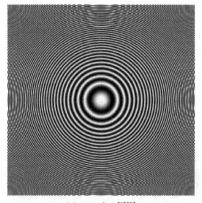
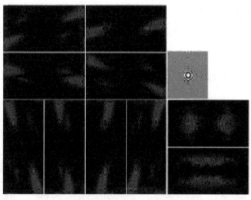

(a) zoneplate原图　　　　　　　　　　(b) zoneplate的2级Contourlet分解图

图 2.16　Contourlet 分解实例

相比小波变换，Contourlet 变换是图像的一种更好的稀疏表示工具，具有方向性和各向异性，能够很好地去除边缘的噪声，保持边缘的平滑性。

2. 循环平移去噪

常用的一种简单的去噪方法就是阈值去噪。阈值函数的选择应尽量使小目标的能量较高，以便分割。软阈值函数中变换域高频系数需要减去阈值 $\delta$，去除高斯白噪声的同时也削减了小目标的能量。为了尽量避免小目标的能量损失，需要选择硬阈值函数对高频系数进行处理。

对原始红外图像进行 Contourlet 变换，再对分解后的高频子带进行硬阈值函数去噪。阈值可表示为

$$\delta = \sigma\sqrt{2\ln Z} \tag{2.31}$$

其中，$Z$ 为图像的像素总数；$\sigma$ 为噪声的标准差估计，$\sigma = \mathrm{media}(|Y|)/0.6745$，$Y$ 为分解后第 1 层某一高频子带系数，$|\cdot|$ 为取模运算。

为了更彻底地去除红外图像中的高斯噪声，选择 $y$ 为使 $\sigma$ 最大的子带系数。阈值函数的选择应尽量使小目标的能量较高，以便分割。

为消除 Contourlet 变换产生的伪 Gibbs 效应，本节采用文献[26]中的 Cycle Spinning 算法解决上述不足。它通过循环平移-阈值去噪-逆向循环平移实现。

循环平移 Contourlet 变换去噪的过程如下。

① 在一定的范围 $(N_1 \times N_2)$ 对原始红外图像进行循环平移运算，得到 $N_1 \times N_2$ 个平移子图像。

② 用 Contourlet 变换对每个子图像进行分解变换。

③ 用上述硬阈值去噪，并进行 Contourlet 逆变换，重构图像。

④ 将每个重构图像进行逆循环平移，得到去噪后的子图像，然后进行线性平

均得到去噪后的图像。

图 2.17 所示为小波变换和循环平移 Contourlet 变换的去噪结果。可以看出，相比小波变换，循环平移 Contourlet 变换在图像的去噪方面表现出较好的性能，能更大限度地抑制图像中的噪声，提高图像的信噪比和平滑性。

(a) 原始图像　　　(b) 加噪图像(SNR=6.03dB)　　　(c) 小波变换　　　(d) 循环平移Contourlet 变换
　　　　　　　　　　　　　　　　　　　　　　　　　(SNR=10.29dB)　　　　(SNR=12.53dB)

图 2.17　小波变换和循环平移 Contourlet 变换的去噪结果

### 2.3.2　基于 Facet 模型多向梯度特性的中值滤波器设计

由于红外弱小目标可看作图像中的孤立奇异点，显然小目标在各个方向上均有较高的梯度，而背景杂波，如云层，天空等往往具有连续分布的特性，因此其各个方向的梯度值均较小。复杂纹理边缘则表现在少数几个特定的方向上有较高的梯度，而在其他的方向梯度较小。在基于前面的循环平移 Contourlet 变换去噪的基础上，本节设计一种基于 Facet 模型多向梯度特性的中值滤波器来抑制复杂纹理和背景杂波，突出目标特性，有效地提高图像的信噪比。

1. Facet 模型曲面拟合

Facet 模型[33]最早是由 Haralick 提出。该模型对邻域图像提供一种快速而准确的拟合方法。经典的 Facet 模型认为，图像中每个 Facet 区域 $R$ 的灰度分布可由一组双三次多项式基函数的线性组合逼近，即

$$\hat{I}(x,y) = a_0 + a_1 x + a_2 y + a_3 x^2 + a_4 xy + a_5 y^2 + a_6 x^3 + a_7 x^2 y + a_8 xy^2 + a_9 y^3 \quad (2.32)$$

通常采用最小二乘方法计算加权系数 $a_i$，但是通过式(2.32)求得的解是病态的，而且计算量很大。因此，考虑采用 2 个一维离散 Chebyshev 多项式集合构造二维离散正交多项式基来减少运算量，降低计算过程的病态程度，即

$$\begin{aligned}\hat{I}(x,y) = {} & b_0 + b_1 x + b_2 y + b_3 (x^2 - 2) + b_4 xy + b_5 (y^2 - 2) + b_6 (x^3 - 17x/5) \\ & + b_7 (x^2 - 2)y + b_8 x(y^2 - 2) + b_9 (y^3 - 17y/5)\end{aligned} \quad (2.33)$$

式(2.33)可表述为 $\hat{I}(x,y) = B\Phi$，$B = (b_0, b_1, b_2, \cdots, b_9)$，$\Phi = (\phi_0, \phi_1, \phi_2, \cdots, \phi_9)^{\mathrm{T}}$。根据基的正交性和最小均方误差，便可求得加权系数，即

$$b_i = \frac{\sum_{(x,y)\in S}\phi_i(x,y)I(x,y)}{\sum_{(x,y)\in S}\phi_i^2(x,y)} = w_i I(x,y) \tag{2.34}$$

其中，$w_i = \dfrac{\sum_{(x,y)\in S}\phi_i(x,y)}{\sum_{(x,y)\in S}\phi_i^2(x,y)}$；$S$ 为模板的大小；$b_i$ 可以通过图像 $I(x,y)$ 与固定模板 $w_i$ 的卷积获得。

Facet 模型应用最广泛的领域是边缘检测[191]。通过加权系数 $b_i$ 的求取，可以得到 $\hat{I}(x,y)$ 的解析形式。一般的边缘检测算法是将 $\hat{I}(x,y)$ 变为极坐标的形式，通过极值条件来判断是否为边缘点，即

$$\{f_a''(\rho) = 0, f_a'''(\rho) < 0, f_a'(\rho) \neq 0\} \tag{2.35}$$

由于连续的曲面有更丰富的信息，因此 Facet 模型在边缘检测中呈现出良好的性能。

### 2. 基于多向梯度特性的中值滤波器设计

为了提高鲁棒性，我们充分利用特定方向各个位置的灰度，采用均值方向梯度表示图像中某个点的梯度。一幅图像的 Facet 小面拟合曲面 $\hat{I}(x,y)$，对于给定方向矢量 $l = (\sin\theta, \cos\theta)$，那么在点 $(x,y)$ 处沿矢量 $\theta$ 的一阶方向导数为

$$\hat{I}'_\theta(x,y) = \frac{\partial \hat{I}(x,y)}{\partial x}\sin\theta + \frac{\partial \hat{I}(x,y)}{\partial y}\cos\theta \tag{2.36}$$

定义点 $(x,y)$ 沿 $\theta$ 方向的 $R$ 邻域的均值方向梯度为

$$F_\theta = \frac{\int_r \hat{I}'_\theta(x,y)\mathrm{d}s}{L} \tag{2.37}$$

其中，$L$ 为邻域中心与边界的距离；$r$ 为与 $x$ 轴成 $\theta$ 角的垂直于 $xoy$ 的平面和 Facet 拟合曲面相交的空间曲线。

令 $\theta = [0, \pi/4, \pi/2, \cdots, 7\pi/4]$，代入边界条件 $L$ 得到的 8 个方向的均值梯度为

$$F_\theta = \begin{cases} (b_2 - 2b_7 - 51b_9/5) + b_4 L/2 + b_7 L^2/3, & \theta = 0 \\ (b_1 + b_2 - 2b_7 - 2b_8 - 51b_6/5 - 51b_9/5) \\ \quad + (b_3 + b_4 + b_5)L + (b_6 + b_7 + b_8 + b_9)L^2, & \theta = \pi/4 \\ (b_1 - 2b_8 - 51b_6/5) + b_4 L/2 + b_8 L^2/3, & \theta = \pi/2 \\ \vdots \\ (b_1 - b_2 + 2b_7 - 2b_8 - 51b_6/5 + 51b_9/5) \\ \quad + (b_3 - b_4 + b_5)L + (b_6 - b_7 + b_8 - b_9)L^2, & \theta = 7\pi/4 \end{cases} \tag{2.38}$$

8 个均值方向梯度的中间梯度 Fo 可以作为当前邻域中心像素点的滤波输出。Fo 通过下式求取，即

$$Fo = median \left\{ F_{\theta=0}, F_{\theta=\pi/4}, F_{\theta=\pi/2}, \cdots, F_{\theta=7\pi/4} \right\} \tag{2.39}$$

显然，本节设计的中值滤波器具有较强的鲁棒性，对图像的多向梯度描述特征更准确，可以极大地克服传统梯度算子的局限性。

### 2.3.3 基于二级 Otsu 的阈值分割

经过上述基于 Facet 模型多向梯度特性的中值滤波器的滤波，可以抑制大部分的背景杂波，突出弱小目标。由于红外小目标通常只有几个或者十几个像素，在整幅图像中所占的比例极小，因此滤波后的图像不能用传统的阈值分割算法进行分割。为此，本节采用一种两级最大类间方差(Otsu)进行图像分割。

设图像的灰度级为 $\{0, 1, \cdots, K-1\}$，灰度值为 $i$ 的像素数为 $n_i$，那么总的像素数为 $N = \sum_{i=1}^{K-1} n_i$，各值出现的概率为 $p_i = n_i / N$。

将图像中的像素按灰度级用阈值 $t$ 划分为 $C_0 = \{0, 1, \cdots, t\}$ 和 $C_1 = \{t+1, \cdots, K-1\}$ 两类，则 $C_0$ 和 $C_1$ 两类间的方差为

$$d_B(t) = \omega_0 |\mu_0 - \mu|^2 + \omega_1 |\mu_1 - \mu|^2 \tag{2.40}$$

其中，$\omega_0 = \sum_{i=0}^{t} p_i$ 为 $C_0$ 出现的概率；$\mu_0 = \sum_{i=0}^{t} \frac{i p_i}{\omega_0}$ 为 $C_0$ 的灰度平均值；$\omega_1 = \sum_{i=t+1}^{K-1} p_i$ 为 $C_1$ 出现的概率；$\mu_1 = \sum_{i=t+1}^{K-1} \frac{i p_i}{\omega_1}$ 为 $C_1$ 的灰度平均值；$\mu = \sum_{i=0}^{K-1} i p_i = \omega_0 \mu_0 + \omega_1 \mu_1$ 为图像的灰度级总体值；$d_B(t)$ 取最大值时对应的阈值为 $t$ 为最佳阈值。

经过上述的基于 Facet 模型多向梯度特性的中值滤波器滤波后的图像为梯度图像会改变原灰度图的灰度特性。小目标在图像中通常为孤立的亮点，滤波后的梯度是比较大的正值。因此，首先将梯度图像中小于零的像素点去掉，消除这些点对阈值的影响，然后将梯度图像化为 0～255 的灰度图像，这样就可以通过分割算法对其分割。

接下来采用两级最大类间方差算法进行分割。首先，将转化后的灰度图像用最大类间方差进行分割，得到的最佳阈值 $t_1$ 将图像分为背景类和目标类。然后，舍弃背景类，对目标类继续用最大类间方差进行分割，得到阈值 $t_2$ 与划分的背景类和目标类。$t_2$ 为最终的分割阈值，目标类为弱小目标。经过两级的分割，可以在很大程度上排除背景对分割阈值的影响，有效地分割出弱小目标。

### 2.3.4　算法实验与性能分析

为验证算法的有效性，对两组图像序列进行检测，并与 Tophat 算法[24]、BHPF 算法[12]、CTD[46]算法进行比较。其中，测试图像序列 1 为机场地区复杂地面背景的图像，测试图像序列 2 为平原地区背景地面背景图像。

实验中，循环平移 Contourlet 变换的 LP 采用 9-7 金字塔滤波器，DFB 采用 pkva 方向滤波器，进行三级分解，每个层的方向数依次为 8、4、2，循环平移的范围取 $N_1 = N_2 = 3$；Facet 模型取 $S = 5 \times 5$ 的邻域，中心到邻域边界的距离 $L = 2$。用于对比的算法中，Tophat 算法采用的结构元素的大小为 $7 \times 7$；BHPF 算法中的标准差 $\sigma = 12$；CTD 算法选用的 LP 采用 9-7 金字塔滤波器，DFB 采用 pkva 方向滤波器，进行三级分解，每个层的方向数依次为 8、4、2。实验环境是 Intel(R) Core(TM) CPU I7-7700 3.60GHz，4GB 内存。

为了充分说明本算法的优越性，首先分析图像进行分割前的背景抑制情况，选取图像序列 1 中的第五帧和图像序列 2 中的第八帧图像，对其预处理图像的三维图像和背景抑制因子进行比较。

如图 2.18 所示，对于图像序列 1，背景包含地面建筑物、高亮区域、强边缘等干扰，而运动的小目标由于目标红外辐射强度与其周围自然背景的辐射强度不相关，因此在图像中表现为孤立的亮斑。另外，地面建筑物的亮度较大，也存在很多的噪声，尤其是高亮区域和强边缘对图像的处理有较大的干扰。从预处理后的三维图像可以看出，Tophat 算法和 BHPF 算法都能有效去除图像中的平稳背景，但对噪声的干扰相当敏感，表现为较多的尖峰值，对图像以后的分割不利。CTD 算法不能很好地抑制强亮度边缘。由图 2.18(b3)可以看出，图像中出现较多干扰尖峰，在图像中都体现在复杂的纹理处。本书算法在去噪方面表现出良好的性能，并且能对图像复杂的纹理背景进行更好地抑制，使主峰更加突出。图 2.18(b4)中基本没有尖峰对图像形成后续的干扰。

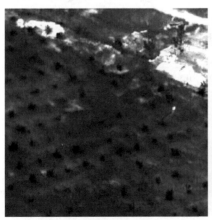

(a1) 图像A

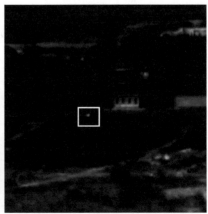

(a2) 图像B

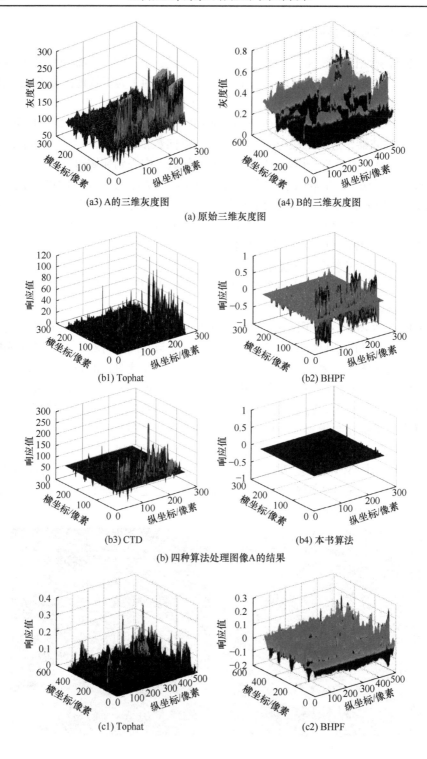

(a3) A的三维灰度图　　　　　　　(a4) B的三维灰度图

(a) 原始三维灰度图

(b1) Tophat　　　　　　　　　　　(b2) BHPF

(b3) CTD　　　　　　　　　　　　(b4) 本书算法

(b) 四种算法处理图像A的结果

(c1) Tophat　　　　　　　　　　　(c2) BHPF

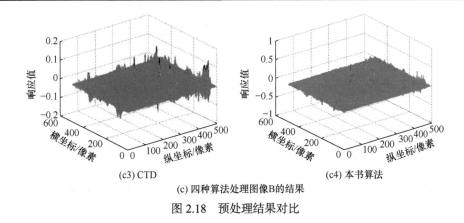

(c3) CTD　　　　　　　(c4) 本书算法

(c) 四种算法处理图像B的结果

图 2.18　预处理结果对比

对于图像序列 2，目标为运动的汽车。由图 2.18(a2)可以看出，背景更加复杂，包含房屋、道路，以及一些强边缘都给检测带来困难，干扰最大的还是图像中出现的亮斑，其特性与小目标极为相似。由图 2.18(c1)和图 2.18(c2)可以看出，传统的形态学和空间滤波器算法很难检测到小目标，预处理后的图像背景复杂，根本无法区分目标和干扰点。CTD 算法对背景的处理稍好，但是仍然不能很好地抑制图像中出现的复杂纹理和亮斑，表现在三维图像中出现较多的尖峰簇，目标完全淹没在复杂背景中。由图 2.18(c4)可以看出，本书算法对地面复杂背景的红外图像也能较好地抑制，主峰较为突出，背景更为干净，虽然三维图像中也出现可疑点，但数量很少，而且峰值和主峰的大小相差较大，不会给后续的分割带来影响。

对于该实验结果，进一步采用信杂比增益(signal-to-clutter ratio gain，SCRg)和背景抑制因子(background suppress factor，BSF)来定量地评价各种算法之间的性能，即

$$SCR = \left| \mu_T - \mu_B \right| / \sigma \tag{2.41}$$

$$SCRg = SCR_{out} / SCR_{in} \tag{2.42}$$

$$BSF = \sigma_{out} / \sigma_{in} \tag{2.43}$$

其中，$\mu_T$ 为目标的灰度峰值；$\mu_B$ 为图像的灰度均值；$\sigma$ 为背景的标准差；$\sigma_{out}$ 和 $\sigma_{in}$ 为预处理后和原始图像背景的标准差。

实验结果比较如表 2.1 所示。可以看出，在处理图像序列 1 时，CTD 算法和本书算法明显优于其他两种算法，但是处理复杂地面背景的序列 2 时，CTD 算法的性能下降较快，两项指标都不理想，本书算法则表现出较强的鲁棒性。

表 2.1 实验结果比较

| 实验 | | 算法 | | | |
|------|------|-------|------|-----|------|
| | | Tophat | BHPF | CTD | 本书 |
| 序列 1 | ISCR | 2.38 | 1.688 | 1.83 | 2.458 |
| | BSF | 0.428 | 0.416 | 0.309 | 0.164 |
| 序列 2 | ISCR | 2.22 | 2.056 | 3.06 | 11.02 |
| | BSF | 0.424 | 0.326 | 0.158 | 0.032 |

分割结果对比如图 2.19 所示。在分割图像序列 1 时，Tophat 和 BHPF 算法的结果中有大量的边缘当作疑似目标，而 CTD 和本书算法都准确分割了目标。在分割图像序列 2 时，图像中大量的高亮度边缘和孤立的亮斑使 Tophat、BHPF 和 CTD 的算法分割的结果较差，存在大量的疑似目标。本书算法很好地对图像进行分割，虽然出现两个虚警，但是可以根据目标运动的连续性检测到目标。

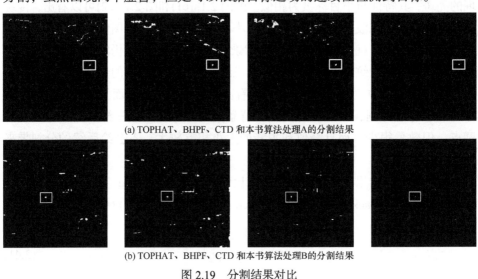

(a) TOPHAT、BHPF、CTD 和本书算法处理A的分割结果

(b) TOPHAT、BHPF、CTD 和本书算法处理B的分割结果

图 2.19 分割结果对比

## 2.4 基于结构低秩编码的红外弱小目标检测算法

针对小目标隐于背景难以检测的问题，根据缓变背景，本节提出一种结构低秩编码模型，将图像分为大小相等的子块。子块之间相似性较高，相应的系数矩阵具有低秩特性。同时，提取图像主要结构对子块进行更新，促进系数矩阵低秩特性的表达，并以此为约束对背景进行建模，将小目标刻画为误差项进行检测。最后，仿真验证本节所提算法的有效性。

### 2.4.1　红外图像背景的低秩特性

红外弱小目标隐藏在背景中，表现为局部小亮斑。假设红外图像即观测矩阵为 $I \in R^{m \times n}$，背景即低秩矩阵 $I_0 \in R^{m \times n}$，弱小目标即稀疏矩阵 $E \in R^{m \times n}$，这一分析理论称为鲁棒主成分分析(robust principal component analysis，RPCA)[35]，表达式为

$$\min_{I_0, E}\left\{\text{rank}(I_0) + \lambda \|E\|_l\right\} \quad \text{s.t.} \quad I = I_0 + E \tag{2.44}$$

其中，$\lambda$ 为平衡参数，平衡低秩特性与稀疏特性；$\|\cdot\|_l$ 表示特定范数，可以根据具体要求选择不同的范数。

图 2.20 所示为 RPCA 示意图。

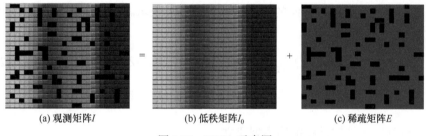

　　(a) 观测矩阵$I$　　　　　　　(b) 低秩矩阵$I_0$　　　　　　　(c) 稀疏矩阵$E$

图 2.20　RPCA 示意图

对于实际的红外图像，背景比较复杂，本身的低秩特性并不明显。但是，图像子块之间可以相互线性表示，即表示的系数矩阵具有稀疏性。因此，首先将图像分解为图像子块，使用 $k \times k$ 的滑动窗和步长 $k/2$ 对图像进行扫描，得到 $N$ 个子块，然后将每个子块列向量化，形成矩阵 $D \in R^{k^2 \times N}$。在此基础上，RPCA 可以演变为低秩表达(low rank representation，LRR)模型[192]，即

$$\min_{Z, E}\left\{\text{rank}(Z) + \lambda \|E\|_l\right\} \quad \text{s.t.} \quad D = AZ + E \tag{2.45}$$

其中，$A \in R^{k^2 \times L}$ 为字典；矩阵 $E \in R^{k^2 \times N}$ 为误差矩阵；矩阵 $Z \in R^{L \times N}$ 为 $D$ 用字典 $A$ 表示的系数。

若字典 $A$ 为单位矩阵，则 LRR 模型退化为 RPCA 问题。式(2.45)是一个非凸优化问题，为利用现有的凸优化算法，将约束条件放宽，利用核范数代替低秩描述，即

$$\min_{Z, E}\left\{\|Z\|_* + \lambda \|E\|_l\right\} \quad \text{s.t.} \quad D = AZ + E \tag{2.46}$$

其中，$\|\cdot\|_*$ 表示核范数，其值为矩阵所有特征值之和。

低秩编码能够捕捉数据的主要结构，被广泛应用于视频背景建模、阴影消除和纹理检测等领域。在红外弱小目标检测过程中，小目标区域与背景主要结构差异较大，所以一般不能被字典稀疏表示。含有弱小目标的图像子块在字典中进行线性表示时，误差较大，即 $E$ 的列具有稀疏性。其表达式为

$$\min_{Z,E}\left\{\|Z\|_* + \lambda\|E\|_{1,2}\right\} \quad \text{s.t.} \quad D = AZ + E \tag{2.47}$$

其中，$\|\cdot\|_{1,2}$ 范数称为列稀疏范数，等于矩阵列向量 $\|\cdot\|_2$ 范数之和。

对于红外图像，希望字典 $A$ 中有很少的原子参与线性表示，而参与线性表示的原子尽量参与多个图像子块的表达，这样有利于背景模型的建立。这些特性反映到系数矩阵 $Z$ 上，表现为 $Z$ 有很少的非零行，且在非零行中，非零元素的个数尽量多。这正是行稀疏矩阵的特性。经过以上分析，使用行稀疏范数代替核范数，对系数矩阵的约束具有相同的作用，而且可以加快求解速度，所以式(2.47)可改写为

$$\min_{Z,E}\left\{\|Z\|_{2,1} + \lambda\|E\|_{1,2}\right\} \quad \text{s.t.} \quad D = AZ + E \tag{2.48}$$

其中，$\|\cdot\|_{2,1}$ 为行稀疏范数，其数值等于矩阵行向量 $\|\cdot\|_2$ 范数之和。

### 2.4.2 红外图像结构低秩编码模型建立

红外图像成分越单一，系数矩阵行稀疏范数越小，背景模型越简单。一般红外图像多含有噪声和细微纹理，对字典的构造和系数矩阵的稀疏性均有影响。因此，利用梯度的 $L_0$ 范数对图像进行约束，对图像进行平滑，舍去微小纹理和噪声，提取图像的主要结构，使系数矩阵更加稀疏。引入图像梯度的 $L_0$ 范数，目标函数表达式为

$$\min_{S}\left\{\frac{1}{2}\sum_p (S_p - I_p)^2 + \rho C(\nabla S)\right\} \tag{2.49}$$

其中，$I$ 为原始图像；$S$ 为平滑后图像；$C(\cdot)$ 为计数算子；$\rho$ 为平滑参数，其值越大，图像越平滑。

对平滑后的图像进行低秩编码，图像子块之间的差异变小，促进系数矩阵更加稀疏。与式(2.48)联立，建立红外图像的结构低秩编码模型，表达式为

$$\min_{Z,E,D_S}\left\{\|Z\|_{2,1} + \lambda\|E\|_{1,2} + \frac{\beta}{2}\|D_I - D_S\|_F^2 + \rho C(\nabla S)\right\} \quad \text{s.t.} \quad D_S = AZ + E \tag{2.50}$$

其中，$D_I$ 和 $D_S$ 为 $I$ 和 $S$ 图像子块向量化重排的矩阵；矩阵 $E$ 为误差项。

经过梯度 $L_0$ 范数约束后，$E$ 中噪声干扰明显减小，只有小目标处比较显著。

为求最优解，需要对式(2.50)中的变量进行解耦，因此引入中间变量，式(2.50)改写为

$$\min_{Z,E,D_S,J,D_K}\left\{\|J\|_{2,1}+\lambda\|E\|_{1,2}+\frac{\beta}{2}\|D_I-D_K\|_F^2+\rho C(\nabla K)\right\} \tag{2.51}$$
$$\text{s.t.}\quad D_S=AZ+E, Z=J, D_S=D_K$$

其中，$D_K$ 为图像 $K$ 经过向量化后重排的矩阵，记为 $D_K=V(K)$，其逆操作记为 $K=V^{-1}(D_K)$。

在逆操作过程中，图像像素取重叠图像块的均值，式(2.51)对应的增广拉格朗日目标函数表达式为

$$\begin{aligned}L(J,Z,D_K,D_S,E)&=\|J\|_{2,1}+\lambda\|E\|_{1,2}+\frac{\beta}{2}\|D_I-D_K\|_F^2+\rho C(\nabla K)+<Y_2,Z-J>\\&+<Y_1,D_S-AZ-E>+<Y_3,D_S-D_K>\\&+\frac{\mu}{2}\left(\|D_S-AZ-E\|_F^2+\|Z-J\|_2^2+\|D_S-D_K\|_F^2\right)\end{aligned} \tag{2.52}$$

其中，$Y_1$、$Y_2$ 和 $Y_3$ 为拉格朗日乘子；$\mu>0$ 为惩罚因子。

采用变量交替优化的策略，首先固定其他变量，然后对选定的变量进行优化。各变量优化问题均存在解析解，红外图像结构低秩编码模型求解步骤描述如下。

输入：图像 $I$，$\lambda=0.01$、$\rho=0.02$、$\beta=10^3$、$\mu=10^4$、$T=4$、$\varepsilon=0.01$。

初始化：$J$ 初始化为均匀分布的随机矩阵，$Z=J$、$S=K=I$、$A=D_S$、$Y_1=Y_2=Y_3=0$、$k=1$。

Step1，固定其余变量，更新 $J^{k+1}$，即

$$J^{k+1}=\arg\min_{J^k}\left(\frac{1}{\mu}\|J^k\|_{2,1}+\frac{1}{2}\|J^k-Z^k-Y_2^k/\mu\|_F^2\right) \tag{2.53}$$

Step2，固定其余变量，更新 $E^{k+1}$，即

$$E^{k+1}=\arg\min_{E^k}\left(\frac{\lambda}{\mu}\|E^k\|_{1,2}+\frac{1}{2}\|E^k-(D_S^k-A^kZ^k+Y_1^k/\mu)\|_F^2\right) \tag{2.54}$$

Step3，固定其余变量，更新 $D_K^{k+1}$，即

$$D_K^{k+1}=\arg\min_{D_K^k}\left(\frac{\rho}{\beta\mu}C(\nabla K^k)+\frac{1}{2}\|D_K^k-\frac{1}{2}(D_I+D_S^k+Y_3^k/\beta\mu)\|_F^2\right) \tag{2.55}$$

Step4，固定其余变量，更新 $Z^{k+1}$，即

$$Z^{k+1}=\left[(A^k)^T A^k+D_I\right]^{-1}\left[(A^k)^T(D_S^k-E^{k+1}-Y_1^k/\mu)+J^{k+1}-Y_2^k/\mu\right] \tag{2.56}$$

Step5，固定其余变量，更新 $D_S$，即

$$D_S^{k+1} = \frac{1}{2}\Big[ A^k Z^{k+1} + E^{k+1} + D_K^{k+1} - \big(Y_1^k + Y_3^k\big)/\mu \Big] \tag{2.57}$$

Step6，固定其余变量，更新 $A^{k+1}$。

若满足 $\#\big\{ p \,\big|\, Z^{k+1}(i,p) > \varepsilon \big\} \leqslant T$，则将字典 $A^k$ 中第 $i$ 个原子删除，同时删除 $Z^{k+1}$ 的第 $i$ 行。

Step7，更新拉格朗日乘子，即

$$\begin{aligned}
Y_1^{k+1} &= Y_1^k + \mu\big( D_S^{k+1} - A^{k+1} Z^{k+1} - E^{k+1} \big) \\
Y_2^{k+1} &= Y_2^k + \mu\big( Z^{k+1} - J^{k+1} \big) \\
Y_3^{k+1} &= Y_3^k + \mu\big( D_S^{k+1} - D_K^{k+1} \big)
\end{aligned} \tag{2.58}$$

Step8，检查终止条件，若满足 $\big\| D_S^{k+1} - A^{k+1} Z^{k+1} - E^{k+1} \big\|_F < \varepsilon$，并且 $\big\| Z^{k+1} - J^{k+1} \big\|_F < \varepsilon$、$\big\| D_S^{k+1} - D_K^{k+1} \big\|_F < \varepsilon$，则输出 $Z$、$S$ 和 $E$；否则，$k = k+1$，继续执行 Step1。

对前三个子问题，有以下引理。

**引理 1**[193]　矩阵 $Q$ 已知，问题 $\arg\min\limits_{W}\Big\{ \lambda \|W\|_{2,1} + \frac{1}{2}\|W - Q\|_F^2 \Big\}$ 的解为 $W^*$，系数 $\lambda > 0$，则 $W^*$ 的每一行为

$$W^*(i,:) = \begin{cases} \dfrac{\big\| Q(i,:) \big\|_2 - \lambda}{\big\| Q(i,:) \big\|_2} Q(i,:), & \big\| Q(i,:) \big\|_2 > \lambda \\ 0, & \text{其他} \end{cases} \tag{2.59}$$

所以 Step1 的解为

$$J^{k+1}(i,:) = \begin{cases} \dfrac{\big\| G(i,:) \big\|_2 - \dfrac{1}{\mu}}{\big\| G(i,:) \big\|_2} G(i,:), & \big\| G(i,:) \big\|_2 > \dfrac{1}{\mu} \\ 0, & \text{其他} \end{cases}$$

其中，$G = Z^k + \dfrac{Y_2^k}{\mu}$。

**引理 2**[193]　矩阵 $Q$ 已知，问题 $\arg\min\limits_{W}\Big\{ \lambda \|W\|_{1,2} + \frac{1}{2}\|W - Q\|_F^2 \Big\}$ 的解为 $W^*$，系数 $\lambda > 0$，则 $W^*$ 的每一列为

$$W^*(:,j) = \begin{cases} \dfrac{\|Q(:,j)\|_2 - \lambda}{\|Q(:,j)\|_2} Q(:,j), & \|Q(:,j)\|_2 > \lambda \\ 0, & \text{其他} \end{cases} \tag{2.60}$$

所以 Step2 的解为

$$E^{k+1}(:,j) = \begin{cases} \dfrac{\|H(:,j)\|_2 - \dfrac{\lambda}{\mu}}{\|H(:,j)\|_2} H(:,j), & \|H(:,j)\|_2 > \dfrac{\lambda}{\mu} \\ 0, & \text{其他} \end{cases}$$

其中，$H = D_S^k - A^k Z^k + \dfrac{Y_1^k}{\mu}$。

**引理 3**[194]　矩阵 $Q$ 已知，问题 $\arg \min\limits_{W} \left( \lambda C(\nabla W) + \dfrac{1}{2}\|W - Q\|_F^2 \right)$ 的解为 $W^*$，

系数 $\lambda > 0$，则 $W^*$ 的表达式为

$$W^* = F^{-1}\left( \frac{F(Q) + \mu\left( F^*(\partial x)F(h) + F^*(\partial y)F(v) \right)}{F(1) + \mu\left( F^*(\partial x)F(\partial x) + F^*(\partial y)F(\partial y) \right)} \right) \tag{2.61}$$

其中，$F(\cdot)$ 和 $F^{-1}(\cdot)$ 为傅里叶变换和逆变换；$F^*(\cdot)$ 为傅里叶变换的复共轭；$F(\partial x)$ 和 $F(\partial y)$ 为水平和垂直梯度算子的光学传递函数；$F(1)$ 为 $\delta(x)$ 函数的傅里叶变换。

令

$$\left( h_p, v_p \right) = \begin{cases} (0,0), & \left( \partial x W_p \right)^2 + \left( \partial y W_p \right)^2 < \lambda \\ \left( \partial x W_p, \partial y W_p \right), & \text{其他} \end{cases} \tag{2.62}$$

其中，$p$ 为像素位置。

Step3 的解为

$$D_K^{k+1} = V\left( F^{-1}\left( \frac{F(M) + \mu\left( F^*(\partial x)F(h) + F^*(\partial y)F(v) \right)}{F(1) + \mu\left( F^*(\partial x)F(\partial x) + F^*(\partial y)F(\partial y) \right)} \right) \right)$$

其中，$h$ 和 $v$ 取值表达式如下，即

$$\left( h_p, v_p \right) = \begin{cases} (0,0), & \left( \partial x M_p \right)^2 + \left( \partial y M_p \right)^2 < \dfrac{\rho}{\beta\mu} \\ \left( \partial x M_p, \partial y M_p \right), & \text{其他} \end{cases} \tag{2.63}$$

其中，$M = V^{-1}\left( \dfrac{D_I + D_S^k + \dfrac{Y_3^k}{\beta\mu}}{2} \right)$。

最终得到最优矩阵 $S$ 和 $E$，即结构背景和误差矩阵。弱小目标是误差矩阵中的稀疏成分。基于结构低秩编码的弱小目标检测流程图如图 2.21 所示。

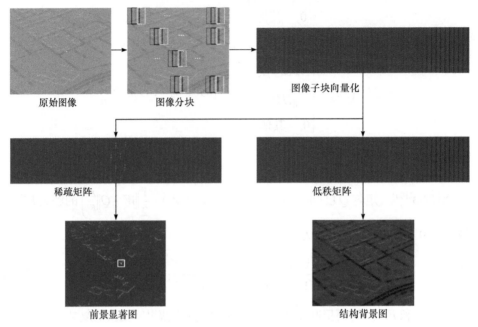

图 2.21　基于结构低秩编码的弱小目标检测流程图

### 2.4.3　检测算法与实验分析

实验数据部分来自中波红外实测图像，部分来自红外仿真生成的红外图像。实验内容包含本书算法检测效果，以及与其他检测算法效果对比。实验环境是 Intel(R) Core(TM) CPU I7-7700 3.60GHz/4GB 内存。

实验一为基于结构低秩编码的弱小目标检测，结果如图 2.22 所示。图像序列 IR1 和 IR2 为城镇背景红外图像，包含道路和建筑等干扰。结构背景与原图像相比，主要对平坦区域进行平滑，剔除噪声的干扰。在低秩编码中，结构背景的表示系数矩阵更加稀疏，只需要少量原子即可对背景子块进行线性表示。误差矩阵相对更加稀疏，突出小目标所在的子块。图像序列 IR3 和 IR4 为机场周边背景下红外图像，一些高亮建筑产生了较大的干扰，结构低秩编码对背景有一定程度的抑制，对目标进行凸显。图像序列 IR5 为平原地区背景红外图像，红外图像杂波比较多，算法也可以有效的对目标进行检测。

实验二为多种检测算法性能对比。本节基于结构低秩编码(structural low-rank coding，SLRC)的检测算法与其他 6 种检测算法在测试图像 IR1 中的结果对比如图 2.23 所示。对比算法主要有 Tophat 检测算法[21]、BHPF 检测算法[12]、WF 小波

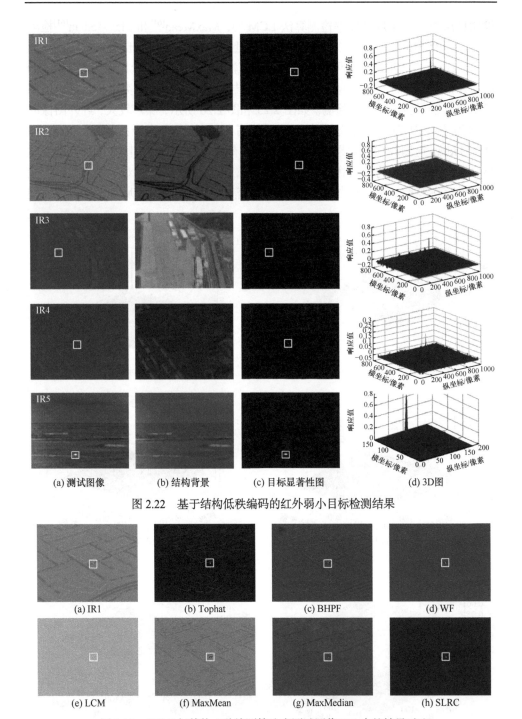

(a) 测试图像　　　　(b) 结构背景　　　　(c) 目标显著性图　　　　(d) 3D图

图 2.22 基于结构低秩编码的红外弱小目标检测结果

(a) IR1　　　　(b) Tophat　　　　(c) BHPF　　　　(d) WF

(e) LCM　　　　(f) MaxMean　　　　(g) MaxMedian　　　　(h) SLRC

图 2.23 SLRC 与其他 6 种检测算法在测试图像 IR1 中的结果对比

检测算法[44]、基于局部概率检测算法 LCM[30]、MaxMean[61]和 MaxMedian[61]检测算法，以及 SLRC 检测算法。实验只对弱小目标的显著图进行比较。

由图 2.23 和图 2.24 可以看出，不同算法的检测结果差异比较明显。Tophat 利用开操作将暗背景下的亮目标侵蚀掉，再与原图像相减可以突出小目标，适用于慢变背景下弱小目标的检测。如图 2.25 和图 2.26 所示，噪声较大，红外图像以杂波为主，BHPF 检测效果稍差，不能有效地去除边缘干扰；MaxMean 和 MaxMedian 检测算法的效果差异不大，可以有效地去除边缘的噪声干扰，增强弱小目标；小波变换的检测算法对于简单背景，检测效果较好，对于复杂背景，检测结果存在较大干扰，本书算法可以很好地消除噪声和高亮区域的干扰，有效检

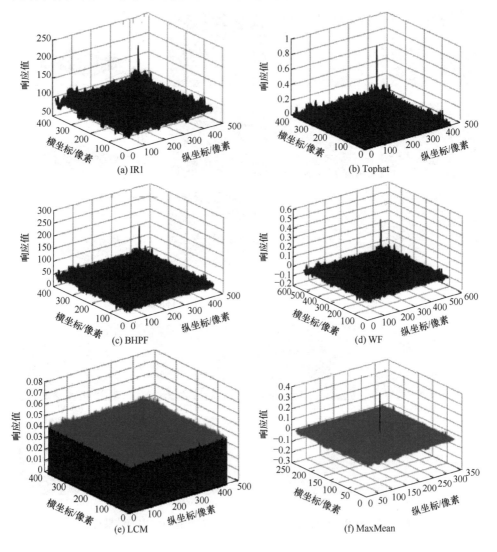

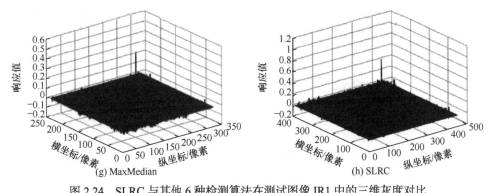

图 2.24　SLRC 与其他 6 种检测算法在测试图像 IR1 中的三维灰度对比

测弱小目标。如图 2.27 和图 2.28 所示，红外测试图像中包含较大的边缘干扰和高亮度区域，给检测带来很大的干扰。MaxMean 和 MaxMedian 算法对干扰没有很好地进行去除，三维灰度曲面上的干扰峰值比较多。本章所提的算法检测性能最好，对图像的主要结构进行低秩编码，并且在每一步迭代过程中，对字典进行优化，保证只有背景成分参与表达，降低漏警的发生概率。可以看出，算法可以滤除大部分的干扰背景，增强弱小目标。

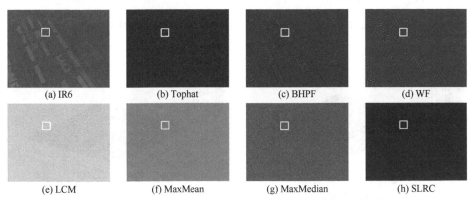

图 2.25　SLRC 与其他 6 种检测算法在测试图像 IR6 中的结果对比

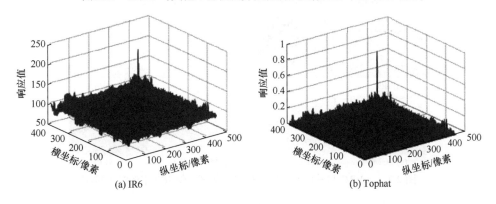

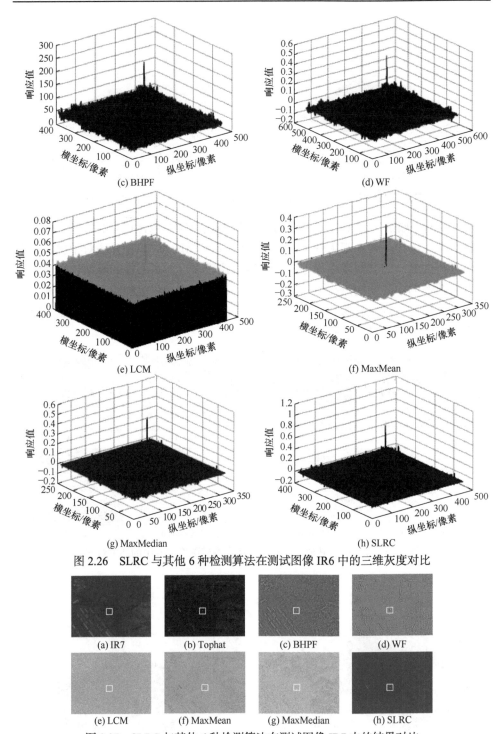

图 2.26　SLRC 与其他 6 种检测算法在测试图像 IR6 中的三维灰度对比

图 2.27　SLRC 与其他 6 种检测算法在测试图像 IR7 中的结果对比

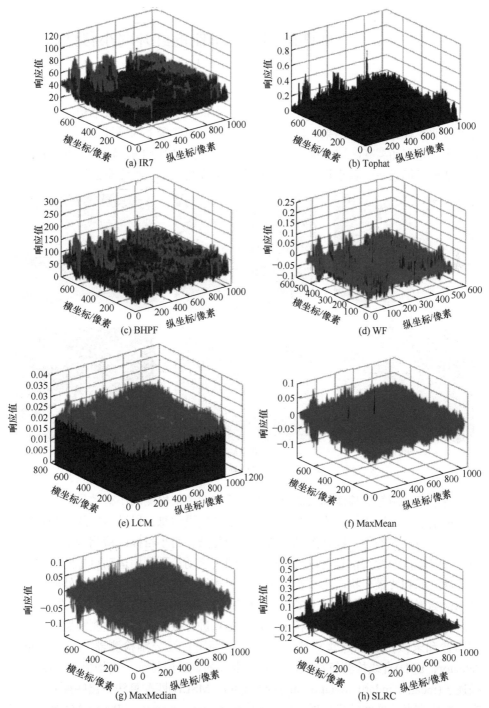

图 2.28　SLRC 与其他 6 种检测算法在测试图像 IR7 中的三维灰度对比

## 2.5 基于直线匹配与背景抑制的红外弱小移动目标检测算法

基于单帧的弱小目标检测算法的计算效率很高，在背景比较平稳的情况下通常可以取得较好的检测结果。但是，对于复杂地面背景下的场景，如果存在强边缘干扰、亮斑和高亮区域干扰，算法的检测性能会剧烈下降。如图 2.29 所示，对于复杂地面场景下的弱小目标检测，这类检测算法很难取得满意的结果。

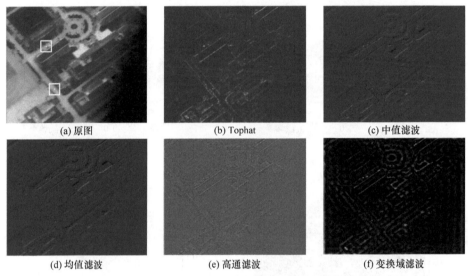

|             |              |              |
|-------------|--------------|--------------|
| (a) 原图    | (b) Tophat   | (c) 中值滤波 |
| (d) 均值滤波 | (e) 高通滤波 | (f) 变换域滤波 |

图 2.29　几种典型的基于单帧的检测算法的检测结果

基于序列图像的检测算法通过处理一系列图像来检测弱小移动目标。这类算法大都基于连续帧之间图像和背景一些特定的假设信息，以及目标的一些先验性知识。空地机载条件下红外图像的背景较为复杂，给小目标的检测带来极大的困难，同时丰富的背景信息可以消除全局摄像头运动，再利用运动目标的局部运动区分动目标和背景干扰。本节提出一种基于直线匹配和背景抑制的红外弱小移动目标检测算法，首先利用基于多尺度 DOG 滤波器和几何特征，检测候选目标点；然后利用相关滤波跟踪算法对各个候选目标点进行跟踪，找到检测图像序列中首帧图像和末帧图像的点集对应关系；最后利用直线分割检测器 (line segment detector，LSD)直线检测算法获取首帧和末帧的直线段特征。由均值-标准差直线描述子(mean-standard deviation line descriptor，MSLD)匹配算法找出匹配直线，并求出线段交点，再由随机采样一致(random sample consensus，RANSAC)算法求出变换矩阵来补偿背景运动，增大动目标与背景干扰之间的运动差异，从而区分动目标和背景干扰。实验结果表明，本章提出的检测算法对动态背景下的动目标检测效果明显优于传统算法。

### 2.5.1　基于多尺度 DOG 滤波器和几何特征的候选目标的检测

红外弱小目标在图像的灰度分布上表现为奇异点，一般都是小的亮斑。DOG 滤波器与 HVS 的中央环绕机制[195]相似，在亮斑的检测中可以得到较好的检测性能。但是，DOG 滤波器并不能有效地去除强边缘的干扰。相对于点特征，边缘的定位会有较大的误差且不稳定。为此，本节提出一种多尺度 DOG 滤波器和几何特征相结合的特征点检测算法，去除 DOG 检测的边缘干扰，并利用分割连通域的灰度质心来描述亮斑位置。

1. 多尺度 DOG 滤波器检测

二维高斯函数的表达式为

$$G(x,y,\sigma) = \frac{1}{2\pi\sigma^2} \exp\left(-\frac{x^2+y^2}{2\sigma^2}\right) \tag{2.64}$$

其中，$\sigma$ 为高斯函数的标准差。

两个不同标准差的高斯函数相减便可得到某一尺度下的 DOG 滤波器，即

$$\begin{aligned}\mathrm{DOG}(x,y,\sigma_1,\sigma_2) &= G(x,y,\sigma_1) - G(x,y,\sigma_2)\\ &= \frac{1}{2\pi}\left(\frac{1}{\sigma_1^2}\exp\left(-\frac{x^2+y^2}{2\sigma_1^2}\right) - \frac{1}{\sigma_2^2}\exp\left(-\frac{x^2+y^2}{2\sigma_2^2}\right)\right)\end{aligned} \tag{2.65}$$

其中，$\sigma_1 < \sigma_2$。

选择不同的 $\sigma_1$ 和 $\sigma_2$，就可以得到一组具有不同尺度的 DOG 滤波器。利用 DOG 滤波器组对图像进行滤波，就可以得到不同尺度下的一组特征图像。由于目标的尺寸一般都较小，首先用大尺度的 DOG 滤波器对图像进行卷积，然后对所有特征图像进行融合，即

$$\begin{cases}\mathrm{Sal}_k(x,y) = \sum_{\sigma^k} I(x,y) * \mathrm{DOG}(x,y,\sigma_1^k,\sigma_2^k)\\ \mathrm{Sal}_k(x,y) = \alpha\mathrm{Sal}_k(x,y) + (1-\alpha)\mathrm{Sal}_{k-1}(x,y)\end{cases} \tag{2.66}$$

其中，$\alpha$ 为遗忘因子。

通过不断地迭代，直到得到最终的显著性图 $\mathrm{Sal}_f(x,y)$。如图 2.30 所示，相比传统的 DOG 滤波器，本章的融合策略可以更好地抑制边缘干扰。

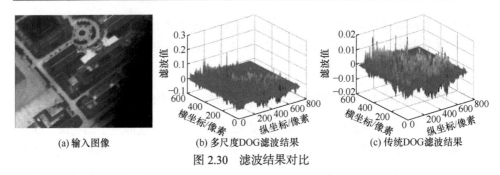

(a) 输入图像　　　　(b) 多尺度DOG滤波结果　　　　(c) 传统DOG滤波结果

图 2.30　滤波结果对比

### 2. 几何特征

由于弱小目标在图像中体现为孤立的小亮斑，边缘在分割的图像中大多表现为窄的矩形区域，利用分割区域的几何特征可以进一步筛选特征点，去除边缘干扰。

利用阈值对显著性图进行分割，得到的分割图为

$$\text{Seq}(x,y) = \begin{cases} 1, & \text{Sal}_f(x,y) > \theta_s \\ 0, & \text{其他} \end{cases} \tag{2.67}$$

其中，$\theta_s$ 为预先设置的阈值。

针对分割结果中的每一个连通域 $\text{Area}_i$，我们采用两种几何特征参数来判别连通域的属性，剔除边缘的干扰。

(1) 区域密集度

区域的密级度可以描述区域的轮廓变化，其定义为

$$c_1 = \frac{L(\text{Area})^2}{4\pi A(\text{Area})} \tag{2.68}$$

其中，$L(\text{Area})$ 为连通域的周长；$A(\text{Area})$ 为连通域的面积。

由此可以看出，圆的密集度为 1，对于一个像素的独立点，其密集度为 0。密集度越大，凸凹变化越严重。通常分割区域内的点特征具有较小的密集度，而边缘区域具有较大的密集度。

(2) 区域分布参数

与连通域具有相同二阶中心矩的椭圆的长轴长度与短轴长度的比值为

$$c_2 = \frac{\text{Major}(\text{Area})}{\text{Minor}(\text{Area})} \tag{2.69}$$

其中，$\text{Major}(\text{Area})$ 为椭圆的长轴长度；$\text{Minor}(\text{Area})$ 为短轴长度，单位为像素。

边缘的连通域会呈现较大的比值，而圆斑的比值接近 1。

对于特定连通域 $\text{Area}$，其标准的二阶中心距和混合矩为

$$u_{xx} = \frac{1}{N}\sum(x-\bar{x})^2 + \frac{1}{12} \tag{2.70}$$

$$u_{yy} = \frac{1}{N} \sum (y - \overline{y})^2 + \frac{1}{12} \tag{2.71}$$

$$u_{xy} = \frac{1}{N} \sum (x - \overline{x})(y - \overline{y})^2 \tag{2.72}$$

其中，$N$ 为连通域中像素的个数；$(\overline{x}, \overline{y})$ 为连通域的中心；1/12 表示具有单位长度的一个像素的标准二阶中心距。

具有相同分布的椭圆的长轴和短轴可以表示为

$$\text{Major(Area)} = 2\sqrt{2[u_{xx} + u_{yy} + \sqrt{(u_{xx} - u_{yy})^2 + 4u_{xy}^2}]} \tag{2.73}$$

$$\text{Minor(Area)} = 2\sqrt{2[u_{xx} + u_{yy} - \sqrt{(u_{xx} - u_{yy})^2 + 4u_{xy}^2}]} \tag{2.74}$$

因此，利用几何特征参数，通过阈值来选择稳定的特征点区域，排除边缘区域的干扰，即

$$\text{Area} = \left\{ \text{Area}_i \left| c_1(\text{Area}_i) < \theta_{c_1} \&\& c_2(\text{Area}_i) < \theta_{c_2} \right. \right\} \tag{2.75}$$

分割区域几何参数的影响和最终的定位结果如图 2.31 所示。可以看出，边缘

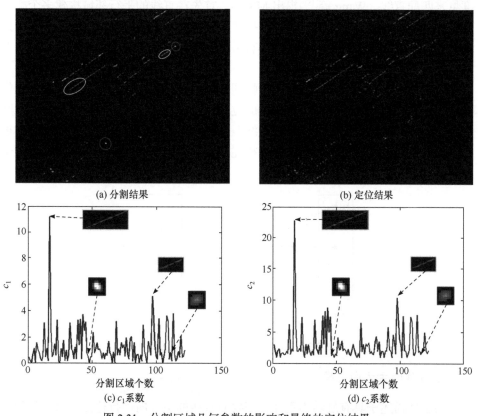

图 2.31　分割区域几何参数的影响和最终的定位结果

干扰具有较大的系数，而稳定特征点具有较小的系数。

### 3. 灰度质心确定亮斑位置

对于特征点的定位，传统算法都是通过连通域内的灰度极值点来确定特征点的位置。当飞行器震动而产生图像模糊时，这种定位方式会带来误差。因此，采用连通域域内亮度质心的方式来定位特征点，即

$$P = (P_x, P_y) = \left( \frac{M_{10}}{M_{00}}, \frac{M_{01}}{M_{00}} \right), \quad (x, y) \in \text{Area} \tag{2.76}$$

其中，$M_{ij} = \sum_x \sum_y x^i y^j I(x, y)$。

### 2.5.2　基于均值-标准差直线描述子的直线匹配

基于直线描述子的直线匹配算法通过借鉴点特征的局部特征描述思想，将直线的局部邻域作为特征支持区域来构造描述子向量，再通过描述子向量的相似性度量来匹配直线。Wang 等[196]提出 MSLD，首先在直线的平行邻域构建多个类似 SIFT 特征的描述矩阵，然后通过计算描述矩阵列向量的均值和标准差获得直线描述子。这种方法获得的直线描述子具有平移、旋转和光照不变性，但不具备尺度不变性。

考虑动目标检测算法中首帧与末帧图像的直线匹配是一种窄基线匹配，摄像机焦距和其他参数变化不大，摄像机的位置变化较小，此时首帧与末帧图像之间的尺度变化较小，可以利用 MSLD 直线匹配算法对首帧与末帧图像提取的直线进行匹配。图 2.32 所示为 MSLD 直线描述子构造原理图。下面简单阐述该描述子的构造过程。

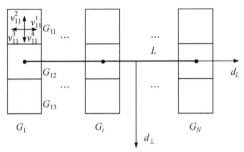

图 2.32　MSLD 直线描述子构造原理图

### 1. 直线的主方向选择

为了使描述子具有旋转不变性，需要对直线的主方向进行选择。对于长度为

$N$ 的直线段 $L$，定义 $d_\perp$ 为线段 $L$ 上所有像素点的平均梯度方向，$d_L$ 为与 $d_\perp$ 逆时针正交方向。梯度向量本身不具有旋转不变性，在通过将梯度向量投影到 $d_\perp$ 和 $d_L$ 构造的局部坐标系，梯度向量具有旋转不变性[196]。

## 2. 像素点描述子构建

如图 2.32 所示，线段 $L$ 第 $i$ 个像素点支持的区域 $G_i$ 定义为以该像素点为中心且方向与 $d_L$ 和 $d_\perp$ 对齐的矩形区域。为了增强描述子的独特性，将每个像素点支持区域在 $d_\perp$ 方向划分成 $M$ 个不重叠的子区域，则 $G_i = G_{i1} \bigcup G_{i2} \bigcup \cdots \bigcup G_{iM}$，其中 $G_{ij}$ 表示第 $i$ 个像素点的第 $j$ 个子区域。定义子区域 $G_{ij}$ 的投影到局部坐标系的梯度分布为 $(f_{d_\perp}, f_{d_L})^{\mathrm{T}}$，其中 $f_{d_\perp}$ 和 $f_{d_L}$ 分别为梯度向量在局部坐标系 $d_\perp$ 和 $d_L$ 方向的分量，则该区域的描述子 $V_{ij}$ 可以表示为

$$V_{ij} = (v_{ij}^1, v_{ij}^2, v_{ij}^3, v_{ij}^4)^{\mathrm{T}} \tag{2.77}$$

其中

$$v_{ij}^1 = \sum_{f_{d_\perp} > 0} f_{d_\perp}, \quad v_{ij}^2 = \sum_{f_{d_\perp} < 0} -f_{d_\perp}, \quad v_{ij}^3 = \sum_{f_{d_L} > 0} f_{d_L}, \quad v_{ij}^4 = \sum_{f_{d_L} < 0} -f_{d_L} \tag{2.78}$$

因此，子区域 $G_{ij}$ 由 4 维向量 $V_{ij}$ 描述，像素点支持区域 $G_i$ 由 $4M$ 维向量 $V_i$ 描述，其中 $V_i = (V_{i1}, V_{i2}, \cdots, V_{iM})^{\mathrm{T}}$。此时，描述子对于图像的旋转变换具有不变性。显然，距离直线越远的子区域，对于构建直线描述子的重要性越低。这里引入高斯权重函数来实现这一目的。

## 3. 线段描述子的构建

直线段的梯度描述矩阵(gradient description matrix，GDM)可表示为

$$\mathrm{GDM}(L) = (V_1, V_2, \cdots, V_N), \quad V_i = R^{4M} \tag{2.79}$$

显然，GDM 包含直线段邻域大部分的结构信息。为了使线段描述子与其长度无关，引入统计学指标均值和标准差。结果表明，均值和标准差的组合能够提供可靠的匹配结果。此时，GDM 列向量的均值和标准差分别为 $M(\mathrm{GDM})$ 和 $S(\mathrm{GDM})$。为了消除光照线性变换对线段描述子的影响，需要对 $M(\mathrm{GDM})$ 和 $S(\mathrm{GDM})$ 进行归一化处理，则线段描述子 $\mathrm{MSLD}(L)$ 为 $8M$ 维向量，即

$$\mathrm{MSLD}(L) = \begin{pmatrix} \dfrac{M(\mathrm{GDM})}{\|M(\mathrm{GDM})\|} \\ \dfrac{S(\mathrm{GDM})}{\|S(\mathrm{GDM})\|} \end{pmatrix} \tag{2.80}$$

在实际 MSLD 描述子的构建过程中，有两个重要参数需要设置，即子区域的数目 $M$ 和子区域的尺寸大小。文献[196]通过实验证明 $M=9$，子区域尺寸为 $5\times5$ 时，对应的描述子独特性最好。在进行直线匹配的过程中，描述子之间的相似性采用欧氏距离。此外，左右一致性最大匹配准则是特征匹配最常用的匹配准则。本章提出的检测选用该准则进行直线匹配：对于图像 $A$ 中的一条直线段 $l$，记图像 $B$ 中与之相似度量最大的直线段为 $l'$，若 $l$ 同时也是图像 $A$ 中与 $l'$ 最匹配的直线段，则判定 $l$ 和 $l'$ 是一对匹配直线段。

### 2.5.3 背景运动补偿

由于摄像头的运动，首帧图像和末帧图像之间存在旋转、平移、缩放等变换，因此难以依靠运动信息区分动目标和背景干扰。动平台下的运动目标检测方法一般利用基于点匹配的图像配准方法求取变换矩阵，以此消除摄像头全局运动。由于弹载条件下的红外图像信噪比较低，点特征不够稳定，且数目较少，因此难以利用点特征匹配的方法。本节从结构信息角度，利用直线匹配方法求取变换矩阵，依据变换矩阵将首帧图像中候选目标位置和末帧图像中候选目标的位置统一到同一个坐标系，消除摄像机运动对动目标检测的影响。

首先，利用 LSD 直线检测算法对首帧图像和末帧图像的直线段进行提取。考虑弹载条件下的红外图像尺寸较大，因此 LSD 直线检测的 scale 参数选取为 0.35，其余参数不变。图 2.33 所示为红外图像序列 Seq1 首帧和第 15 帧图像直线检测结果。可以看出，道路边缘和建筑物的直线段特征信息被提取，同时存在一些不稳定的直线段信息。

(a) 首帧图像　　　　　　　　　　　　　　　(b) 第15帧图像

图 2.33　红外图像序列 Seq1 首帧和第 15 帧图像直线检测结果

然后，利用 MSLD 直线匹配算法对首末帧图像提取的直线段进行匹配。图 2.34 为图 2.33 中两幅图像直线匹配结果，数字表示直线段的序号。图 2.34(a) 和图 2.34(b) 中序号相同的直线段为匹配直线段。可以看出，两张图像中的匹配直线段虽然起始点存在差异，但是都能成功地对应。

(a) 首帧图像　　　　　　　　　　　　　　　(b) 第15帧图像

图 2.34　Seq1 首帧及第 15 帧 MSLD 直线匹配结果

设首帧和末帧图像中匹配直线段集合分别为 $L = \{l_1, l_2, \cdots, l_h\}$ 和 $L' = \{l'_1, l'_2, \cdots, l'_h\}$，匹配直线数目为 $h$，集合 $L$ 中的直线段 $l_i$ 和 $l_j$ 的角度差大于 $10°$，通过两线段的起点和端点求出的对应直线方程为

$$
\begin{cases}
y = k_1 x + b_1 \\
y = k_2 x + b_2
\end{cases}
\tag{2.81}
$$

解式(2.81)对应的方程组，可以求得直线 $l_i$ 和 $l_j$ 的交点 $(x_o, y_o)$，即

$$
\begin{cases}
x_o = \dfrac{b_1 - b_2}{k_2 - k_1} \\[2mm]
y_o = \dfrac{k_2 b_1 - k_1 b_2}{k_2 - k_1}
\end{cases}
\tag{2.82}
$$

因此，通过上述方法求得的首帧图像和末帧图像中匹配直线的交点集分别为 $X = \{(x_1, y_1), (x_2, y_2), \cdots, (x_k, y_k)\}$、$X' = \{(x'_1, y'_1), (x'_2, y'_2), \cdots, (x'_k, y'_k)\}$，其中 $k$ 为匹配点对数目。显然，由于 LSD 算法提取直线的定位误差，以及直线匹配过程存在误匹配现象，匹配点对中存在错误匹配。下面利用 RANSAC 算法对匹配直线交点对进一步提纯，求解首帧图像到末帧图像的变换矩阵。

本节采取的图像变换模型为仿射变换，能够表达两幅图像之间存在的旋转、平移、尺度等形变，其表达式为

$$
\begin{bmatrix} x' \\ y' \\ 1 \end{bmatrix} = H \begin{bmatrix} x \\ y \\ 1 \end{bmatrix} = \begin{bmatrix} m_{11} & m_{12} & m_{13} \\ m_{21} & m_{22} & m_{23} \\ 0 & 0 & 1 \end{bmatrix} \begin{bmatrix} x \\ y \\ 1 \end{bmatrix}
\tag{2.83}
$$

其中，$(x, y)$ 和 $(x', y')$ 为首帧和末帧图像中对应匹配交点的坐标；$H$ 为首帧图像到

末帧图像的变换矩阵；$m_{11}$、$m_{12}$、$m_{21}$、$m_{22}$ 为旋转和尺度变换相关参数；$m_{13}$ 和 $m_{23}$ 为水平方向和垂直方向平移变换参数。

这里利用 RANSAC 算法[197]消除直线匹配交点中的误匹配点对，对匹配交点进行提纯。由于仿射变换矩阵 $H$ 有 6 个参数，因此 3 个匹配点对就可以计算出仿射变换矩阵。RANSAC 算法的主要思想是不断对样本数据进行随机采样，计算判断样本点与估计模型的符合程度，将数据点分为内点和外点，当内点数目满足一定条件时，确定最优估计模型。图 2.35 所示为 RANSAC 算法流程图。

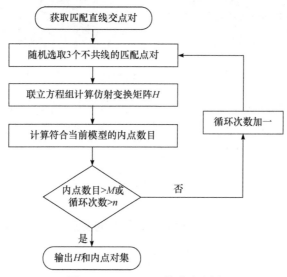

图 2.35　RANSAC 算法流程图

### 2.5.4　弱小运动目标检测

利用相关滤波跟踪算法连续跟踪 $K$ 帧图像，可以得到首帧和末帧图像对应的候选目标集。设首帧候选目标位置集合为 $\{\mathrm{CP}_1^n, n=1,2,\cdots,N\}$，末帧对应的候选目标位置集合为 $\{\mathrm{CP}_K^n, n=1,2,\cdots,N\}$，则位置偏移矢量定义为

$$\{\Delta P_K P_1\} = \{\mathrm{CP}_K^n - \mathrm{CP}_1^n, n=1,2,\cdots,N\} \tag{2.84}$$

位置偏移误差定义为位置偏移矢量的模，记为

$$\{|\Delta P_K P_1|\} = \{\left|\mathrm{CP}_K^n - \mathrm{CP}_1^n\right|, n=1,2,\cdots,N\} \tag{2.85}$$

首帧与末帧候选目标位置关系如图 2.36 所示。

传统的基于序列图像的红外运动目标检测大多基于位移偏移误差的分割或者位移偏移向量的聚类来检测运动目标。由于摄像头的运动，序列图像中背景的运动使这些算法的检测性能急剧下降。如图 2.36(a)所示，末帧图像中所有候选目标

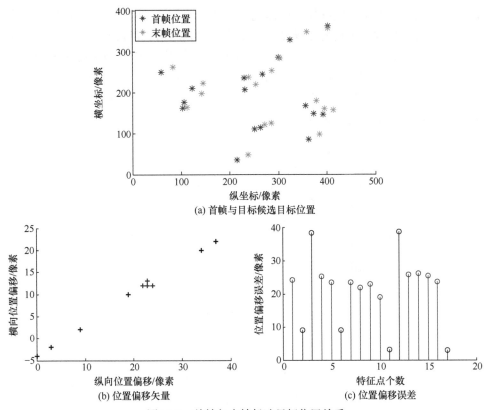

图 2.36 首帧与末帧候选目标位置关系

位置相比于首帧都有所偏移，难以简单依据运动信息区分动目标和背景干扰。图 2.36(b)为首帧与末帧候选目标位置偏移矢量，其中深色标注为待检测的运动目标，浅色标注为背景干扰。摄像头的运动和目标的无规律运动使位移偏移矢量较为复杂，因此难以依靠聚类算法或者其他分类算法将运动目标分离出来。图 2.36(c)为首帧和末帧候选目标位移偏移误差，其他深色标注为运动目标，浅色标注为背景干扰。可以看出，运动目标与背景干扰的位移偏差大小不一，难以用过阈值分割算法区分运动目标和背景干扰。

这里利用变换矩阵 $H$ 将首帧图像中候选目标位置校正到末帧图像对应的坐标系中，补偿摄像头全局运动，抑制背景干扰的运动，增强运动目标。设首帧图像候选目标校正到末帧图像对应的坐标系的位置集合为 $\left\{ \mathrm{C}\hat{P}_1^n = H \cdot \mathrm{CP}_1^n, n = 1, 2, \cdots, N \right\}$。由此可以得到，校正位置集合和末帧位置集合的位置偏移向量 $\left\{ \Delta P_K \hat{P}_1 \right\}$ 和位置偏移误差 $\left\{ \left| \Delta P_K \hat{P}_1 \right| \right\}$。

此时，背景干扰的位置偏移矢量接近零，其位置偏移误差在很小的误差范围内，而运动目标的位置偏移矢量仅体现自身的运动矢量，因此校正之后的候选目标中运动目标和背景干扰的差异显著。如图 2.37(a)所示，背景干扰首帧与末帧位置差异较小，几乎重合，运动目标首帧与末帧位置的差异较大。如图 2.37(b)所示，背景干扰(浅色标注)集中于零矢量附近，运动目标(深色标注)比较分散。这一点在图 2.37(c)给出的位置偏移误差也可以看出来，背景运动补偿之后，背景干扰的位置偏移差较小，而运动目标的位置偏移误差大。

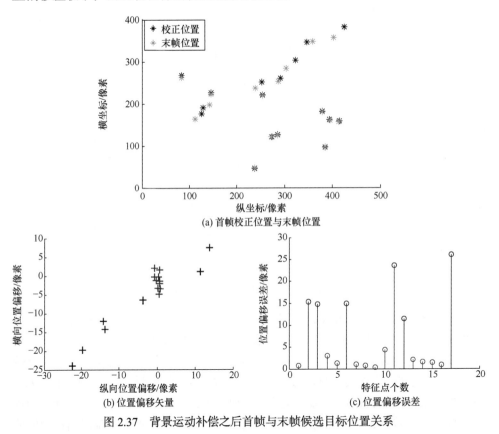

图 2.37　背景运动补偿之后首帧与末帧候选目标位置关系

　　最后，考虑算法的实时性，通过分割位置偏移误差检测运动目标。分割阈值 $T_{opt}$ 通过最大类间方差法(Otsu)自适应选取。在候选目标集合中，位置偏移误差大于 $T_{opt}$ 的候选目标就是运动目标。

### 2.5.5　检测实验与性能分析

　　为了测试本书算法的检测性能，本节在两组红外图像序列(Seq1～Seq2)上对本书算法进行测试，其中 Seq1 为城市道路背景下的红外图像序列，Seq2 为真实直升机挂飞实验采集的复杂地面背景图像序列。本书算法和空域高通、Max-mean[61]、Max-median[61]、Zhang[59]、R-means 算法[187]进行对比实验，其中空域高通、Max-mean、Max-median 和 Zhang 算法的参数调节至最优进行对比，并且在单帧检测的基础上通过多帧能量累计的方法检测动目标。

(1) 实验一

Seq1 序列是非制冷红外摄像头拍摄的夜晚城市背景图像。图像的分辨率为 $640 \times 480$，拍摄的位置固定，拍摄过程中摄像头做小幅度的平移运动，因此图像序列之间仅存在平移变化。图 2.38(a)给出了该序列的首帧图像，实线方框和虚线方框表示首帧图像中候选目标所在位置，其中实线方框表示待检测的运动目标的位置，虚线方框表示背景干扰所在位置。由于目标速度较快，因此检测过程利用的序列图像帧数为 15。因为背景发生平移运动，此时背景干扰和运动目标在图像坐标系中都是运动的，前四种算法在多帧能量累积的过程将背景干扰误检为运动目标，因此产生大量的误检测。由于序列中的候选目标数目较多，且背景仅发生平移运动，此时所有背景干扰的位置偏移矢量基本相当，因此 R-means 算法通过对位置偏移矢量聚类的方法与本书算法都能正确地将运动目标检测出来。

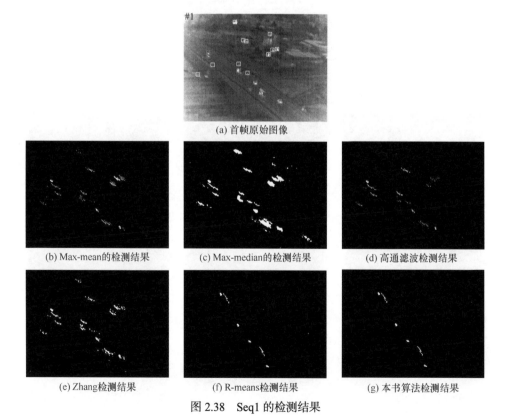

(a) 首帧原始图像

(b) Max-mean的检测结果    (c) Max-median的检测结果    (d) 高通滤波检测结果

(e) Zhang检测结果    (f) R-means检测结果    (g) 本书算法检测结果

图 2.38　Seq1 的检测结果

(2) 实验二

Seq2 序列是由直升机挂飞实验采集的地面道路背景红外图像序列，背景较为平缓，但存在较多干扰，同时图像存在明显的道路直线结构特征。采集图像的分辨率为 720×576，拍摄过程中摄像机跟随直升机运动，因此图像序列有一定的透视变化。图 2.39(a)给出了该序列的首帧图像，实线方框和虚线方框表示首帧图像中候选目标所在位置，其中实线方框表示待检测的运动目标所在位置。待检测的两个运动目标大小为 5×5。由于运动目标速度较慢，因此检测过程中选取的序列图像为 30 帧。图 2.39(b)～图 2.39(g)依次为 Max-mean、Max-median、空域高通、Zhang、R-means、本书算法的检测结果。可以看出，由于背景中存在灰度值较高的干扰，前四种算法的检测结果误检较多。R-means 由于序列中候选目标的数目较少，难以有效地对背景干扰和运动目标进行分类。同样，检测结果包含背景干扰。图 2.39(f)为本书算法的检测结果，检测结果仅包含运动目标轨迹，背景干扰被有效剔除。

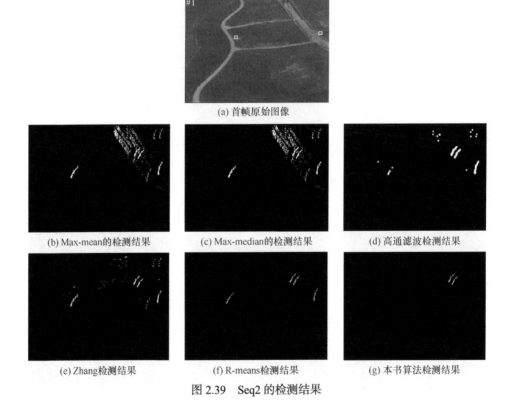

(a) 首帧原始图像

(b) Max-mean的检测结果　　　(c) Max-median的检测结果　　　(d) 高通滤波检测结果

(e) Zhang检测结果　　　(f) R-means检测结果　　　(g) 本书算法检测结果

图 2.39　Seq2 的检测结果

# 2.6　本　章　小　结

　　针对弱小移动目标的检测问题，本章首先从基于单帧和基于序列图像的角度出发，分析和介绍常用的检测算法的思路；然后提出基于 Contourlet 变换和 Facet 模型的单帧红外图像弱小目标检测算法，将空间域和频率域结合，通过设计有效的中值滤波器，对复杂强边缘进行抑制，突出弱小移动目标；提出一种基于结构低秩编码的红外弱小移动目标检测，背景杂波干扰具有一定的相关性，因此具有低秩性，目标则具有稀疏性，通过矩阵分解的方法消除背景杂波干扰。针对单帧图像检测算法的不足，提出一种基于直线匹配与背景抑制的弱小移动目标检测问题，将弱小移动目标的检测转化为特征点的筛选问题，通过直线的匹配来消除摄像机的运动，突出运动目标。仿真实验表明，提出的算法具有一定的优越性，能够为弱小移动目标的检测提供一定的理论基础。

　　红外弱小目标的检测是计算机视觉领域的研究难点，也是目前深度学习还无法大范围应用的领域。其关键因素是目标的有效特征太少，无法利用神经网络有效提取目标的特征。由于目标在连续帧之间存在运动性，结合目标的运动显著性和深度学习进行研究是未来的重要研究方向。

# 第3章 红外图像显著目标的异源匹配检测

红外显著目标的异源匹配检测是精确制导武器中目标捕获的关键技术。本章系统研究红外显著目标的异源匹配检测问题，研究常用的边缘检测算法，并通过仿真实现基于边缘特征的异源图像匹配检测；基于互信息度量，从灰度特征和梯度特征研究异源图像匹配检测算法；提出一种基于梯度分布场的异源图像匹配检测算法，引入分布场理论，提高匹配的精度；提出一种基于椭圆对称方向距的异源匹配检测算法，用椭圆对称方向矩对同质区域特征进行描述，能够较好地实现可见光与红外图像匹配。

## 3.1 引　　言

随着世界信息化进程的快速推进，对图像信息的需求日益强烈。近年来，图像匹配检测技术成为计算机视觉领域的研究热点，并被广泛用于导航制导、医疗诊断、图像检索等各个领域。在不同的任务条件下(气候、光照强度、拍摄位置、角度等)，往往要通过不同的传感器获取图像信息。这些图像一般存在灰度值、分辨率、比例尺度或者不同的非线性畸变的差异，因此在复杂环境下实现异源图像的准确匹配是研究的难点。

在遥感观测领域[198]，随着科学技术的发展，越来越多的卫星被用来观测地球表面信息，可以获取不同波段的地表信息，综合这些多空间分辨率、时相分辨率和波谱分辨率的遥感图像的信息，可以提高遥感图像的精度，为灾害监控、观测大气云层、预报天气、资源探测等提供有力的支持。综合处理这些遥感图像的过程便涉及异源图像的匹配问题。

在军事领域，景像匹配精确制导始于20世纪70年代，美国的AGM-86B空射巡航导弹、"战斧"巡航导弹[199]、"潘兴"弹道导弹，都采用惯性与景像匹配相结合的制导方式。从90年代的海湾战争到伊拉克战争，美国投射了大量的精确制导武器，命中精度不断提高，成为信息化局部战争中物理杀伤的主要手段。除美国外，俄罗斯研制的SS-26"伊斯坎德尔"战役战术景像匹配制导导弹理论命中精度为2m。景像匹配精确制导系统的一个重要发展趋势是采用红外相机或SAR作为弹载实时图成像器件，提高导弹的全天时、全天候工作能力。受保障条件的限制，基准图通常为星载相机拍摄的高分辨率光学图像，因此景像匹配精确制导系统需要快速可靠的异源图像匹配检测算法。

本章系统研究空地红外图像中显著目标的异源匹配检测问题，在经典的边缘特征、MI 度量检测算法分析与仿真实验的基础上，从分布场描述和椭圆对称方向矩两个全新思路，研究两种更加有效的异源匹配检测算法。本章的研究内容旨在对我国武器系统的智能化提供一定的技术参考。

## 3.2　基于边缘特征的异源特征匹配检测

在异源图像匹配算法中，基于边缘特征的检测算法是工程中应用最为广泛的匹配算法。下面对基于边缘检测的异源图像匹配算法进行论述。

### 3.2.1　常用的边缘提取算法

从数学模型的角度可以把目前的边缘提取算法分为三类。

① 基于固定的局部运算方法，如微分法、拟合法等。

② 基于全局能量最小化为原则的边缘提取算法，如松弛法、神经元分析法等。

③ 基于数学形态学、分形理论等高新技术的图像边缘提取方法。

基于固定的局部运算方法是目前研究较为成熟的算法，下面介绍五种常见的边缘提取算子，即 Roberts 算子、Sobel 算子、Prewitt 算子、Canny 算子、LOG 算子。

(1) Roberts 算子

Roberts 算子的计算过程非常简单。这类算子对图像对角线边缘有良好的感应，但是没有良好的方向选择性。其掩膜为

$$G_x = \begin{bmatrix} -1 & 0 \\ 0 & 1 \end{bmatrix}, \quad G_y = \begin{bmatrix} 0 & -1 \\ 1 & 0 \end{bmatrix} \tag{3.1}$$

(2) Sobel 算子

Sobel 算子涉及的滤波器是具有梯度幅度相邻的 3×3 区域，其梯度幅值 $M$ 为

$$M = \sqrt{G_x^2 + G_y^2}$$

$$G_x = (a_2 + ca_3 + a_4) - (a_0 + ca_7 + a_6)$$

$$G_y = (a_0 + ca_1 + a_2) - (a_6 + ca_5 + a_4) \tag{3.2}$$

其中，Sobel 算子对应的 $c = 2$；$G_x$ 和 $G_y$ 对应的滤波掩膜为

$$G_x = \begin{bmatrix} -1 & -2 & -1 \\ 0 & 0 & 0 \\ 1 & 2 & 1 \end{bmatrix}, \quad G_y = \begin{bmatrix} -1 & 0 & 1 \\ -2 & 0 & 2 \\ -1 & 0 & 1 \end{bmatrix} \tag{3.3}$$

(3) Prewitt 算子

Prewitt 算子与 Sobel 算子的滤波器几乎相同，只是常量 $c=1$，可以为中间的行列分配更大的权值。其滤波掩膜为

$$G_x = \begin{bmatrix} -1 & -1 & -1 \\ 0 & 0 & 0 \\ 1 & 1 & 1 \end{bmatrix}, \quad G_y = \begin{bmatrix} -1 & 0 & 1 \\ -1 & 0 & 1 \\ -1 & 0 & 1 \end{bmatrix} \tag{3.4}$$

(4) Canny 算子

Canny 算子的核心是基于一种梯度思想，使用图像二阶导数的过零点信息定位边缘。它一般在不同分辨率的图像上使用大尺寸滤波器处理，然后将这些滤波结果融合起来成为一张边缘图。这样就可以减少错误的边缘点，增加边缘定位的精确性；每个边缘点有且仅有一个相应的边缘点，可以有效抑制噪声出现。

Canny 算法利用高斯滤波器对图像进行滤波，减少噪声；在每一点处计算局部梯度和边缘方向；用 Canny 的判断准则找出边缘点；用设定的两个阈值对边缘进行阈值化。边缘点条件是该点的边缘强度大于沿该点处梯度方向相邻像素的边缘强度。Canny 算法流程图如图 3.1 所示。

图 3.1　Canny 算法流程图

Canny 算子边缘检测的方法是寻找图像梯度的局部最大值。梯度是用高斯滤波器的导数计算的。Canny 方法使用两个阈值检测强边缘和弱边缘，而且仅当强边缘和弱边缘相连时，弱边缘才会包含在输出中。因此，该方法不容易受噪声的干扰，能够检测到真正的弱边缘。

(5) LOG 算子

Laplacian 算子是一种二阶导数算子，是一个各向同性(旋转轴对称)边缘检测算子。Laplacian 算子定义为

$$\Delta^2 f = \frac{\partial^2 f}{\partial x^2} + \frac{\partial^2 f}{\partial y^2} \tag{3.5}$$

Laplacian 算子的离散差分掩膜为

$$\Delta^2 = \begin{bmatrix} 0 & 1 & 0 \\ 1 & -4 & 1 \\ 0 & 1 & 0 \end{bmatrix} \tag{3.6}$$

由于 Laplacian 算子是一个二阶微分算子，对方向信息并不敏感，会增加噪声，因此一般将高斯算子和拉普拉斯算子结合在一起，形成 LoG 算子，即

$$\Delta^2 G(r) = \frac{-1}{\pi \theta^2} \left( 1 - \frac{r^2}{2\sigma^2} \right) \exp\left( -\frac{r^2}{2\sigma^2} \right) \tag{3.7}$$

其中，$\sigma$ 为方差；$r$ 为距离原点的距离，即 $r = x^2 + y^2$。

### 3.2.2　边缘提取实验及分析

　　为了提高异源图像算法的匹配精度，需要提取的图像边缘信息是清晰完整连续的。这样可以提高图像匹配的成功率和鲁棒性。由于异源图像成像机理不同，很难提取到完全一样的边缘信息，即使提取到相似性很高的边缘信息，也会因为复杂的背景信息的干扰，导致匹配失败。为提取相似性较高且可靠的边缘信息，本节分别采用 5 种边缘提取算子对两组图像进行实验。图 3.2 所示为两组实验图像。图 3.3～图 3.7 分别为 Sobel 算子、Canny 算子、Roberts 算子、Prewitt 算子、LOG 算子边缘提取结果。

图 3.2　实验图像

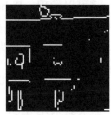

图 3.3　Sobel 算子边缘提取结果

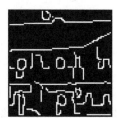

图 3.4　Canny 算子边缘提取结果

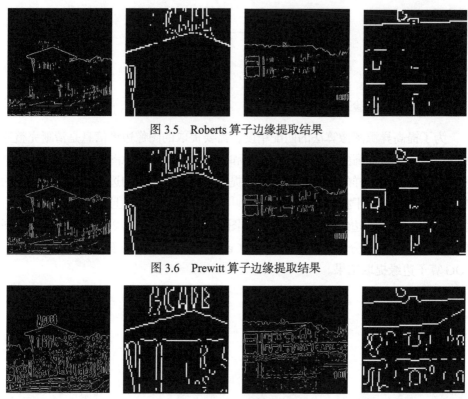

图 3.5　Roberts 算子边缘提取结果

图 3.6　Prewitt 算子边缘提取结果

图 3.7　LOG 算子边缘提取结果

可以发现，Sobel 算子对对角线上的信息不够敏感，提取不足；Roberts 算子和 Prewitt 算子则丢失很多图像信息，造成失真；Canny 算子和 LOG 算子对图像边缘信息提取得较为全面、清晰、完整。

### 3.2.3　基于边缘相似性距离度量的异源匹配算法

实验采用 LOG 算子提取图像边缘信息，组成特征空间，并采用边缘相似性距离(edge based similar distance，ESD)度量。ESD 距离函数定义为

$$d(i,j) = \sum_{m=1}^{M} \sum_{n=1}^{N} T_{\text{ESD}}(S_{(m,n)}, S'_{(m,n)}) \tag{3.8}$$

$$T_{\text{ESD}}(x,y) = \begin{cases} 1, & S_{(m,n)} = S'_{(m,n)} \\ 0, & \text{其他} \end{cases} \tag{3.9}$$

其中，可见光的边缘提取图像是 $S_{(m,n)}$，红外光的边缘提取图像是 $S'_{(m,n)}$，大小都为 $M \times N$；$T_{\text{ESD}}(x,y)$ 为对应的度量函数；$d(i,j)$ 为相似距离。

正确匹配结果为

$$(i^*, j^*) = \arg\max_{(i,j)}\{d(i,j)\} \tag{3.10}$$

　　ESD 距离是对图像边缘信息的直接度量，当对应点的灰度值或边缘特征提取值相同时，该点的度量函数值为 1；反之，则为 0。最后累加整幅图像各个点的度量函数值，得到最终的相似距离。

　　红外图像边缘提取结果如图 3.8 所示。可见光图像边缘提取结果如图 3.9 所示。ESD 距离相关系数曲面如图 3.10 所示。图像匹配结果示意图如图 3.11 所示。表 3.1 所示为实验结果统计。

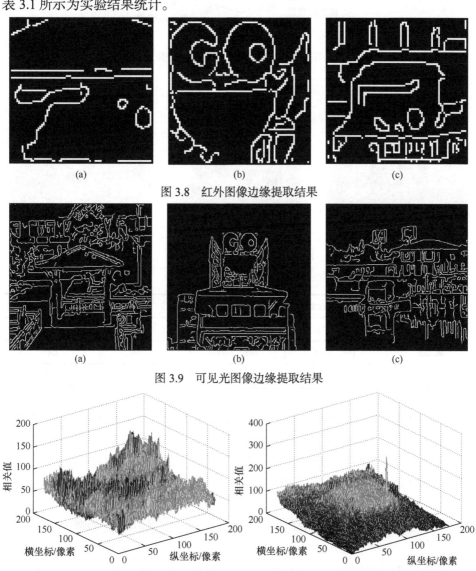

(a)　　　　　　　　　(b)　　　　　　　　　(c)

图 3.8　红外图像边缘提取结果

(a)　　　　　　　　　(b)　　　　　　　　　(c)

图 3.9　可见光图像边缘提取结果

(a)　　　　　　　　　　　　　　(b)

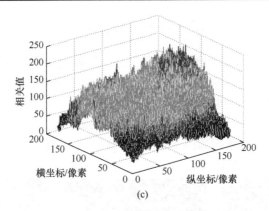

图 3.10　ESD 距离相关系数曲面

| (a) | (b) | (c) |

图 3.11　图像匹配结果示意图

表 3.1　实验结果统计

| 组别 | 实际匹配位置 | 理论匹配位置 | 偏差 | 匹配时间/s |
| --- | --- | --- | --- | --- |
| 第一组 | (139, 1) | (86, 92) | (53, −91) | 2.48 |
| 第二组 | (49, 101) | (49, 101) | (0, 0) | 2.41 |
| 第三组 | (110, 43) | (110, 43) | (0, 0) | 2.35 |

从实验结果来看，图匹配错误，效果并不理想。当图像边缘相似性较高或者背景较为单调时，ESD 相关系数曲面能够获得单一尖锐峰值，而在复杂背景下，ESD 距离相关系数曲面呈现多个相近峰值，对匹配造成极大干扰。这说明，基于边缘特征的 ESD 距离度量算法环境适应能力并不鲁棒。

## 3.3　基于互信息度量的异源图像匹配检测

互信息[76]是对图像对相关信息的统计，可以实现对异源图像之间的有效匹配。本节首先分析熵和互信息的基本概念，然后通过灰度互信息实现对异源图像之间的匹配，最后针对灰度互信息的缺点，利用梯度互信息实现复杂场景下异源图像之间的匹配。

### 3.3.1　熵与互信息

在信息论中，熵是对信号不确定程度的衡量，熵值越大，表明信号的随机性越高。设随机信号为 $A$，$A$ 的熵为 $H(A)$，$p(a)$ 为 $A$ 的概率密度，则 $H(A)$ 的定义可以写为

$$H(A) = -\sum_a p_A(a)\log_2 p(a) \tag{3.11}$$

由此可知，熵值是对全部可能事件信息量出现概率实施加权求和的结果。对于一幅数字图像，$a$ 对应图像的灰度等级 $i$，$p(a)$ 对应灰度等级为 $i$ 的像素出现的概率，因此 $H(A)$ 就表示图像的直方图。如果图像对应的灰度等级 $i$ 越大，那么每个灰度等级的像素存在的概率 $p(a)$ 越小，像素存在的不确定性就越大，图像熵的信息量就越大。

对于随机信号 $A$ 和 $B$，设它们的概率密度分布函数为 $p_{ab}(a,b)$，根据信息论的原理，$A$ 和 $B$ 的相关性可以通过其联合熵表示，则联合熵的定义为

$$H(A,B) = -\sum_{a,b} p_{ab}(a,b)\log_2 p_{ab}(a,b) \tag{3.12}$$

当 $A$ 和 $B$ 互相独立时，二者的联合熵等价于它们各自熵值的和，即

$$H(A,B) = H(A) + H(B) \tag{3.13}$$

$A$ 和 $B$ 之间的条件熵为

$$H(A|B) = -\sum_{a,b} p_{A,B}(a|b)\log_2 p_{A,B}(a|b) \tag{3.14}$$

$$H(A|B) = -\sum_{a,b} p_{A,B}(b|a)\log_2 p_{A,B}(b|a) \tag{3.15}$$

其中，$p_{A,B}(a|b)$ 和 $p_{A,B}(b|a)$ 为 $A$ 和 $B$ 的条件概率密度；$H(A|B)$ 为指定 $B$ 时，$A$ 的条件熵。

互信息来自信息论，用来测量一个随机变量包含另一个随机变量的信息量的总和，或者两个随机变量间的统计相关性，应用到图像配准中用来测量一幅图像包含另一幅图像信息的总量。从这个定义可知，当互信息达到最大值时，表示两幅图像处于配准位置。

假设 $A$ 和 $B$ 是两幅图像，$P_A(a)$ 和 $P_B(b)$ 是边缘概率分布，$P_{AB}(a,b)$ 是 $A$ 和 $B$ 的联合概率分布。如果边缘概率分布和联合概率分布满足 $P_{AB}(a,b) = P_A(a)\times P_B(b)$，$A$ 和 $B$ 是统计独立的，那么互信息的定义为

$$\mathrm{MI}(A,B) = H(A) + H(B) - H(A,B)$$

$$= \sum_{a,b} p_{AB}(a,b) \log \frac{p_{AB}(a,b)}{p_A(a)p_B(b)} \tag{3.16}$$

概率密度的计算方法主要是直方图法和 Parzen 法。Parzen 法更接近 MI 的统计属性，计算得到的互信息量也更精确，但是计算非常复杂。直方图法计算简单，虽然用直方图法估计概率密度分布有时会陷入二进制问题，但是因为它的简单高效得到最广泛的应用。

在实际的图像匹配中，参考图像 $A$ 和待配准图像 $B$ 的直方图分别是 $h_A(a)$ 和 $h_B(b)$，联合灰度直方图是 $h_{AB}(a,b)$，直方图可以通过平面矩阵表示，即

$$h = \begin{bmatrix} h(0,0) & h(0,1) & \cdots & h(0,n-1) \\ h(1,0) & h(1,1) & \cdots & h(1,n-1) \\ \vdots & \vdots & & \vdots \\ h(m-1,0) & h(m-1,1) & \cdots & h(m-1,n-1) \end{bmatrix} \tag{3.17}$$

其中，$m$ 和 $n$ 为待配准图像和参考图像的最大灰度值；$h(x, y)$为待配准图像中灰度值为 $x$，参考图像中对应点灰度值为 $y$ 的像素对的总个数，即

$$h_{AB}(a,b) = h_A(a) \cdot h_B(b) \tag{3.18}$$

其中，$h_A(a)$ 和 $h_B(b)$ 可以通过对图像 $A$ 和 $B$ 进行灰度统计得到。

通过联合直方图得到的联合概率密度函数(joint distribution function，JDF)的计算式为

$$p(a,b) = \frac{h_{AB}(a,b)}{\sum_{a,b} h_{AB}(a,b)} \tag{3.19}$$

为此，互信息的计算公式为

$$\mathrm{MI}(A,B) = \frac{1}{S} \sum_{a,b} h_{AB}(a,b) \log \frac{S h_{AB}(a,b)}{h_A(a)h_B(b)} \tag{3.20}$$

其中，$S$ 为联合直方图所有元素的总和，$S = \sum_{a,b} h_{AB}(a,b)$。

### 3.3.2　基于灰度互信息的匹配检测算法

互信息并不直接依赖灰度值衡量不同图像的一致程度，而是依赖它们在每幅图像中各自发生的概率和两幅图像组合产生的联合发生概率。因此，它对灰度改变或一对一的灰度变换不敏感，能同时处理积极的和消极的图像灰度相互关系。不像其他基于像素的图像配准算法基于灰度差异或灰度相关，互信息算法没有对不同模态中相应像素的图像灰度关系特征的限制性假设。这些假设通常是高数据量的，没有对相关图像模态的强制性约束。这种特性使互信息在异源图像的匹配中得到广泛的应用。

基于互信息的异源图像匹配检测就是模板图按照一定的搜索方式对实时图进

行搜索，分别计算模板图与对应实时子图的互信息值，最大互信息对应的位置即目标的位置。

　　为了对基于互信息的异源图像匹配检测算法性能有全面的了解，实验采用 4 组图像进行匹配。图 3.12 所示为红外图像。图 3.13 所示为可见光图像。图 3.14 所示为相关系数曲面图。图 3.15 所示为匹配结果。

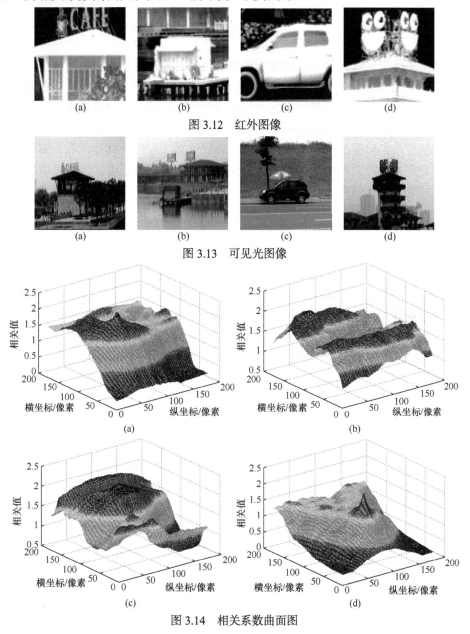

图 3.12　红外图像

图 3.13　可见光图像

图 3.14　相关系数曲面图

  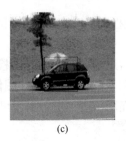 

    (a)           (b)          (c)          (d)

图 3.15　匹配结果

从实验结果来看,第一组图像能够正确匹配,但是得到的相关曲面主峰不明显,主峰周围存在一些局部极值;第二组图像出现误匹配,其原因是复杂的背景信息导致匹配失败,当背景区域的大集合占据主导作用时,会造成该方法的误匹配;第三组匹配正确,其相关曲面的主峰比较明显,并且整个曲面相对比较平滑,局部极值较少,但是主峰的宽度比较窄,会导致算法的抗干扰性下降;第四组匹配正确,其相关曲面的主峰比较明显,并且整个曲面相对平滑,局部极值较少,但是主峰的宽度比较窄,会导致算法的抗干扰性下降。

### 3.3.3　基于梯度互信息的匹配检测算法

灰度虽然是图像的基础信息,但同时也蕴含目标和背景的信息,所以对于匹配过程会有一定的干扰。特别是,目标和背景的灰度信息相近时,匹配结果极易出现错误。互信息的原理虽然对图像的全部信息都进行计算,但也正是这点,相似性度量统计的信息没有突出目标部分,容易与背景信息相混。基于灰度互信息的匹配算法的优点是参考了图像的全部灰度信息,但这个优点也带来一个缺陷,即目标描述方式易受复杂背景的干扰。相比于灰度信息,图像的梯度信息是一种更为鲁棒的描述方式,基于梯度角对目标进行描述,利用互信息作为度量方式,可以对复杂场景下的异源图像进行更为有效的匹配检测。

相对于直接采用灰度描述异源图像的区域特性,梯度是在灰度信息的基础上,利用边缘轮廓灰度信息的剧烈变化,求出不同方向的变化。梯度主要存在于图像的边缘处,图像中的目标形状都能很好地被梯度描述。

假设图像 $I(x,y)$ 沿 $x$ 轴和 $y$ 轴的偏导数为 $\dfrac{\partial I}{\partial x}(x,y)$ 和 $\dfrac{\partial I}{\partial y}(x,y)$,那么图像函数 $I(x,y)$ 在点 $(x,y)$ 处的梯度(梯度向量)为

$$\nabla I(x,y)=\begin{bmatrix}\dfrac{\partial I}{\partial x}(x,y)\\[2mm]\dfrac{\partial I}{\partial y}(x,y)\end{bmatrix} \tag{3.21}$$

其模值 $|\nabla I|$ 为

$$|\nabla I(x,y)| = \sqrt{\left(\frac{\partial I}{\partial x}(x,y)\right)^2 + \left(\frac{\partial I}{\partial y}(x,y)\right)^2} \tag{3.22}$$

其梯度角 $\phi$ (方向角)为

$$\phi(x,y) = \arctan\left(\frac{\partial I}{\partial y}(x,y) \middle/ \frac{\partial I}{\partial x}(x,y)\right) \tag{3.23}$$

利用梯度角可以有效利用图像灰度信息的方向变化效果，对于没有旋转的一组异源图像，它们的灰度信息相似性不高，但是灰度信息的变化方向的相似性是极高的。这样就可以很好地描述异源图像的区域特性。

为了提高计算效率，本节利用爬山法进行搜索[200]，从而缩短匹配时间。爬山法是一种简单的启发式搜索算法，它沿着最大坡度上升方向作为搜索方向，能够在最短时间内爬到山顶。它的搜索过程是扩展当前节点，评估相邻的子节点；把最优子节点作为下一个扩展节点，直到搜索到山顶。虽然爬山法搜索速度快，但是很容易陷入局部最优。通常有两种方法可以减少陷入局部最优的可能性，一是设定启发式信息，跳出局部最优点；二是增加爬山点的数量。爬山点数量越多、位置越分散，达到山顶的可能性就越大。通常相关曲面图具有以下性质，即曲面平滑连续；曲面具有波峰和波谷，存在局部极大值；主峰唯一且明显高于次峰；主峰不存在局部极大值。

本节采取增加爬山点的方法提高搜索速度。爬山过程示意图如图 3.16 所示。

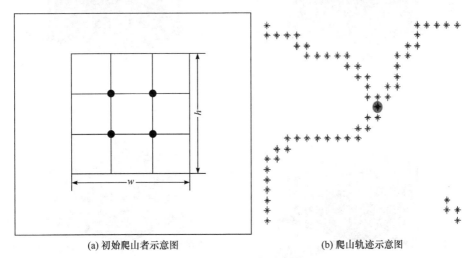

(a) 初始爬山者示意图　　　　　　　　　(b) 爬山轨迹示意图

图 3.16　爬山过程示意图

本节采用四组图像进行实验,其中有三组是前面章节匹配的异源图像。图 3.17

所示为红外图像的梯度角提取图。图 3.18 所示为可见光图像的梯度角提取图。
图 3.19 所示为基于爬山法的互信息度量的相关系数图。图 3.20 所示为匹配结果。
表 3.2 所示为实验结果统计。

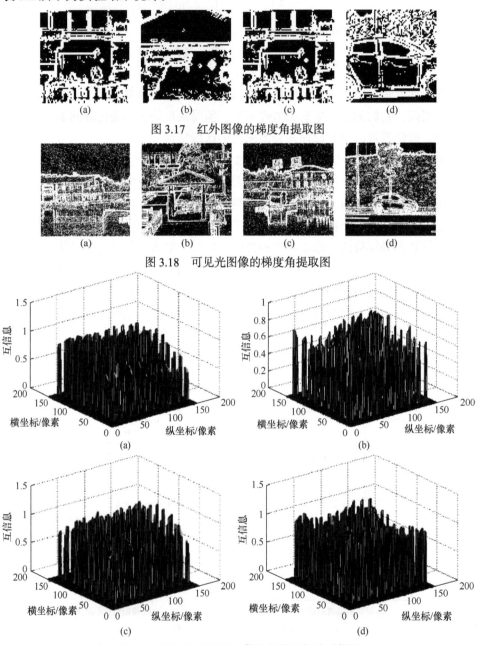

图 3.17　红外图像的梯度角提取图

图 3.18　可见光图像的梯度角提取图

图 3.19　基于爬山法的互信息度量的相关系数图

(a) 　　　　　　　(b) 　　　　　　　(c) 　　　　　　　(d)

图 3.20　匹配结果

表 3.2　实验结果统计

| 组别 | 实际匹配位置 | 理论匹配位置 | 偏差 | 匹配时间/s |
|---|---|---|---|---|
| 第一组 | (82, 21) | (82, 21) | (0, 0) | 2.55 |
| 第二组 | (86, 92) | (86, 92) | (0, 0) | 2.16 |
| 第三组 | (111, 42) | (111, 42) | (0, 0) | 2.05 |
| 第四组 | (118, 97) | (118, 97) | (0, 0) | 2.10 |

## 3.4　基于梯度方向分布场的异源匹配检测算法

Laura 等[186]将分布场应用到跟踪领域，取得很好的效果。由于分布场不仅包含图像的灰度信息，还包括模糊的位置信息。受此启发，本节通过构建梯度方向的分布场描述异源图像，将其应用于异源图像之间的匹配，得到很好的实验结果。

分布场是一种以灰度分布为主要信息的特征，类似于直方图中的灰度统计，并且分布场图还包含灰度的位置信息。因此，分布场图是位置信息和灰度信息的融合，包含更多的图像信息，应用于异源图像匹配的过程可以提取到更加鲁棒的共同特征。通常在匹配时，要对模板图和实时图进行一般化处理，这就要对图像组进行模糊化处理，但是目前常用的模糊化处理技术都会损失很多图像的重要信息，有可能使模板图和实时子图的相似性下降，造成匹配的失败。分布场图的模糊处理几乎不损失图像的信息，是一种无损的模糊。另外，这种模糊处理会增加匹配的鲁棒性，使实时图像存在较小的畸变和旋转的情况下也能匹配成功。

本节将分布场理论应用于异源图像匹配问题，通过构建梯度方向分布场描述异源图像，在匹配过程中得到很好的实验结果。但是，分布场并不具备旋转不变性，而旋转问题一直以来都是异源图像匹配领域的一大难题。本节通过定义区域分布场图的主方向，可以很好地解决异源图像匹配的旋转变换问题。

### 3.4.1　分布场原理分析

分布场是每个像素分布在相应场的组合。场是像素点灰度等级的划分。这种分布定义一个像素出现在各个特征图上的位置概率信息。以灰度图像为例，灰度等级为 0~256，可以将 256 个灰度等级分为 $N$ 个区间。每个区间灰度对应的像素点不仅包含灰度信息，还包含位置信息。

图像的分布场图可以用一个 $2 \times N$ 维的矩阵 $d$ 表示，2 维代表图像长度和宽度，$N$ 维代表设定的特征空间维数。也就是说，如果一幅图像的大小为 $m \times n$ ，那么它的分布场图 $d$ 就可以表示为一个 $m \times n \times N$ 的三维矩阵。

分布场图示意图如图 3.21 所示。

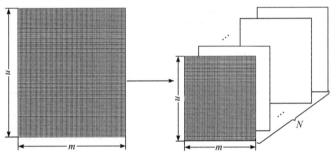

图 3.21　分布场图示意图

计算图像的分布场图等价于在每个像素点的几何位置计算 Kronecker delta 脉冲函数，即

$$d(i,j,k) = \begin{cases} 1, & I(i,j) = k \\ 0, & 其他 \end{cases} \tag{3.24}$$

其中，$I(i,j) = k$ 表示图像中坐标为 $(i,j)$ 的像素灰度值；$d(i,j,k)$ 表示图像中坐标为 $(i,j)$ 的像素在第 $K$ 个特征层上的值。

由此可知，$d(i,j,k)$ 的取值为 1 或者 0 ，并且 $K$ 层中每个位置 $(i,j)$ 处的数值相加为 1，即

$$\sum_{k=1}^{N} d(i,j,k) = 1 \tag{3.25}$$

以图 3.22 所示的目标为例，分析其分布场。因为分布场中需要对各层做模糊处理，同时也为了计算方便，在方形区域计算目标的场分布图。

如图 3.23 所示，为了更直观地理解特征层，将图像的 256 个灰度等级压缩至 8 个，因此有 8 个特征层，第一行从左至右依次为第 1~4 层，第二行从左至右依次为第 5~8 层。

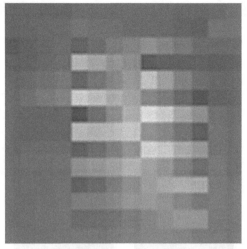

图 3.22　$14 \times 14$ 像素图像

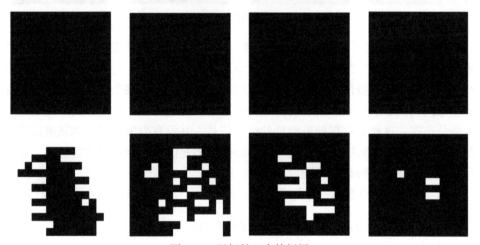

图 3.23　目标的 8 个特征层

可以看出，一幅图像可以表示成 $N$ 层分布场图，但是图像的大部分信息并没有丢失。这是构建分布场图的第一步，相当于对原图像进行重新描述。为了使位置信息不失一般性，需要对图像进行模糊化处理，即引入高斯卷积滤波对分布场图进行横向和纵向的高斯滤波。

首先，进行横向滤波，第 $k$ 个特征层卷积以后得到的 $d_s(k)$ 为

$$d_s(k) = d(k) * h_{\sigma_s} \tag{3.26}$$

其中，$d_s(k)$ 为第 $k$ 个特征层与高斯滤波器卷积以后的新的特征层；$d(k)$ 为卷积之前的特征层；$h$ 是一个标准差为 $\sigma_s$ 的二维高斯滤波器。

第一次卷积后图像的各特征层如图 3.24 所示。卷积中使用的高斯滤波器的标准差为 9 个像素。

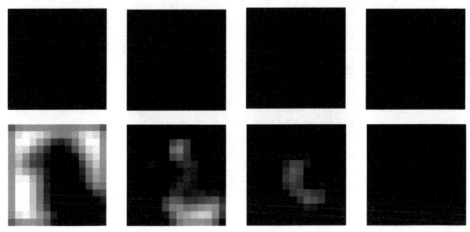

图 3.24 第一次卷积后图像的各特征层

与图 3.23 对比可以看出，卷积之前，若第 $k$ 个特征层上某个位置数值为 1，则原图的这个位置上的灰度值落在 $N$ 个区间的第 $k$ 个区间；卷积之后，若第 $k$ 个特征层上某个位置数值不为 0，表明原图上这个位置附近某个位置的灰度值落在 $N$ 个区间的第 $k$ 个区间。这表明，对特征层进行高斯滤波是将位置的不确定性引入场分布图。这种方法仅损失精确的位置信息，并没有损失原图中的灰度信息。在匹配过程中，会对匹配误差有一定的影响，但是能够增强算法的鲁棒性，即使存在较小的旋转变换也能匹配成功。

如果把高斯函数 $h_{\sigma_s}$ 看作概率分布函数，那么卷积之后，$d_s(k)$ 满足 $\sum_{k=1}^{N} d_s(i,j,k) = 1$ 的特性，仍然满足分布场的要求。

上述讨论中对各分布场特征层 $x$ 和 $y$ 坐标方向进行高斯滤波会增加位置的不确定性，基于同样的思维考虑，对分布场特征空间进行高斯滤波，可以理解为 $z$ 坐标方向的高斯滤波增加特征的不确定性。这样，理论上将某层分布场的灰度信息分布模糊化，使图像的描述适应亚像素的运动和部分亮度变化，在一定程度增强算法的鲁棒性。因此，接下来就需要用一个一维的高斯滤波器对特征层进行滤波，即

$$d_{ss}(i,j) = d_s(i,j) * h_{\sigma_f} \tag{3.27}$$

其中，$h$ 是标准差为 $\sigma_f$ 的一维高斯滤波器。

第二次卷积后的小目标各特征层如图 3.25 所示。

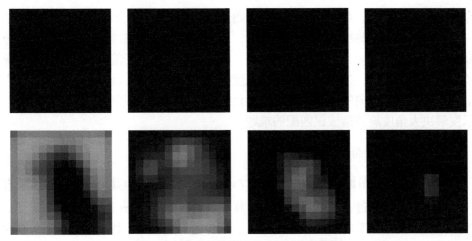

图 3.25　第二次卷积后的小目标各特征层

至此，一张图像的场分布图就计算完毕。场分布图计算流程如图 3.26 所示。计算分布场图的过程就是将不确定性引入场分布图的过程。首先，在图像的两个坐标轴方向进行卷积，引入位置的不确定性。然后，在特征空间进行卷积，引入灰度信息的不确定性。换句话说，利用分布场图表示的图像对于较小的位置变化和灰度变化不敏感，对于一定范围内的位置平移、旋转和遮挡具有很好的适应性。

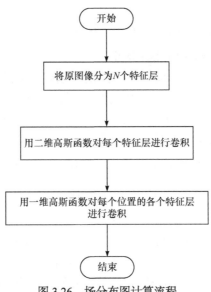

图 3.26　场分布图计算流程

### 3.4.2　基于梯度方向分布场图的异源匹配

虽然异源图像同一位置的像素灰度值不具有任何联系，但是异源图像间仍然存在一些共性特征，如边缘轮廓特征、角点、梯度方向等。本节基于梯度方向这一共性特征，构建梯度方向的分布场图，成功实现异源图像匹配。梯度方向的分布场图包含原始图像丰富的位置信息和区域特征信息，对于旋转变化较小的情况依然能够正确匹配，但是当旋转较大角度时不具备旋转不变性，造成误匹配。本节首先构建梯度方向的分布场图并模糊化处理，然后利用模糊处理后对旋转的容忍度解决大角度旋转造成误匹配的难题。

### 1. 构建梯度方向分布场图

对于任意 2D 图像 $I_{x,y}$ ，$\nabla I_x = \partial I / \partial x$ 、$\nabla I_y = \partial I / \partial y$ 为其对应的水平及垂直方向梯度，可以通过一阶或者二阶微分算子求得，如 Roberts 算子、Sobel 算子、Prewitt 算子等。本节将梯度较小的平坦区域视为易受噪声干扰的背景。定义其梯度方向为 0，将真正的 0 梯度方向定义为 $\pi$ ，然后把梯度方向量化到[0,180]，即

$$\theta_{x,y}^I = \begin{cases} \text{angle}(V_{x,y}), & (\nabla I_y \neq 0 \bigcap G_{x,y} > \tau) \\ \pi, & (\nabla I_y = 0 \bigcap G_{x,y} > \tau) \\ 0, & G_{x,y} < \tau \end{cases} \tag{3.28}$$

$$V_{x,y} = \text{sign}(\nabla I_y) \cdot (\nabla I_x + \text{i}\nabla I_y), \quad G_{x,y} = \left| V_{x,y} \right| \tag{3.29}$$

其中，$\text{angle}(x)$ 为矢量 $x$ 的相角求取函数；$\text{sign}(\nabla I_y)$ 为垂直方向的梯度符号；i 为复数单位；$G_{x,y}$ 为梯度幅值；$\tau$ 为梯度幅值阈值，用于区分低幅值平坦区域与有效梯度区域，算法取 $\tau \in [0.1, 0.4]$ 即可。

接下来构建梯度方向分布场图，由于图像旋转后会在边缘产生一部分"0"区域，为防止该区域影响匹配的精度和鲁棒性，我们只对梯度方向大于零的点构建分布场图。取 $N=18$，将[1,180]平均分成 18 个等级，每个等级对应一层分布场图，即任意图像 $I_{x,y}$ 可表示成 18 层分布场图，第一层中的每个点的数值表示 $I_{x,y}$ 的梯度方向包含于[1,10]的概率，依此类推可构建 18 层梯度方向分布场图，即

$$d(i,j,k) = \begin{cases} 1, & \theta_{i,j}^I \in [10*(k-1)+1, 10*k] \\ 0, & \text{其他} \end{cases} \tag{3.30}$$

最后，对分布场图特征空间进行滤波，将位置的模糊性和灰度强度的模糊性引入分布场图。这样做仅损失精确的信息，没有将错误的位置信息引入分布场图，在较小形变的情况下依然可以正确匹配，使鲁棒性得到增强。

### 2. 选取有效区域

对于传统的矩形区域，当其旋转一定的角度后，矩形框的四个顶点区域会根

据旋转角度的大小或多或少地丢失原图中的信息,对于一幅实时子图而言,在其丢失原有图像信息的同时,还会引入一些不相关的图像信息。因此,应用传统的矩形区域解决旋转问题的过程中必然影响匹配的精度和鲁棒性。为了更准确地描述图像特征,需要选取旋转不变区域作为计算特征描述的有效区域。

在所有的形状中,只有圆形能够满足旋转不变的特性,因此本节将特征描述的定义域设定为圆形。如图 3.27 所示,以图像中心为旋转轴心,取以轴心为圆心的最大内接圆作为有效区域。

图 3.27 有效区域选取示意图

### 3. 主方向分布场图

图像主方向表征图像内容的主体朝向,是图像处理中较为主观的一个概念。它可以定义为图像的纹理方向,也可以是某个主干线的方向,或者某一族梯度矢量方向,而这个人为定义的方向特征只要具有稳定的旋转不变性即可。两个图像间的主方向差表征图像间的旋转角度,据此便可以对图像旋转校正,然后进行搜索匹配。

经典的基于梯度方向直方图的主方向估计方法应用最为广泛。该方法在矩形区域内统计梯度方向分布(直方图),将其中最多的一类方向(主峰)定义为该区域的主方向。

类似于直方图统计,本节将分布场图的主方向定义为梯度方向出现概率之和最大的分布场特征层,用 $n$ 表示,其计算过程为

$$\text{dsum}_k = \sum_{i=1,j=1}^{i=m,j=n} d_s(i,j,k), \quad k=1,2,\cdots,18 \tag{3.31}$$

$$[\text{mlaysum},n] = \max(\text{dsum}) \tag{3.32}$$

其中,$\text{dsum}_k$ 为第 $k$ 层分布场图像的概率统计;dsum 为存放每一层分布场图概率和的矩阵;mlaysum 为 dsum 中的最大值;$n$ 为 dsum 最大值对应的 $k$ 值。

### 4. 相似性度量

上面介绍如何确定模板图的主方向 $R$ 和实时子图的主方向 $R'$,由两者的差值

$\nabla R = |R - R'|$ 可以得到实时子图相对于模板图近似的旋转角度。将模板图分别旋转 $\nabla R$ 和 $\nabla R + 180$，构建分布场图，并用一维列向量描述，记为 $x$，实时子图的特征向量用 $Y$ 表示。

用于度量两个特征向量相关性的方法有很多，如 Euclidean 距离、马氏距离、范数和欧拉距离等。这些测度有其自身的优点和缺点，不能完全适用于本书方法。文献[201]介绍 Chi-square 距离公式。该公式在测量两个特征向量相似性的时候能够取得很好的效果，即

$$\chi^2(x, y) = \sum \frac{(x_i - y_i)^2}{(x_i + y_i)} \tag{3.33}$$

其中，$\chi^2(x, y)$ 为两个向量 $x$ 和 $y$ 的 Chi-square 距离；$x_i$ 和 $y_i$ 为两个向量中对应的元素。

可以看出，Chi-square 距离计算的是对应元素的方差与元素和的比率，比值越小说明距离越近，相似性越高，而 Euclidean 距离只是考虑对应元素的差值。在实验过程中，使用 Euclidean 距离作为相似性判别的鲁棒性不能满足匹配要求，容易出现误匹配，而 Chi-square 距离则能较好地满足本书方法的要求。

对 Chi-square 距离进一步处理，使其发生反转，即希望其最小值变为最大值。在画相关曲面图的时候能够更直观地看出最佳匹配点，即

$$\text{dist} = \exp(k\chi^2)\theta \in (0°, 360°) \tag{3.34}$$

**5. 爬山搜索**

为了提高匹配算法的运算速度，增强算法的实用性，采用爬山法[200]快速搜索。本书算法采用 Chi-square 距离作为相似性度量，其数值越大表示两幅图像相似性越低，因此本节采用式(3.34)将相关曲面图反转。这样能够更直观地看出爬山搜索得到的最佳匹配点。爬山法相关曲面示例如图 3.28 所示。

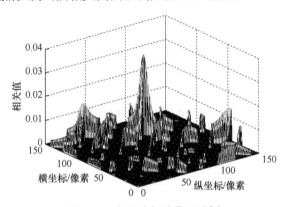

图 3.28　爬山法相关曲面示例

6. 匹配过程实现

本节将分布场理论应用于异源图像匹配问题的研究，重点解决旋转变换导致的匹配难题。在计算相似性之前，根据模板图和实时子图的主方向分布场图的位置差异，对模板图的特征空间进行重新排序，计算相似度并存入相关性矩阵。匹配算法流程如图 3.29 所示。

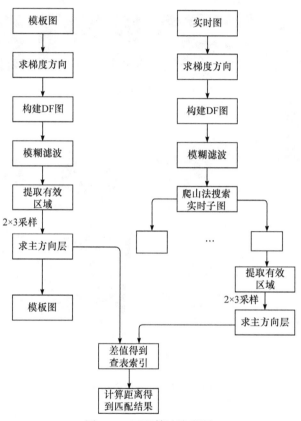

图 3.29　匹配算法流程图

### 3.4.3　匹配检测实验与分析

为了对基于梯度方向分布场图的匹配算法进行全面客观的性能测试，实验使用 8 组实地拍摄的红外及可见光图像进行测试。如图 3.30 所示，从左至右、从上到下依次编号为 1，2，···，8。图 3.30(a)为红外模板图像，大小为 $108 \times 168$；图 3.30(b)为实时可见光图像，大小为 $256 \times 256$。理论匹配中心点坐标如表 3.3 所示。首先，测试本算法对仅存在平移变换情况下的匹配，验证本算法理论的正确性。然后，为了解决旋转变换的匹配问题，分析分布场的主方向图像与旋转角度之间的关系。最后，实验验证随机角度变换情况下的匹配鲁棒性，并对比基于互信息的匹配算法，分析算法的优劣。

(a) 108×168像素红外模板图像

(b) 256×256像素实时可见光图像

图 3.30　红外与可见光实验图像

**表 3.3　理论匹配中心点坐标**

| 第一组 | 第二组 | 第三组 | 第四组 | 第五组 | 第六组 | 第七组 | 第八组 |
|---|---|---|---|---|---|---|---|
| (126, 129) | (120, 100) | (92, 141) | (159, 126) | (104, 129) | (124, 112) | (172, 122) | (150, 125) |

### 1. 平移变换匹配效果

首先，测试仅存在平移变换情况下的匹配，验证算法的有效性。如图 3.31 所示，从左到右，从上至下依次为编号 1～8 组图像的相关曲面图。可以看出，曲面的最高峰非常突出，并且峰值对应唯一一个坐标位置。因此，本书算法鲁棒性较好，适应性较强，能够完成异源图像之间的正确匹配，实验可以计算出红外模板图的分布场主方向，用 $n$ 表示。平移变换下匹配结果图如图 3.32 所示。

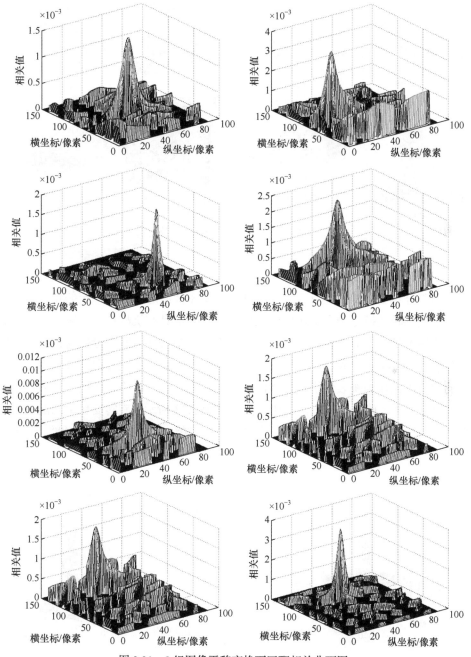

图 3.31　8 组图像平移变换下匹配相关曲面图

(a) $n=18$　　　　　　(b) $n=9$　　　　　　(c) $n=9$　　　　　　(d) $n=18$

(e) $n=2$　　　　　　(f) $n=1$　　　　　　(g) $n=1$　　　　　　(h) $n=1$

图 3.32　平移变换下匹配结果图

### 2. 旋转变换匹配效果

由于分布场本身不具有旋转不变性，异源图像组通常存在一定的角度差别，因此解决旋转变换是异源图像匹配领域最关键和最具有挑战性的难题。本节实验通过旋转可见光实时图像模拟实际旋转变换，其中每幅实时图分别随机旋转一定的角度 $\theta$，且 $\theta \in (0°, 360°)$。在匹配过程中，计算实时子图主方向与模板图主方向 $n$ 的差值可以作为查表索引。该做法相当于对模板图进行旋转变换，然后进行相似度度量计算。旋转变换下匹配相关曲面如图 3.33 所示。旋转变化下匹配结果如图 3.34 所示，其中 1～8 组分别旋转的度数为 70°、163°、−138°、−88°、155°、18°、−43°、92°。

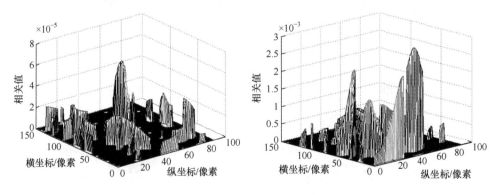

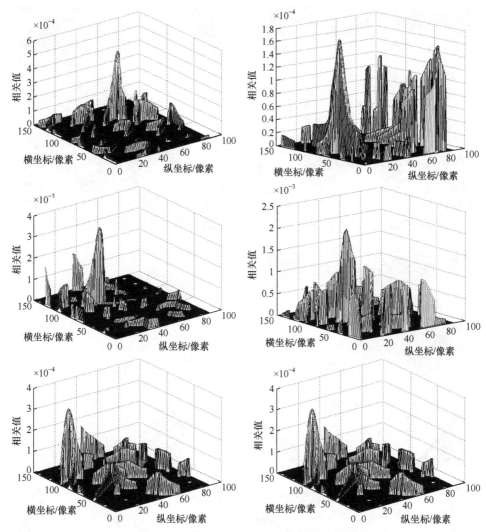

图 3.33　8 组图像旋转变换下匹配相关曲面

### 3. 实验对比分析

为了更全面地测试算法，选取基于贝叶斯互信息(Bayes MI，BMI)理论的匹配方法进行实验对比。对比实验依然选取图 3.30 所示的 8 组异源图像作为测试图像。测试方法为每幅可见光图像随机旋转 10 次与模板图进行匹配，并统计匹配成功率、匹配误差分析和实时性分析。实验结果统计如表 3.4 所示。

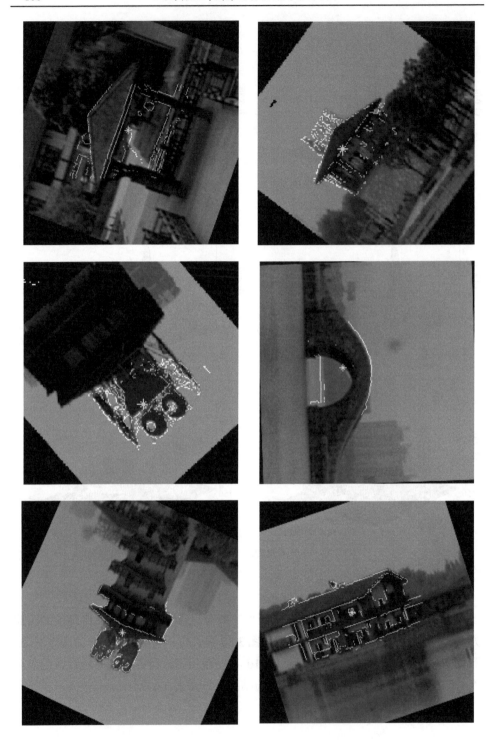

图 3.34 旋转变化下匹配结果

**表 3.4 实验结果统计**

| 项目 | 本书算法 | | | 贝叶斯互信息法 | | |
|---|---|---|---|---|---|---|
| | 成功率/% | 平均误差 | 平均耗时/s | 成功率/% | 平均误差 | 平均耗时/s |
| 第一组 | 100 | 2.8 | 2.75 | 100 | 0.8 | 22.75 |
| 第二组 | 100 | 2.6 | 2.82 | 100 | 0.6 | 20.82 |
| 第三组 | 90 | 2.2 | 2.76 | 100 | 1.2 | 18.76 |
| 第四组 | 80 | 3.4 | 2.68 | 100 | 1.4 | 21.68 |
| 第五组 | 100 | 2.6 | 2.72 | 100 | 0.6 | 22.72 |
| 第六组 | 90 | 2.5 | 2.92 | 100 | 0.8 | 19.85 |
| 第七组 | 90 | 3.0 | 2.66 | 100 | 0.9 | 20.68 |
| 第八组 | 100 | 2.3 | 2.74 | 100 | 1.2 | 21.24 |
| 平均值 | 94 | 2.7 | 2.76 | 100 | 0.92 | 21.06 |

可以看出，本书算法的成功率不如贝叶斯互信息法，并且误差也比较大，主要原因是旋转匹配过程中主方向差值索引得到的模板图与实时图旋转的角度存在一定的差异，如实时图像旋转 48°，而在匹配过程中对模板图旋转 50°与实时子图进行相似性度量。

## 3.5 基于椭圆对称方向距的异源匹配检测算法

异源匹配检测的关键是将不同层次的图像描述融合起来，设计出具有异源共性信息的稳定特征。Kim 等[202]设计出一种基于灰度强度与边缘方向的融合特征，用于可见光与红外图像的配准并取得一定效果，但是要完成匹配需要搜索的区域太大，很难实用。李壮等[203]提出空间子区一致性异源图像匹配算法，采用无差别子区划分方式，造成算法计算量过大。李想等[204]利用图像分割提取区域特征，在一定程度上减小匹配搜索空间，但是匹配效果受分割算法的影响很大。廉蔺等[205]基于最稳定极值区域成功提取可见光与红外图像的关联特征区域，但同时也提取了大量无关区域。这无疑增加了后续特征描述和匹配的难度。本节在文献[205]的基础上对异源图像的极大稳定极值区域(maximally stable external regions，MSER)特征进行同质性筛选，然后利用椭圆对称方向矩对同质区域特征进行描述，最后运用互相关性指标实现特征匹配。这种方法融合了基于像素灰度与基于图像特征两类方法的优点，能够较好地实现可见光与红外图像的匹配。

### 3.5.1　同质区域特征提取

关联特征提取是异源图像匹配的关键步骤，也是后续特征描述与特征匹配的前提和基础。通常来说，同质区域在异源图像中具有较稳定的共同属性。尽管如此，同质区域在可见光与红外图像中仍然存在较大的灰度和对比度差异，因此同质区域提取难度很大。文献[205]通过实验证明，最稳定极值区域能够有效滤除可见光与红外图像中的灰度和对比度差异，提取同质区域形成关联特征。

由于特殊的提取机理，很多 MSER 特征包含一定面积的同质区域。这是形成关联特征的基础。MSER 特征中同质区域面积越大，成为异源图像关联特征的可能性越高。本节将同质区域占特征区域面积一半以上的 MSER 特征称为同质区域特征。同质区域特征反映可见光与红外图像对同一场景的稳定共性信息，是一种潜在的关联特征。因此，如何自动选取同质区域特征是实现可见光与红外图像匹配的关键。本节利用 K-Means 聚类分割算法[206]对每个 MSER 特征区域进行分割，判断最大分割区域是否超过所在特征区域面积的一半。如果超过则确定为同质特征区域，通过同质区域特征选取后，大量无关干扰区域被剔除，关联特征的比例大为提升。关联区域特征提取结果图如图 3.35 所示。

具体选取步骤如下。

① 提取可见光或红外图像的所有 MSER 特征区域，记为 $M_i$，$i=1,2,\cdots,N$。针对 $M_i$ 选取 $K$ 个分类数目，随机选取 $K$ 个像素均值作为初始聚类中心。

② 在第 $i$ 次迭代时，计算每一个像素与所有聚类中心的距离，并将其赋给距离最近的类，即 $H=\min\left\{\left\|x^*-u_j^{(i)}\right\|,j=1,2,\cdots,K\right\}$，则 $x^*\in P_j^{(i)}$，$x^*$ 表示图像像素的灰度值，$P_j^{(i)}$ 表示在第 $i$ 次迭代后赋给第 $j$ 类的像素集合，$u_j^{(i)}$ 表示该集合的均值。

(a) 可见光图像

(b) 可见光图像MSER特征提取

(c) 可见光图像同质区域提取

(d) 红外图像

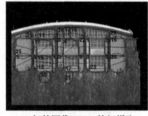
(e) 红外图像MSER特征提取

(f) 红外图像同质区域提取

图 3.35　关联区域特征提取结果图

③ 重新计算新的聚类中心，更新类的均值 $u_j^{(i)} = \sum_{x^* \in P_j^{(i)}} x^*/N_j$ ，其中 $N_j$ 为 $P_j^{(i)}$ 中的像素个数。

④ 遍历所有像素，如果对于 $j = 1,2,\cdots,K$ ，都有 $u_j^{(i)} = u_j^{(i+1)}$ ，则算法收敛；否则，返回②继续下一次迭代。

⑤ 计算 $T = \max(N_j)/M_i^n$ ，其中 $N_j$ 表示聚类算法收敛后第 $j$ 类的像素个数，$M_i^n$ 表示第 $i$ 个特征区域的像素个数。如果 $T > 0.5$ ，则 $M_i$ 定为同质特征区域。

### 3.5.2　基于椭圆对称方向矩的异源特征匹配

区域特征包含丰富的图像信息，在异源匹配中具有更好的适应性。如何对特征进行有效描述是进行特征匹配的关键，区域特征也不例外。Hasan 等[207]利用交叉累积剩余熵(cross-cumulative residual entropy，CCRE)描述灰度特征，用于多模卫星图像的配准。Wang 等[208]将 SIFT 描述子用于异源匹配，虽然取得不错的匹配效果，但计算量过大是个无法回避的问题。李想等[209]提出一种方向矩特征描述方法，利用异源图像同名点邻域灰度分布的对应性实现匹配，但需要预测搜索范围，否则计算量会非常大。另外，这种方向矩是建立在圆形邻域上的像素结构描述，会出现较多的重复匹配现象。

1) 椭圆对称方向矩

前面通过同质区域特征提取得到可见光与红外图像的潜在关联特征。这些特征内部含有灰度均匀的同质区域，但这些区域内部灰度信息并不相关。相反，区域边缘的同名点，由于灰度变化剧烈，却有一定的相关性，因此这里设计一种椭圆对称方向矩(elliptic symmetric directional moment，ESDM)描述同质区域特征的相似程度。椭圆对称方向矩示意图如图 3.36 所示。其中，$a$ 为椭圆长半轴长度，$b$ 为椭圆短半轴长度，$M$ 为采样分辨率常数。

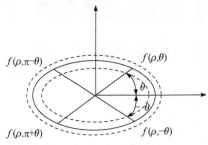

图 3.36　椭圆对称方向矩示意图

以特征区域拟合椭圆中心为原点建立极坐标系，用距离 $\rho$ 和方位角 $\theta$ 表示椭圆上的点。由于椭圆拟合过程中，椭圆上点的坐标可能出现亚像素现象，因此这里规定灰度值 $f$ 取其四个邻域的中值。特征区域的椭圆对称方向矩在 $\theta_k(\theta \in [0,\pi)$，$k = 1,2,\cdots,D)$ 方向上的分量定义为

$$M(\rho,\theta_k) = \sum_{n=1}^{N} \rho_n \left( \left| f(\rho_n,\theta_k) - f(\rho_n,\pi+\theta_k) \right| + \left| f(\rho_n,-\theta_k) - f(\rho_n,\pi-\theta_k) \right| \right) \quad (3.35)$$

距离 $\rho_n$ 可以通过式(3.36)求出，即

$$\rho_n = \frac{n}{M}\sqrt{(a\cos\theta_k)^2 + (b\sin\theta_k)^2} \quad (3.36)$$

椭圆对称方向矩的设计原则如下。

① 应能在噪声干扰下，描述特征区域边缘各方向的像素结构式。

② 只对特征区域边缘的椭圆带状区域(图 3.36 虚线之间的区域)进行计算，一方面考虑同质区域边缘较内部含有丰富的灰度特征，另一方面考虑尽量减少计算量。

③ 考虑异源图像可能出现对比度反转，同名点方向矩可能出现负相关，因此在矩分量中的灰度差都加上绝对值。

④ 由于可见光与红外图像中的关联区域可能发生 180°的旋转，因此采用两个对称方向的灰度差之和作为一个方向矩分量。

2) 特征匹配

在早期模板匹配中，互相关性作为一种很好的匹配量度得到广泛应用，但是它不适应旋转、扭曲等畸变。这里提取的区域特征是 MSER 特征，可以消除扭曲

变形、尺度大小和旋转方向上的差异。因此，这里引入异源特征区域之间的互相关性指标 Ycorr 作为匹配量度，即

$$\text{Ycorr} = \frac{\sum_{k=1}^{D}\sum_{n=1}^{N} M_{rt}(\rho_n,\theta_k) \cdot M_{\text{ref}}(\rho_n,\theta_k)}{\left(\sum_{k=1}^{D}\sum_{n=1}^{N} M_{rt}^2(\rho_n,\theta_k)\right)^{1/2} \left(\sum_{k=1}^{D}\sum_{n=1}^{N} M_{\text{ref}}^2(\rho_n,\theta_k)\right)^{1/2}} \tag{3.37}$$

其中，$M_{rt}(\rho_n,\theta_k)$ 和 $M_{\text{ref}}(\rho_n,\theta_k)$ 为红外实时图像和可见光基准图像中的关联区域的椭圆对称矩分量。

基于可见光基准图像提取的同质特征区域数量不多，且互相关性指标计算简单，因此可以采用穷尽搜索法与红外实时图像进行特征区域匹配。具体过程是对基准图像上的每一个特征，在实时图像上搜索所有可匹配区域，通过经验阈值选取可能的匹配区域，然后取互相关性指标最大的一对作为匹配结果。上述过程仍然可能出现一对多的匹配结果。针对这个问题，采用匹配矫正策略剔除误匹配。

### 3.5.3　检测算法实验与分析

本节相对定位识别算法是建立在可见光和红外图像异源匹配的基础上，因此首先进行异源图像匹配实验，然后进行目标定位识别。实验环境为 Core(TM) CPU I7-7700 3.60GHz/4GB 内存。

1) 红外与可见光图像配准实验

首先，对多种场景的可见光与红外匹配图像对进行同质特征区域提取实验。然后，用本书算法与方向矩法、MI 法进行匹配性能比较实验。为了增强实时性，针对性实验参数准备如下。

① 方向数。方向数划分越多，分辨率越高，但计算量也越大。实验中，本节椭圆对称方向矩算法将$[0，\pi)$的角度范围均分为 8 个方向；传统方向矩算法将$[0，2\pi)$的角度范围均分为 8 个方向。

② 椭圆对称矩采样数。在椭圆内外等距离的带状区域内采样，$M=10$、$n=7$，$8,\cdots,13$。

③ 传统方向矩法的采样半径分别取拟合椭圆的短半轴($r=b$)和长半轴($r=a$)两种情况。

④ 为了增强实时性，更加接近工程应用，可见光基准图像的特征提取与描述都在匹配前进行，匹配时只需对红外实时图像进行特征处理。

实验选取 10 组不同场景类型的异源图像，首先对每组异源图像进行关联特征的人工提取，并计算关联特征在 MSER 特征中的比例。然后，根据本书算法从异源 MSER 特征中提取同质区域特征，并人工选出关联特征，计算关联特征比例。

表 3.5 给出了关联特征提取实验结果。从实验结果可以看出，经过同质区域特征自动选取后，区域特征总数大幅下降，但关联特征数目并未明显下降，从而使异源图像的关联特征比例大幅提升。这对于提高匹配成功率和实时性都很有帮助。另外，实验发现，同质区域特征的数量受场景类型制约，对于分辨率较高、纹理丰富的场景图像，同质区域特征很少，导致关联特征较少甚至没有。例如，表 3.5 中第九组数据就是一个特例。造成这种结果的本质原因是，MSER 特征区域内丰富的纹理将同质区域分割过小，从而无法形成同质区域特征。

**表 3.5　关联特征提取实验结果**

| 项目 | 序号 | | | | | | | | | |
|---|---|---|---|---|---|---|---|---|---|---|
| | 1 | 2 | 3 | 4 | 5 | 6 | 7 | 8 | 9 | 10 |
| 可见光图 MSER 个数 | 40 | 107 | 55 | 79 | 25 | 53 | 98 | 47 | 34 | 46 |
| 红外图 MSER 个数 | 30 | 89 | 41 | 70 | 19 | 47 | 65 | 22 | 30 | 28 |
| 关联特征个数 | 13 | 27 | 19 | 23 | 8 | 29 | 5 | 3 | 2 | 5 |
| 可见光图关联特征比例/% | 32.5 | 25.2 | 34.5 | 29.1 | 32.0 | 54.7 | 5.1 | 6.4 | 5.9 | 10.9 |
| 红外图关联特征比例/% | 43.3 | 30.3 | 46.3 | 32.9 | 42.1 | 61.7 | 7.7 | 13.6 | 6.7 | 17.9 |
| 可见光图同质特征个数 | 16 | 48 | 38 | 18 | 15 | 22 | 32 | 15 | 7 | 25 |
| 红外图同质特征个数 | 17 | 29 | 34 | 25 | 12 | 18 | 21 | 10 | 9 | 14 |
| 关联特征个数 | 9 | 21 | 17 | 14 | 8 | 16 | 3 | 2 | 0 | 5 |
| 可见光图关联特征比例/% | 56.3 | 43.8 | 44.7 | 77.8 | 53.3 | 72.7 | 9.4 | 13.3 | 0 | 20.0 |
| 红外图关联特征比例/% | 52.9 | 72.4 | 50.0 | 56.0 | 66.7 | 88.9 | 14.3 | 20.0 | 0 | 35.7 |

在关联特征提取实验的基础上，各算法针对每组提取的同质区域特征进行匹配实验，分别进行 527 次同质区域特征对匹配。如表 3.6 所示，本书算法相对于传统算法具有更高的正确匹配率。尽管方向矩法($r=a$)也有较高的正确匹配率，但计算时间是本算法的近两倍。

**表 3.6　异源图像匹配实验结果**

| 项目 | 本书算法 | 方向矩法($r=a$) | 方向矩法($r=b$) | 互信息法 |
|---|---|---|---|---|
| 同质区域特征对正确匹配率/% | 95.6 | 91.8 | 62.3 | 50.7 |
| 总耗时/ms | 2145.6 | 4158.3 | 3254.9 | 3546.4 |

如图 3.37 所示，互信息法和方向矩法($r=b$)仅考虑区域内部灰度信息，出现区域差异较大的误匹配；方向矩法($r=a$)尽管可以克服上两种算法的缺点，但是对于形状、灰度相似的区域还是出现误匹配；本书算法能充分利用区域边界的灰度变

化特征，区分相似区域，没有出现误匹配现象。

(a) 场景1本书算法

(b) 场景1方向矩法($r=a$)

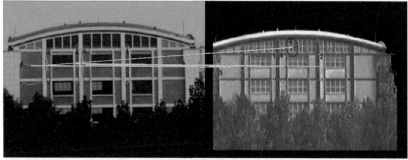

(c) 场景1方向矩法($r=b$)

(d) 场景1MI法

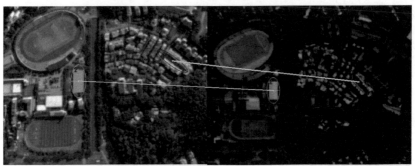

(e) 场景2本书算法

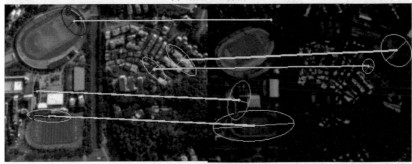

(f) 场景2互信息法

(g) 场景3本书算法

(h) 场景3方向矩法($r=a$)

图 3.37　不同算法匹配实验结果对比图

2) 基于异源图像匹配的目标相对定位实验

仿真实验充分利用上面异源图像的配准结果进行目标相对定位识别。实验选择前视、下视和斜视三种场景情况进行定位识别。如图 3.38 所示，第一幅图像的匹配点对较多，相对定位精度较高；第二幅图的匹配点对数量小于 3，不能进行

(a) 前视相对定位结果

(b) 下视相对定位结果

(c) 斜视相对定位结果

图 3.38　异源图像目标相对定位实验结果图

相对定位；第三幅图像匹配点对数量较少，相对定位误差明显。实验结果充分反映出目标相对定位识别算法的识别精度，主要取决于特征匹配的结果，正确匹配匹配点越多，定位识别精越高。

综合上述研究可知。

① 利用最稳定极值区域能够提取可见光与红外图像的潜在关联特征,利用聚类分割算法自动选取同质区域特征，可以使关联特征的比例大幅上升，将异源图像之间匹配区域缩小到较小范围内。

② 相对于文献[210]中的方向矩法，本节选用同质特征区域作为异源匹配对象，可以摆脱对异源图像的全局匹配搜索，减少计算量。实验证明，本节利用匹配区域边界附近的椭圆对称矩作为异源特征描述方法，相比其他几种经典方法，其正确匹配率和实时性上都有提升。

③ 本书算法并非适用所有场景类型，特别是对几何畸变干扰较大的场景匹配成功率较低。因此，下一步工作的重点是研究算法对异源图像几何畸变的适应性。

## 3.6 本章小结

相比于同源模板匹配，异源图像之间的匹配问题要复杂得多，目前相关研究主要集中在多源传感器信息融合等方面。异源模板匹配的难点在于，它不具有同源图像灰度间的线性映射关系，即一幅图中相同灰度的区域在另一幅图中也必然具有相似的灰度特征，因此无法直接采用传统的灰度相关类算法进行匹配[7]。本章系统介绍基于边缘检测的异源图像匹配算法，并通过仿真实验对算法进行性能分析；介绍基于互信息度量的异源图像匹配算法，从灰度和梯度两个方面进行分析和实验验证；提出一种梯度方向分布场的异源匹配检测算法，将分布场描述引入异源匹配检测领域，通过定义分布场主方向，解决异源匹配检测中的旋转问题；提出一种基于椭圆对称方向距的异源匹配检测算法，利用最稳定极值区域提取可见光与红外图像的潜在关联特征，聚类分割算法自动选取同质区域特征，提升关联特征的比例，实现异源图像的准确匹配检测。

生成式对抗网络(generative adversarial networks，GAN)是一种深度学习模型，是近年来复杂分布上无监督学习最具前景的方法之一。模型通过框架中的(至少)两个模块，即生成模型和判别模型，GAN 的实现方法是让生成模型和判别进行博弈，通过相互竞争让这两个模型同时得到增强。由于判别模型的存在，生成模型在没有大量先验知识和先验分布的前提下也能很好地学习逼近真实数据，并最终让模型生成的数据达到以假乱真的效果。GAN 的出现为图像的匹配检测提供了新思路和智能化解决方案。通过 GAN 来实现异源匹配的高精度匹配，有望成为未来较长时间内的研究热点。

# 第4章 基于深度学习的红外图像显著目标检测

深度学习是近些年来被广泛关注和研究的课题，也是互联网大数据和 AI 的研究热点。毋庸置疑的是，深度学习是机器学习领域近十年最成功的研究内容。本章重点研究基于深度学习的显著目标检测技术。对典型的深度学习结构，以及基于深度学习的目标检测流程进行总结；结合多尺度局部非极大抑制和边缘信息，提出一种基于目标建议的目标实时图候选区域选取方法，来提高目标检测的效率；通过改变卷积核的大小、数量及网络层数，设计不同结构的 CNN，并提出一种基于级联 CNN 的目标检测算法，提高检测的有效性；重点分析目标多视点图像仿真生成算法，为目标数据库的制备提供基础。

## 4.1 引　　言

2006 年，伴随着学术界和工业界对深度学习越来越大的需求，以及计算机硬件的迅猛发展，AI 技术得到快速的发展。神经网络之父 Hinton 在 *Science* 上发表文章，首次提出深度学习。这篇文章包含两个主要观点。第一，多隐层的 ANN 能力特别强，尤其在特征学习方面能够对特征进行深度挖掘描述，对未知事物做更加准确的描述及预判。第二，能够克服深度神经网络在训练方面的难题，即通过逐层初始化的方法实现。因此，这篇文章是机器学习新领域——深度学习的开始。深度学习方法的提出在学术圈引起巨大的反响，以斯坦福大学、多伦多大学为代表的众多世界知名高校纷纷投入巨大的人力、财力进行深度学习领域的相关研究，而后又迅速蔓延到工业界中。

2012 年是深度学习发展的黄金期，美国制药巨头默克集团首次应用深度学习预测各类分子中哪些分子可能成为药品，并在实践中取到良好效果，在制药领域引起巨大反响。Google 公司由权威的 AI 学者和计算机科学家主导[211]，设计了一个包含 16000 个 CPU 的机器学习模型，训练大规模深度神经网络，能够从海量训练数据中挖掘深度特征，实现分类和预测。同年 10 月，Krizhevsky 等[212]凭借深度学习训练了一个大型的深度 CNN，一举获得 ImageNet 图像分类大赛冠军。该网络有 6000 万个参数顿号 650000 个神经元和 5 个卷积层，比使用传统手工特征的准确率高出将近 10%，作为关键技术的深度学习技术也首次进入人们的视野。2013 年，百度成立深度学习研究所，欧洲委员会发起仿造人类大脑的超级计算机项目的研究工作。2014 年，DeepFace 出现，将人脸识别的正确率提升到 97.35%，较之前提高 27%。2015 年 10 月，Google 投资一家德国 AI 研究中心，目的在于挖掘 AI 领域的潜在能力，11 月宣布开源第二代深度学习系统。2016 年，谷歌公司基于深度学习开发的 AlphaGo 以 4∶1 战胜国际顶尖围棋高手李世石，成为 AI 历史上的一座里程碑。

2017 年，基于强化学习算法的 AlphaGo 升级版 AlphaGo Zero 横空出世。其采用从零开始、无师自通的学习模式，以 100∶0 的比分轻而易举打败了之前的 AlphaGo。除了围棋，它还精通国际象棋等其他棋类游戏。此外，深度学习的相关算法在医疗、金融、艺术和无人驾驶等多个领域均取得显著的成果。

由此可见，深度学习技术应用领域不断扩大并取得很多应用成果，将深度学习与目标检测结合将成为军事领域的一个热点研究课题，对于未来复杂多变的战争环境下提高飞行器精确导航与制导能力具有重大意义。

## 4.2　基于深度学习的目标检测框架分析

本节对深度学习的目标检测框架进行分析，重点对深度学习的结构、经典的目标检测算法，以及目标建议方法进行分析，为后续研究基于深度学习的空地目标检测算法提供基础。

### 4.2.1　典型深度学习结构

本节介绍稀疏自编码器、深度置信网(deep belief net，DBN)和 CNN 三个典型深度学习结构，并对 CNN 的结构和训练过程进行详细说明。

#### 1. 稀疏自编码器

自编码器[213]是一种无监督学习算法，用于降维和特征提取的神经网络。自编码器的核心思想是对输入信号编码，使用编码后的信号重建原始信号，尽量让原始信号与重建信号之间的误差最小。假设原始输入信号为 $x$，通过自编码器训练后的重建信号为 $y(x)$。自编码器就是尽可能使 $y(x)$ 与 $x$ 之间的误差最小，用 $y(x)$ 重构 $x$。计算机视觉中常用的 K-Means 聚类、稀疏编码和主成分分析等方法都可以理解为一个自编码器。它们的思想都是通过将信号编码为另一种形式，有效提取信号中的主要信息，从而获得更简洁的表达。

如图 4.1 所示，自编码器尝试学习 $h_{W,b}(x) \approx x$ 的函数，是一个逼近恒等函数，从而使输出 $\hat{x}$ 接近输入 $x$。自编码器是一个 3 层的神经网络结构，其中 $L_1$ 和 $L_3$ 分别为输入层和输出层，$L_1$ 中 $x = \{x_1, x_2, \cdots, x_m\}$，$L_3$ 中 $\hat{x} = \{\hat{x}_1, \hat{x}_2, \cdots, \hat{x}_m\}$，$m$ 为节点个数。

$L_2$ 为中间隐层，由 $k$ 个节点构成，其中 $z = \{z_1, z_2, \cdots, z_k\}$。输入层的节点数与输出层节点数相等，$\hat{x}$ 通过隐层节点 $z$ 对 $x$ 重构，通常隐层的维度比输入层小，即 $k < m$。两层间的权重用矩阵 $W^{(1)} = \{w_{11}^{(1)}, w_{12}^{(1)}, \cdots, w_{km}^{(1)}\}$ 和 $W^{(2)} = \{w_{11}^{(2)}, w_{12}^{(2)}, \cdots, w_{mk}^{(2)}\}$ 表示，其中 $w_{ji}^{(1)}$ 表示输入层第 $i$ 节点与隐层第 $j$ 个节点之间的权重。令 $b^{(1)} = \{b_1^{(1)}, b_2^{(1)}, \cdots, b_k^{(1)}\}$ 和 $b^{(2)} = \{b_1^{(2)}, b_2^{(2)}, \cdots, b_m^{(2)}\}$ 表示隐层和输出层的偏置项，$b_j^{(1)}$ 是隐层第 $j$ 个节点的偏置值，则隐层第 $j$ 个节点的输入值定义为

$$z_j = \sum_{i=1}^{m} w_{ji}^{(1)} x_i + b_j^{(1)} \tag{4.1}$$

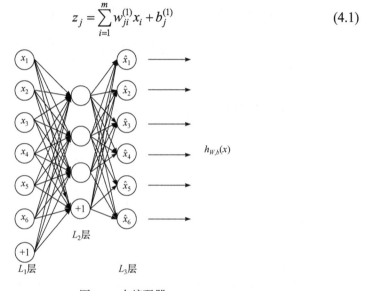

图 4.1　自编码器

每个隐层节点的输出值是 $a_j = f(z_j)$，其中 $f(z)$ 为 sigmoid 激活函数。输出值 $\hat{x}$ 为

$$\hat{x}_i = f\left(\sum_{j=1}^{k} w_{ij}^{(2)} a_j + b^{(2)}{}_i\right) \tag{4.2}$$

自编码器最终是学习一个拟合函数 $f_\theta$，对输入数据 $x$ 有 $f_{W,b}(x) = \hat{x} \approx x$，需要尽可能缩小训练样本 $x$ 与输出向量 $\hat{x}$ 之间的误差 $J(W,b)$，即

$$J(W,b) = \frac{1}{2t} \sum_{i=1}^{t} \left\| \hat{x}^{(i)} - x^{(i)} \right\|^2 + \lambda \|W\|^2 \tag{4.3}$$

其中，等号右侧第二项是权重衰减项，其目的是减小权重的幅度，防止过度拟合。

当神经元的输出接近 1 的时候认为它被激活，输出接近 0 的时候认为它被抑

制，那么使神经元大部分的时间都是被抑制的限制称为稀疏性限制。设 $a_j^{(2)}(x)$ 是在给定输入为 $x$ 情况下，神经元 $j$ 的激活度，则神经元 $j$ 在所有的输入样本中的平均活跃度为

$$\hat{p} = \frac{1}{m} \sum_{i=1}^{m} \left( a_j^{(2)}(x^{(i)}) \right) \tag{4.4}$$

假设 $p$ 为稀疏性参数，自编码器中加入稀疏限制 $\hat{p} = p$ 来指定隐层节点被激活的概率，$p$ 一般为接近 0 的实数，目的是最小化隐层的激活值。为了实现稀疏性限制，在优化目标函数中会加入一个惩罚因子，即

$$\sum_{j=1}^{s_2} p \log \frac{p}{\hat{p}_j} + (1-p) \log \frac{1-p}{1-\hat{p}_j} \tag{4.5}$$

其中，$s_2$ 为隐层神经元数量。

总体代价函数可以表示为

$$J_{\text{sparse}}(W, b) = J(W, b) + \beta \sum_{j=1}^{s_2} \text{KL}(p \| \hat{p}_j) \tag{4.6}$$

其中，$\text{KL}(p \| \hat{p}_j) = p \log \frac{p}{\hat{p}_j} + (1-p) \log \frac{1-p}{1-\hat{p}_j}$ ，是一种标准的用来测量两个分布之间差异的方法。

## 2. 深度置信网

DBN[214]是目前研究和应用都比较广泛的深度学习结构。与传统区分型神经网络不同，DBN 可获取观测数据和标签的联合概率分布。这方便了先验概率和后验概率的估计，而传统区分模型仅能对后验概率进行估计。DBN 可以解决传统 BP 算法训练多层神经网络的难题，即需要大量含标签训练样本集，较慢的收敛速度，以及因不合适的参数选择陷入局部最优。该模型将多层神经网络分解成多个受限玻尔兹曼机(restricted Boltzmann machine，RBM)的叠加，并逐层训练 RBM。

RBM(图 4.2)是一种典型的神经网络模型，其层内无连接，可视层与隐层单元彼此互连。RBM 定义了一种基于能量的概率分布模型，具有强大的无监督学习能力，能够从复杂数据中有效地获得数据信息。

RBM 的所有节点都是描述二值离散变量的伯努利分布，其能量函数为

$$E_{\text{RBM}}(v, h : \theta) = -v^{\text{T}} W h - b^{\text{T}} v - a^{\text{T}} h = -\sum_{i=1}^{V} a_i u_i - \sum_{j=1}^{H} b_j h_j - \sum_{i=1}^{V} \sum_{J=1}^{H} u_i W_{ij} h_j \tag{4.7}$$

其中，$\theta = \{W, a, h\}$ 为模型参数；$W_{ij}$ 为第 $i$ 个可视层节点与第 $j$ 个隐层节点间连接

权重；$a_i$ 与 $b_j$ 为可视单元与隐层单元所对应的偏置；关于 $(v,h)$ 的联合概率服从玻尔兹曼分布，即

$$P(v,h:\theta) = \frac{1}{Z(\theta)}\exp(-E_{\text{RBM}}(v,h:\theta)) \tag{4.8}$$

可视层的边际概率分布的似然函数为

$$P(v|\theta) = \sum_h P(v,h:\theta) = \frac{1}{Z(\theta)}\sum_h \exp(-E_{\text{RBM}}(v,h:\theta)) \tag{4.9}$$

其中，$Z(\theta)$ 为归一化函数。

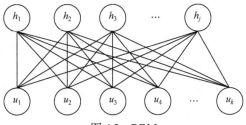

图 4.2  RBM

RBM 的结构决定同一层不同单元的激活状态条件独立，即

$$P(h_j = 1|v,\theta) = \sigma\left(b_j + \sum_{i=1}^{v} u_i W_{ij}\right) \tag{4.10}$$

$$P(u_i = 1|v,\theta) = \sigma\left(a_j + \sum_{j=1}^{H} h_j W_{ij}\right) \tag{4.11}$$

其中，$\sigma$ 为 sigmoid 函数。

如果增加 RBM 的隐藏层数，就可以得到深度玻尔兹曼机。在靠近可视层的部分使用贝叶斯信念网络，在最远离可视层的部分使用 RBM，就可以得到深度信念网络。深度玻尔兹曼机和 DBN 如图 4.3 所示。

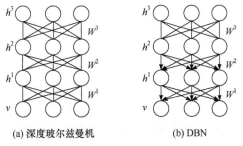

(a) 深度玻尔兹曼机        (b) DBN

图 4.3  深度玻尔兹曼机和 DBN

利用无监督学习算法逐层对整个 DBN 网络的参数进行初始化，然后利用 BP 算法对模型参数进行全局精调，完成整个 DBN 网络的学习过程。DBN 模拟人的视觉系统对系统信息分级处理，高层特征是低层特征组合，低层到高层的特征越来越抽象。抽象层面越高，越有利于识别。

### 3. 卷积神经网络

CNN[215,216]是第一个真正训练多层网络结构的学习算法，受视觉系统结构启示，当具有相同参数的神经元应用于前一层的不同位置时，可以获取一种变换不变特征。该网络可以直接输入原始图像，避免对图像进行复杂的前期预处理，因此得到广泛的应用。

### 1) CNN 结构

CNN 实质上是很多特征提取层形成的可进行训练的多层系统构型。其每个特征提取层都涵盖 1 个卷积层和 1 个池化层。CNN 的体系结构是为了利用输入图像的二维结构而设计的，1 个典型的 CNN 由多个这样的特征提取阶段构成，之后是单个或多个全连接层，最后为一个输出层。图 4.4 所示为包括 2 个特征提取层的 CNN。每一层的介绍如下。

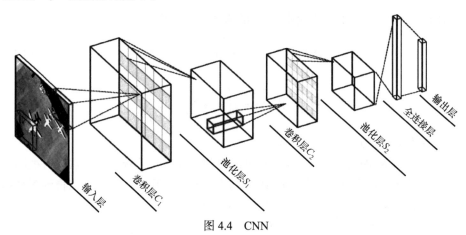

图 4.4　CNN

① 卷积层(C 层)。假定第 $l$ 层是卷积层，输入是 $x^{l-1} = \left\{ x_1^{l-1}, x_2^{l-1}, \cdots, x_m^{l-1} \right\}$，通过可训练滤波器组 $k^l = \left\{ k_1^l, k_2^l, \cdots, k_n^l \right\}$ 对其实施卷积，并加上一个偏置 $b$，传输到激活函数能够获得输出特征图集合 $x^l = \left\{ x_1^l, x_2^l, \cdots, x_n^l \right\}$。函数表达为 $x_j^l = f\left( \sum_{i \in M_j^l} k_j^l \times x_i^{l-1} + b_j^l \right)$，$M^l = \left\{ M_1^l, M_2^l, \cdots, M_n^l \right\}$ 为输入特征集合，$k$ 为卷积核，$k_j^l$ 为

卷积层 $l$ 第 $j$ 个神经元相应的卷积核中元素，$b$ 为偏置项，$b_j^l$ 为卷积层 $l$ 第 $j$ 个神经元的偏置。$f(\cdot)$ 表示激活函数，常见的有 tanh、sigmoid、ReLu 等激活函数。CNN 运用几个不同的卷积层和相同的卷积层提取局部特征，并得到二维特征关系。对于相同局部区域，用方向、大小、偏置都不相同的卷积核获取此感受野内存在的全部特征映射，并从中获取对平移和旋转都具备突出鲁棒性的特征。

② 池化层(S层)。设第 $l$ 层为池化层，将特征图集合 $x^{l-1}=\left\{x_1^{l-1},x_2^{l-1},\cdots,x_m^{l-1}\right\}$ 输入，在一定尺寸的窗口里完成池化过程，获得输出特征图集合 $x^l=\left\{x_1^l,x_2^l,\cdots,x_n^l\right\}$，表达式为 $x_j^l=f(\mathrm{down}(x_j^{l-1})\times\beta_j^l+b_j^l)$。公式说明了池化层 $l$ 第 $j$ 个神经元降采样后的输出，其中 $\beta$ 为连接权重，$\mathrm{down}(\cdot)$ 为降采样函数，$b$ 为加性偏置。目前较为普遍的操作是求图像输入的多个 $n\times n$ 块内所有像素之和。这样，图像输出都能够变小 $\dfrac{1}{n}$。

CNN 通过卷积层和池化层，构成深度结构特征抽取器。CNN 的卷积层一般包括多个特征图。每个特征图都由许多矩形排列的神经元构成，相同特征平面的神经元权值共享，而这种共享的权值就被称作卷积核。卷积核通过随机小数矩阵的方式完成初始化，而网络通过训练卷积核就会学到适当的权值。共享权值可以降低网络不同层间连接的复杂程度，同时减小过拟合的概率。

2) CNN 训练

CNN 的训练是监督学习，数据输入形式是样本数据和样本标签。训练过程和 BP 神经网络的训练类似，主要分为 3 个阶段，即前向传播、反向传播、权重更新。

① 前向传播。从训练集中选取一个样本 $(X_p,Y_p)$，把 $X_p$ 输入 CNN，经过多层卷积和池化后获得输出 $O_p$，通过平方误差损失函数完成推导，即

$$E^N=\frac{1}{2}\sum_{n=1}^{N}\sum_{k=1}^{c}(t_k^n-y_k^n)^2 \tag{4.12}$$

其中，$t_k^n$ 为第 $n$ 个样本相应标签的第 $k$ 维；$y_k^n$ 为第 $n$ 个样本相应网络输出的第 $k$ 个输出；$c$ 为样本类型数；$N$ 为训练数据集总数。

针对多类问题，通常的输出形式是 one-of-c，即只有该输入相应类别输出节点的输出是正数，其余类别的位或者节点非正，而输出结果由输出层的激活函数类型决定。例如，sigmoid 的输出是 0，tanh 的输出是-1。本节探讨二分类的目标检测问题，因此 $c=2$。

由于所有训练集的误差仅是单个训练样本的误差之和，因此先考虑针对单个样本的 BP。对于第 $n$ 个样本 $x^n$ 的误差，即

$$E^N = \frac{1}{2}\sum_{k=1}^{c}(t_k^n - y_k^n)^2 = \frac{1}{2}\left\|t_k^n - y_k^n\right\|_2^2 \tag{4.13}$$

在全连接神经网络中，应当依照 BP 规则计算损失函数 $E$ 对网络每个权值的偏导。以 $l$ 表征当前层，其输出为

$$x^l = f(u^l), \quad u^l = W^l x^{l-1} + b^l \tag{4.14}$$

其中，$f(\cdot)$ 为输出激活函数，通常为 sigmoid 函数；$W$ 为权重矩阵；$b$ 为偏置项。

② 反向传播。反向传播的意义是求实际和理想输出的差，依照误差最小化的原则完成误差反向传播并调节权值矩阵。这里说明一个新概念，即把偏置 $b$ 称作基，以基的灵敏度作为反向传播误差，以代价函数 $E$ 对基 $b$ 的偏导表示灵敏度，即

$$\frac{\partial E}{\partial b} = \frac{\partial E}{\partial u}\frac{\partial u}{\partial b} = \delta \tag{4.15}$$

其中，$\partial u / \partial b = 1$；$\partial E / \partial b = \partial E / \partial u = \delta$，即基的灵敏度 $\delta$ 与误差 $E$ 对某个节点所有输入 $u$ 的导数 $\partial E / \partial u$ 相同。

反向传播使用下式表征第 $l$ 层的灵敏度，即

$$\delta^l = (W^{l+1})^{\mathrm{T}}\delta^{l+1} \circ f'(u^l) \tag{4.16}$$

其中，$\circ$ 表示每个元素相乘。

输出层神经元的灵敏度为

$$\delta^L = f'(u^L) \circ (y^n - t^n) \tag{4.17}$$

对每个神经元利用 $\delta$ 规则完成权值更新，也就是对某个给定的神经元，获得其输入，继而使用此神经元的 $\delta$ 完成缩放，即

$$\frac{\partial E}{\partial W^l} = x^{l-1}(\delta^l)^{\mathrm{T}} \tag{4.18}$$

$$\Delta W^l = -\eta\frac{\partial E}{\partial W^l} \tag{4.19}$$

式(4.18)针对第 $l$ 层，误差对此层每个权值的偏导，是此层输入(等于上一层输出)与每个神经元灵敏度的向量积。式(4.19)表征获得的偏导数与一个负学习率的乘积，即此层神经元权值的更新。

3) 权重更新

(1) 卷积层权重更新

设卷积层 $l$ 之后均为池化层 $l+1$，为准确计算层 $l$ 的灵敏度，需要上采样对池化层 $l+1$ 相应的误差信号图(由 $l+1$ 层的误差信号组成的图)，以确保误差信号图尺

寸和卷积层的特征图尺寸相同。然后，把第 $l$ 层特征图激活值的偏导数和由第 $l+1$ 层上采样获得的误差信号图进行逐元素相乘。池化层中的权值都选择某个相同常数 $\beta$，因此仅需把上个步骤获得的值和 $\beta$ 相乘就能得到第 $l$ 层灵敏度 $\delta^l$ 的值。因此，第 $l$ 层第 $j$ 幅特征图的灵敏度为

$$\delta_j^l = \beta_j^{l+1}(f'(u_j^l) \circ \mathrm{up}(\delta_l^{l+1})) \tag{4.20}$$

其中，$\mathrm{up}(\cdot)$ 为上采样操作。

对层 $l$ 中误差信号图的所有节点进行求和，可以得到基 $b$ 的梯度，即

$$\frac{\partial E}{\partial b_j} = \sum_{u,v}\left(\delta_j^l\right)_{uv} \tag{4.21}$$

最后，通过 BP 算法计算卷积核权值的梯度。另外，所以针对某个给定的权值，需要对全部和该权值相关的连接在此点求梯度，再求这些梯度之和，即

$$\frac{\partial E}{\partial k_{uv}^l} = \sum_{u,v}\left(\delta_j^l\right)_{uv}\left(p_i^{l-1}\right)_{uv} \tag{4.22}$$

其中，$\left(p_i^{l-1}\right)_{uv}$ 为 $x_i^{l-1}$ 和 $k_{ij}^l$ 逐元素互乘的对应区域。

在 MATLAB 中，可以通过内置的卷积函数加以实现，即

$$\frac{\partial E}{\partial k_{uv}^l} = \mathrm{rot}180\left(\mathrm{conv2}(x_j^{l-1}, \mathrm{rot}180(\delta_j^l)), \mathrm{'valid'}\right) \tag{4.23}$$

(2) 池化层权重更新

假如池化层后是一个全连接网络，经由 BP 算法能够获得相应的误差信号图。假如当前池化层和下层卷积层为全连接，就能够经 BP 算法得到池化层的误差信号图，即

$$\delta_j^l = f'(u_j^l) \circ \mathrm{conv2}(\delta_j^{l+1}, \mathrm{rot}180(k_j^{l+1}), \mathrm{'full'}) \tag{4.24}$$

其中，$\delta_j^{l+1}$ 为当前池化层的下一层卷积层的反向传播灵敏度；$\mathrm{rot}180(k_j^{l+1})$ 为旋转卷积核。

加性基 $b$ 的运算和卷积层一样，也就是对误差信号图里全部元素求和，即

$$\frac{\partial E}{\partial b_j} = \sum_{u,v}(\delta_j^l)_{uv} \tag{4.25}$$

由于前向传播过程包含下采样图的运算，因此最好在前向传播的时候存储好这些图，就可以确保反向传播计算时无须重复运算，即

$$d_j^l = \mathrm{down}(x_j^{l-1}) \tag{4.26}$$

对乘性偏置 $\beta$ 的梯度用如下方式计算，即

$$\frac{\partial E}{\partial \beta_j} = \sum_{u,v} (\delta_j^l \circ d_j^l)_{uv} \tag{4.27}$$

### 4.2.2　基于深度学习的目标检测流程

时敏目标检测流程如图 4.5 所示。

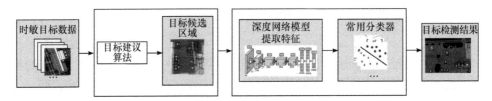

图 4.5　时敏目标检测流程

首先，收集大量时敏目标图像。由于深度网络模型的训练需要海量数据，利用相关算法针对已有数据进行不同视角的增广，在不改变图像类别的情况下，增加数据量，从而提高深度网络模型的泛化能力。其次，利用目标建议算法在不需要目标类别、尺度和位置等先验信息的情况下，采用简单有效的特征提取和搜索策略，高效提取候选目标区域。再次，利用深度学习算法设计深度网络模型，利用制备好的时敏目标数据集训练网络提取能力提取时敏目标特征，将特征输入选取的分类器进行时敏目标检测。最后，根据召回率、误警率等指标评价算法的效果，根据这些指标的数值修正、调整检测算法和网络结构参数。

### 4.2.3　目标建议方法分析

在目标检测算法中，目前最成功的方法还是众所周知的滑动窗口法[217]，但多达 $10^4 \sim 10^5$ 的滑动窗口数量，以及随着图像场景复杂度的不断增加，给计算带来巨大压力。近年来，一种新的机器视觉技术——目标建议算法被广泛应用于目标检测任务。目标建议方法在不需要考虑目标的类型、大小、位置等先验信息的情况下能有效选取候选区域完成粗检测，为后续利用相关算法完成目标精检测，大幅缩减计算量，提高计算效率。

目标建议方法大致可分为两类。一类是分组建议方法，另一类是窗口评分建议方法。前者是指先将图像打碎，再聚合的一种方法，如 Selective Search[98]。后者是生成大量窗口并打分，然后再过滤低分窗口的一种方法，如 BING[218]。

1. 分组建议方法

分组建议方法尝试产生对应目标可能重叠的多个区域。一般来说，按照图像的三种不同描述方式，即超像素(super pixels，SP)、图像分割(graph cut，GC)、边缘轮廓(edge contours，EC)，将分组建议法分为以下 8 种类型。

(1) Selective Search 算法(基于 SP 类型)

Selective Search 算法通过贪婪地合并超像素产生建议窗口。这个方法没有学习参数，合并超像素的特征和相似函数是手动设定的。Selective Search 被 Fast RCNN 检测器等最新的目标检测方法广泛使用。

(2) RandomizedPrim 算法(基于 SP 类型)

RandomizedPrim 算法使用类似于 Selective Search 的特征，该算法使用一个随机的超像素合并过程学习所有的可能，同时速度有极大的提升。

(3) Rantalankila 算法(基于 SP 类型)

Rantalankila 算法使用类似于 SelectiveSearch 的策略，但使用不同的特征。在后续阶段，产生的区域用作求解图切割的种子点。

(4) CPMC 算法(基于 GC 类型)

CPMC 算法可以避免初始的分割，使用几个不同的种子点和位元对像素直接进行图切割。生成的区域使用一个大的特征池排序。

(5) Endres 算法(基于 GC 类型)

Endres 算法从遮挡的边界建立一个分层的分割，使用不同的种子点和参数切割图产生区域。产生的建议使用大量的线索，鼓励多样性的角度排序。

(6) Rigor 算法(基于 GC 类型)

Rigor 算法是 CPMC 的一个改进，使用多个图切割和快速的边缘检测子加快计算速度。

(7) Geodesic 算法(基于 EC 类型)

Geodesic 算法基于文献[219]对图片进行过分割。分类器用来为一个测地距离变换标定种子点。每个距离转换的水平集定义目标和背景的分割。

(8) MCG 算法(基于 EC 类型)

MCG 算法是基于文献[220]提出的一种用于计算多尺度层次分割的快速算法。它使用边缘强度来合并区域，生成的目标假设使用类似于尺度、位置、形状和边缘强度的线索进行排序。

2. 窗口评分建议方法

窗口评分方法通过候选的窗口，根据它们包含目标的概率评分产生建议窗口。与分组建议方法相比，窗口评分法只返回边界框，因此速度更快。但是，如果它们的窗口采样密度很高，窗口评分法定位的精度会很低。

(1) Objectness[221]

Objectness 是使用最早和最广泛的一种建议方法。通过选择一张图像中的显著性位置作为建议窗口，接着通过颜色、边缘、位置、尺寸和超像素跨越等多个线索对这些建议窗口进行打分。

(2) BING[218]

BING 通过边缘特征训练一个简单的线性分类器，并且以一个滑动窗口的方式运行。采用正则化梯度特征和线性分类器实现每秒钟 300 帧的运算效率。

(3) EdgeBoxes[222]

EdgeBoxes 基于目标边界估计形成一个粗糙的滑动窗口模式，使用一个后续的改进提高定位精度。对于不同的重叠阈值提出通过调节滑动窗口的密度和非极大抑制的阈值进行调优。

(4) Zhang

Zhang 等[223]提出在简单的梯度特征上训练一个级联排序。第一阶段对不同的尺度和长宽比训练不同的分类器。第二阶段对获得的建议窗口排序。所有的 SVM 使用结构性的输出，对含有更多目标重叠的窗口评分更高。级联 SVM 是在同样的类别上训练和测试，因此尚不清楚其泛化能力。

## 4.3　基于目标建议的候选区域选取算法

目前针对飞机目标检测任务，主要还是采用以滑动窗口为基础的检测算法。然而，直接使用深度学习相关算法进行滑动窗口检测给计算带来巨大压力，而且无法满足实时性要求。

近年来，目标建议方法广泛用于目标检测任务。该方法在不需要考虑目标的类型、尺寸、位置等先验信息的情况下生成一系列建议窗口，而不用在图像的所有位置和尺度上进行搜索。受此启发，本章研究目标建议方法在机场飞机目标候选区域选取中的适用性，针对飞机目标检测，提出特定类型的目标建议策略，将大量不包含目标的区域快速过滤。首先，设计目标建议方法，对图像的梯度信息进行分析，从不同尺度提取局部梯度均值最大的区域作为初始区域，通过图像边缘特征分析初始区域的目标性得分。然后，利用设计好的目标建议方法进行飞机目标候选区域选取，并给出算法流程图。最后，通过实验对候选区域目标的召回率和运算效率进行分析，并与 6 种现有方法进行对比。实验结果显示，当提取 1000 个候选区域时，取得 93.7%的召回率，证明该算法能够高效生成少量优质的候选区域，提高计算效率。

### 4.3.1　目标建议方法设计

由于边缘信息可以鲁棒地表达目标的存在性，因此本节设计的针对飞机目标的建议方法主要基于边缘信息开展研究。首先，基于多尺度局部非极大抑制算法，从多个尺度通过均值滤波提取局部梯度幅值极大的区域作为初始候选区域。然后，利用图像边缘信息计算初始候选区域得分。最后，根据飞机尺度特征设计尺度权重，结合非极大抑制剔除冗余窗口。

#### 1. 多尺度局部非极大抑制算法

图像边缘集合了图像的大部分信息。边缘信息是目标检测的重要特征。为了高效迅速提取目标候选区域，选取梯度幅值(normed gradients，NG)特征表现图像的边缘强度。式(4.28)和式(4.29)为遥感图像各通道梯度特征，即

$$g_{(x,d)} = \frac{\partial I(x,y,d)}{\partial x} \approx \frac{1}{2}\big(I(x+1,y,d) - I(x-1,y,d)\big), \quad d \in \{1,2,3\} \tag{4.28}$$

$$g_{(y,d)} = \frac{\partial I(x,y,d)}{\partial y} \approx \frac{1}{2}\big(I(x,y+1,d) - I(x,y-1,d)\big), \quad d \in \{1,2,3\} \tag{4.29}$$

其中，$I(x,y,d)$ 为 $d$ 通道 $(x,y)$ 的像素值。

对遥感图像中 RGB 三通道的梯度特征进行融合，可得

$$g_x = \underset{d \in \{1,2,3\}}{\mathrm{Max}}\big(\mathrm{abs}(g_{(x,d)})\big) \tag{4.30}$$

$$g_y = \underset{d \in \{1,2,3\}}{\mathrm{Max}}\big(\mathrm{abs}(g_{(y,d)})\big) \tag{4.31}$$

遥感图像中各像素的 NG 梯度特征可以用式(4.32)表示，即

$$NG_{(x,y)} = \min\big((g_x + g_y), 255\big) \tag{4.32}$$

针对测试集，按表 4.1 依据尺度和长宽比对遥感图像进行重置，得到不同的子图(共 36 层)，在不同尺度下计算 NG 特征，再取 $8 \times 8$ 的区域对重置尺度后的特征图进行均值滤波，计算对应的特征响应。然后，利用非极大抑制(non-maximal suppression，NMS)得到不同尺度特征图的局部极大值，根据表 4.1 将局部区域投影至原始图像。例如，当压缩比为 4，长宽比为 1/2 时，得到的局部区域大小为 $(8 \times 4) \times (8 \times 4 \times 2) = 32 \times 64$。最后，将得到的不同尺度上局部极大区域进行合并，获得目标初始候选区域，即

$$R = \bigcup_{l \in (1,2,\cdots,36)} (R^l) \tag{4.33}$$

其中，$R^l$ 为同一层梯度均值局部极大的集合。

**表 4.1　子图压缩比及长宽比表**(单位：%)

| 压缩比 | 长宽比 1 | 长宽比 2 | 长宽比 3 | 长宽比 4 | 长宽比 5 | 长宽比 6 |
|---|---|---|---|---|---|---|
| $2^1$ | 1 | 2 | 4 | 8 | 16 | 32 |
| $2^2$ | 1/2 | 1 | 2 | 4 | 8 | 16 |
| $2^3$ | 1/4 | 1/2 | 1 | 2 | 4 | 8 |
| $2^4$ | 1/8 | 1/4 | 1/2 | 1 | 2 | 4 |
| $2^5$ | 1/16 | 1/8 | 1/4 | 1/2 | 1 | 2 |
| $2^6$ | 1/32 | 1/16 | 1/8 | 1/4 | 1/2 | 1 |

为防止出现遗漏目标的情况，将初始候选区域尺度统一扩大 0.5 倍，形成最终的目标初始候选区域集合 $R$。

**2. 基于边缘信息的候选区域分数计算**

目标初始候选区域 $R$ 包含初始的窗口大小、长宽比和位置信息。本节利用边缘信息确定建议窗口内轮廓个数，以及与建议窗口边缘重叠的轮廓线段个数(当轮廓线段与建议窗口有重叠时，窗口中包含的对象极有可能不是检测的目标)，基于此对所有建议窗口进行评分，进一步根据得分高低顺序确定建议窗口的信息。

直观地讲，由直线轮廓连接的边缘点应该具有高相似性，而被高曲率轮廓连接的边缘点具有低相似性。通过将具有高相似性的边缘段集合在一起，计算边缘段集合之间的相似性能够提高计算效率。通过不断寻找 8 连通的边缘点，直到两两边缘点之间的方向角度差之和小于 $\pi/2$，由此便得到多个边缘段集合 $S$。式(4.34)为临近边缘段集合 $(s_i, s_j)$ 的相似性 $f(s_i, s_j)$，即

$$f(s_i, s_j) = \left| \cos(\theta_i - \theta_{ij}) \cos(\theta_j - \theta_{ij}) \right|^\gamma \tag{4.34}$$

其中，$\theta_i$ 和 $\theta_j$ 为 $s_i$ 和 $s_j$ 的方向角；$\theta_{ij}$ 为 $(s_i, s_j)$ 之间的夹角；$\gamma$ 可以调整相似性对方向变化的敏感度，在实际中设 $\gamma = 2$。

当两个边缘段集合隔断 2 个像素以上时，$f(s_i, s_j) = 0$，即 $s_i$ 和 $s_j$ 不相连。

如图 4.6 所示，对于每一个边缘段集合 $s_i$ 计算 $w_b(s_i) \in [0,1]$ 表示建议窗口 $b$ 是否完全包围 $s_i$。设 $S_b$ 为与建议窗口 $b$ 的边界相交的多个边缘段集合。对于所有的 $s_i \in S_b$，$w_b(s_i) = 0$。根据所有边缘段的相似性，计算边缘段集合 $s_i$ 在建议窗口 $b$

内的分数，即

$$w_b(s_i) = 1 - \max_T \prod_j^{|T|-1} f(t_j, t_{j+1}) \tag{4.35}$$

其中，$T$ 为窗口 $b$ 边缘到达 $s_i$ 所有边缘段的集合；$|T|$ 为 $T$ 中边缘段数量。

若窗口 $b$ 内 $s_i$ 不属于任意从窗口边界出发的边缘段集合，则 $w_b(s_i) = 1$；若 $s_i$ 在边框 $b$ 之外，则 $w_b(s_i) = 0$。

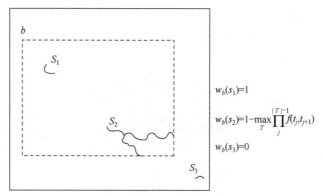

图 4.6　边缘段集合得分示意图

根据 $w_b$ 的计算结果获得建议窗口的分数，即

$$h_b = \frac{\sum_{i \in b} w_b(s_i) m_i}{2(b_w + b_h)^\kappa} - \frac{\sum_{p \in b^{in}} m_p}{2(b_w + b_h)^\kappa} \tag{4.36}$$

其中，$m_i$ 为 $s_i$ 所有像素 $p$ 的平均边缘强度；$b^{in}$ 为建议窗口 $b$ 的部分中心区域；$b_w$ 和 $b_h$ 为窗口的宽度和高度；$\kappa$ 为尺度参数；$b^{in}$ 的宽和高相应取 $b_w/2$ 和 $b_h/2$；$\kappa$ 设为 1.5。

### 3. 尺度权重设计

机场图像中飞机目标的位置和尺度具有多样性，同时根据 HVS 的特点，同一区域内较大的目标易被先检测出来。另外，相对于其他窗口(如 $100 \times 100$)，一些尺度(如 $10 \times 500$)的窗口包含目标的可能性很小。因此，对于目标候选区域的选取，给予大目标($300 \times 400$)和小目标(如 $30 \times 40$)，以及长宽比较大的目标(如 $10 \times 500$)不同权重，即

$$\overline{h_{b_a}} = \frac{1}{1 - \langle \log_2 |b_a| \rangle} \times h_{b_a} \tag{4.37}$$

其中，$|b_a|$ 为候选区域的面积；$\langle \log_2 |b_a| \rangle$ 为极大值归一化。

最后，采用 NMS 剔除所有候选区域中的冗余窗口，使建议窗口对目标空间适应度的期望值达到最优。

### 4.3.2　飞机目标候选区域提取方法

Alexe 针对图像中的目标特性定义了三点，任何一个目标至少具备其中之一，即空间中明确定义的封闭边缘轮廓；与周围环境不同的外观；某些情况下在图像中呈现显著性。相比自然图像中的一般目标，遥感图像中的目标具备更加独特和简洁的边缘信息。如图 4.7 所示，机场遥感图像包含丰富的图像信息，飞机目标同样具备以上三点目标特性。

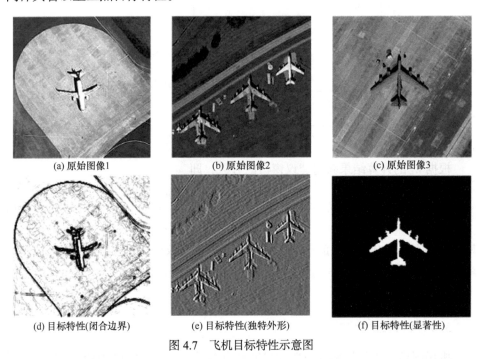

(a) 原始图像1　　　　　　　(b) 原始图像2　　　　　　　(c) 原始图像3

(d) 目标特性(闭合边界)　　(e) 目标特性(独特外形)　　(f) 目标特性(显著性)

图 4.7　飞机目标特性示意图

在机场图像中，多尺度和多方向是飞机目标的主要特征。此外，飞机目标大多尺度很小，并且在某些情况下飞机之间停靠得非常紧密。因此，遥感图像飞机目标检测的主要困难在于不同目标在方向和尺度上的多变化。这样，目标边缘信息就显得尤为重要。

基于边缘能够提供简单而丰富的目标信息，依据边缘信息获取飞机目标候选区域。本节首先分析 NG 特征，从多个尺度提取局部梯度均值极大的区域作为初始区域，然后根据目标边缘信息对初始区域进行评分。算法流程如图 4.8 所示。

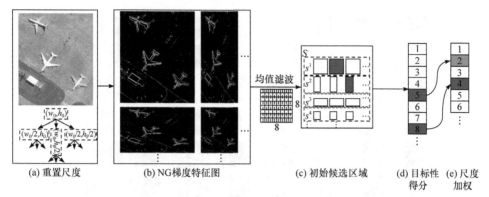

（a）重置尺度　　　　（b）NG梯度特征图　　　　　（c）初始候选区域　　　　（d）目标性　（e）尺度
　　　　　　　　　　　　　　　　　　　　　　　　　　　　　　　　　　　得分　　加权

图 4.8　算法流程图

　　在封闭的边缘里，图像梯度变化很小，具有良好的可区分性。因此，首先将遥感图像重置到不同的尺度，然后在不同尺度下计算 NG 特征。隔点取8×8大小的区域对重置尺度后的特征图进行均值滤波，利用 NMS 得到不同尺度特征图的局部极大，投影至原始图像得到初始候选区域集合。利用结构边缘检测获取初始边缘信息，计算初始候选区域得分，通过 NMS 和尺度加权剔除冗余窗口，并对剩下的候选区域进行评分排序，得到目标候选区域(灰色方块为最终候选区域)。

### 4.3.3　仿真实验与分析

　　为了验证本节提出的算法在选取机场飞机目标候选区域的性能，针对候选区域对目标的召回率和运算效率进行分析。使用召回率-候选窗口( Recall-#WIN )的评价标准，与 6 个现有的方法，即 OBJ[221]、EB[222]、SEL[98]、SEL-Fast[98]、MTSE[224]，以及 BING[218]进行对比。OBJ 基于贝叶斯估计融合显著性、对比度和边缘密度等目标特征，SEL 设计了多种超像素合并的准则，采用类穷举的方式对图像中潜在区域进行提取。以上两种方法因高计算复杂度而效率比较低，SEL-Fast 为了改善运算时间，对合并的策略进行简化，从而达到效率和效果上的平衡。BING 提出一种二值化梯度特征结合两级级联 SVM，检测效率可达 300FPS。EB 利用目标边缘信息结合评分函数完成候选区域选取，在检测精度和计算效率上均取得优异的效果。MTSE 通过分析局部区域内的超像素紧致度，对初始区域进行优化。

　　本章使用的测试样本来自谷歌地球软件，包括 2000 张尺寸从 500×500 到 2000×2000 变化的机场图像。部分机场图像测试样本如图 4.9 所示。实验环境为四核八线程 i7-4790K CPU，主频为 4.00GHz。

#### 1. 算法效果评价

　　本节使用的评估框架是绘制 1000 个建议窗口召回率-建议窗口曲线。当产生

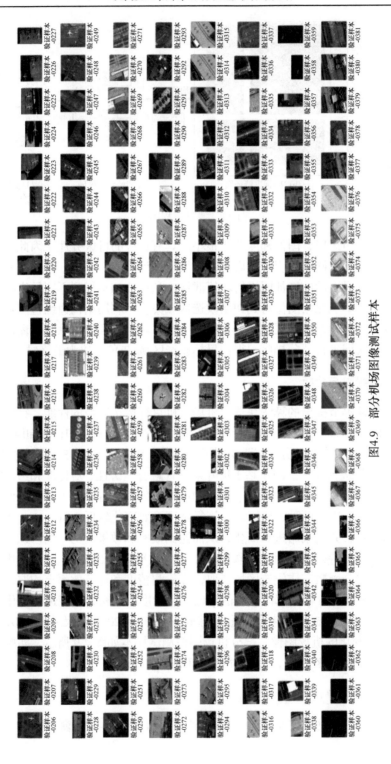

图4.9 部分机场图像测试样本

的建议窗口与原来标记窗口的交叠率大于 0.5 时，判定为有效检测。图 4.10 所示
为召回率-建议窗口曲线图。表 4.2 所示为召回率及运算时间对比表。

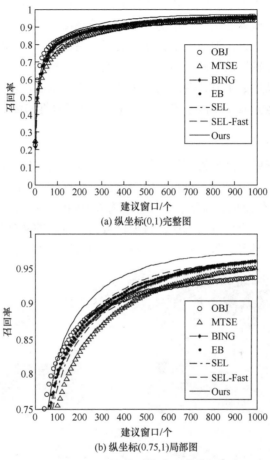

(a) 纵坐标(0,1)完整图

(b) 纵坐标(0.75,1)局部图

图 4.10　召回率-建议窗口曲线图

**表 4.2　召回率及运算时间对比表**

| 算法 | Recall(1st)/% | Recall(100th)/% | Recall(1000th)/% | 时间/s |
| --- | --- | --- | --- | --- |
| 本书 | 20.93 | 83.21 | 97.31 | 0.061 |
| OBJ | 22.49 | 83.16 | 93.76 | 3 |
| BING | 24.71 | 81.17 | 96.62 | 0.004 |
| EB | 21.89 | 82.23 | 96.08 | 0.176 |
| SEL | 13.49 | 78.65 | 95.07 | 7.9 |
| SEL-Fast | 13.53 | 79.57 | 96.13 | 1.8 |
| MTSE | 24.97 | 76.31 | 95.06 | 0.135 |

由此可知，当提取 1000 个建议窗口的时候，本节提出的算法得到 93.7% 的召回率，高于另外两种算法。虽然当提取 100 个建议窗口时，BING 取得了较好的效果，但从 200 个窗口开始召回率增速明显放缓，直至 1000 个建议窗口时几乎不再上升。这表明，该算法结合简单的二值化赋范梯度特征和级联 SVM 的方法虽然取得了较高检测速率，但在一定程度上会损失召回率。EDGEBOX 虽然在精度和效率之间取得了较好的平衡，但在生成初始候选区域阶段通过多尺度密集采样得到的建议窗口高达数十万，会削弱算法性能。本节提出的遥感图像飞机目标候选区域选取方法运算效率仅次于 BING，但仍满足实时性检测。

2. 检测结果分析

部分飞机目标候选区域检测结果如图 4.11 所示。建议窗口是从 1000 个候选区域经过筛选后被认定为与飞机目标覆盖度最好的区域。在不知道飞机目标外形、位置、尺度等先验信息的情况下，本节通过选取 1000 个候选区域实现对飞机目标较好的召回，与滑动窗口方法相比，将窗口数量从万级缩减到几十个，极大地缩小后期利用 CNN 等深度学习方法实现飞机目标检测的搜索范围，提高计算效率。

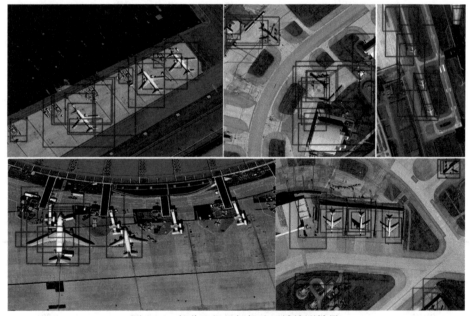

图 4.11　部分飞机目标候选区域检测结果

## 4.4　基于级联神经网络的目标检测方法

如何提取机场图像中飞机目标的有效特征是实现目标检测的关键。传统飞机目标检测主要有基于显著性、随机森林、特征融合、BP 神经网络等方法。这些方法依赖的特征基本是通过人工设计，依赖专业知识和数据本身的特征，因此很难从数据中发现目标的有效特征。近年来，深度学习受到广泛的关注，它能从大量的数据中自动学习目标特征，为目标特征提取提供一个有效的框架。CNN 作为深度学习模型的一种，能自动从图像中抽取丰富的相关信息，使其适用于图像的处理和理解。

本章构建了一种级联 CNN，首先设计基础 CNN 模型 CNN-A，然后通过改变 CNN-A 卷积核的大小、数量、网络层数最终得到 4 种不同结构的 CNN，提取飞机目标从底层至高层不同尺度的全部特征，最后将 4 种网络提取的特征向量串连成目标特征，输入 BP 神经网络分类器完成训练。检测过程将飞机目标候选区域输入 CNN，再利用 BP 神经网络分类器完成飞机目标分类检测[79]。实验证明，级联 CNN 较 4 种单一结构的 CNN 在召回率和虚警率上具备更加优异的表现，可以较好地完成飞机目标检测任务。

### 4.4.1　基础卷积神经网络设计与训练

本节首先构建基础 CNN 模型 CNN-A，设计 CNN-A 的网络结构参数，然后针对 CNN-A 的训练过程详细说明，重点介绍前向传播计算过程和反向传播权值调整。

#### 1. CNN-A 结构设计

本节首先根据文献[212]设计一个基础 CNN 模型 CNN-A，结构如图 4.12 所示。训练样本尺寸固定为 $64 \times 64$，传入输入层 $I_1$。C1 是卷积层，通过输入图像和 6 个 $9 \times 9$ 的卷积核及偏置项 $b_j$ 卷积得到 6 张特征图像，由 $64 - 9 + 1$ 可得特征图像的大小为 $56 \times 56$。S1 是池化层，经由 1 个 $2 \times 2$ 大小的卷积核对输入图像实施降采样。该层得到 6 张 $28 \times 28$ 的输出特征图像，从而减少图像冗余，更高效地对数据进行处理。第 2 个卷积层 C2 包含 12 张特征图像，由 $28 - 9 + 1$ 得到每张特征图像的大

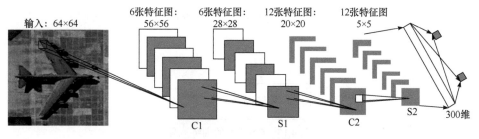

图 4.12　CNN-A 结构

小是 $20 \times 20$。特征图像中每个神经元和 S1 层的每张特征图中 $9 \times 9$ 的区域连接。第二个池化层 S2 通过 1 个 $4 \times 4$ 大小的卷积核对输入图像进行降采样，得到 12 张 $5 \times 5$ 大小的特征图像。F1 为全连接层，它把 S2 层得到的特征图像排列成一维向量，最后把输入图像降解至 300 维，即 CNN-A 提取的特征向量。随后用 BP 算法完成参数调整并最终获得结果。

2. CNN-A 训练

CNN 的训练为有监督学习，训练过程和 BP 神经网络的训练类似，主要包括前向传播、反向传播、权重更新。图 4.13 所示为 CNN-A 的训练流程。前向传播即根据输入的训练数据，经过隐藏层连接权值进行加权和运算，结果再加上一个偏置项，经过一个激活函数输出结果的过程。前向传播完成后需要求实际输出与正确结果的差值，然后用这个差值对网络的性能进行评价。反向传播即把误差向上一层传递的过程，上一层所有神经元再根据误差大小进行权值更新。

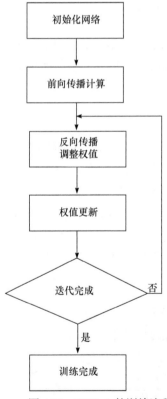

图 4.13　CNN-A 的训练流程

在训练 CNN-A 之前，需要搜集大量正负样本。本节使用的训练数据全部来自谷歌地球软件。训练样本包含 1500 个正样本，3000 个负样本，全部样本的尺寸统一设定成 64×64。其中负样本随机从机场图像(不包含飞机目标的区域)采集。部分训练样本如图 4.14 所示。

图 4.14　部分训练样本

(1) 初始化网络

根据设计的 CNN-A 结构，对每层的大小和特征图像个数进行初始化，把所有偏置项置 0。由 CNN 的权值共享及局部感受野的规则，求得 C1 层神经元之间的连接数是 486，C3 层神经元之间的连接数是 972。初始化卷积核，C1 包含 6 个卷积核，C2 层包含 72 个卷积核，所有卷积核随机初始化为[−1,1]之间的数。

(2) 前向传播计算

对于前向传播的计算，输入层、卷积层、池化层、输出层的计算方式各有差异。输入层只有一个输出向量，其大小与输入图像的大小相同，即 48×48 的矩阵。

卷积核对上一层的特征图像进行卷积操作，利用一个激活函数求输出映射。其大小可能是组合卷积多个映射的值。相同卷积层所有映射的卷积核尺寸相同，CNN-A 中 C1 和 C2 层都是 9×9 的卷积核。图 4.15 所示为其卷积过程。图 4.4 中的卷积核尺寸是 2×2，前一层的特征图像尺寸是 4×4，在上一层的特征图像中利用此卷积核以 1 为步长进行滑动卷积，输出一个 3×3 的特征图像。CNN-A 中卷积层的一个映射和前一层的每一个映射均相关，如其网络结构中的 S2 和 C3 层。实际 C3 层有 6×12 个卷积核。卷积层的特征图像为不相同的卷积核在上一层所有图像中进行卷积操作，并累加对应元素之后加一个偏置项，再通过一个激活函数 sigmoid 得到的，即

$$x_j^l = \text{sigmoid}\left(\sum_{i \in M_j} x_i^{l-1} * k_{ij}^l + b_j^l\right) \tag{4.38}$$

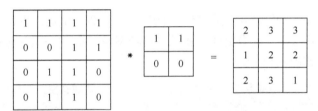

图 4.15　卷积过程

池化层是对上一层的输出特征图进行采样处理。本节的采样方式是对前一层特征图的邻近小范围进行聚合统计。统计方式为求该范围的最大值或均值。本节采用求均值的方式，两个池化层的采样尺寸是 $2 \times 2$ 和 $4 \times 4$，计算方式与卷积层相同，区别是池化层不对重合区域卷积，并且卷积核的大小不变。图 4.16 所示为降采样过程。因为卷积过程的默认步长是 1，会对重叠窗口采样，所以设置步长为 2。将结果读取并输出，可以消除重叠窗口的采样数据。

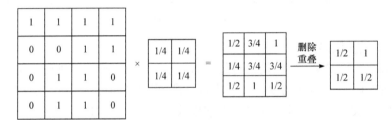

图 4.16　降采样过程

经过两次卷积和降采样后，输入图像被降解为一个 300 维的一维向量，与输出层的 2 个节点通过全连接层相连，即

$$y = \text{sigmoid}(W * X + B) \tag{4.39}$$

其中，$W$ 为连接权重；$X$ 为输入值；$B$ 为偏置。

(3) 反向传播权重更新

CNN 通过残差最小化调整权重和偏置项，但因为权值共享，残差的计算难度很大。

类似于 BP 神经网络，CNN 的输出层和隐藏层的残差计算方式不一样，输出层的残差是求输出值和真实值的差。隐藏层的残差是下一层残差的加权和。输出层残差的计算公式为

$$\delta_i^{(n_l)} = \frac{\partial}{\partial z_i^{(n_l)}} \frac{1}{2} \left\| y - h_{w,b}(x) \right\|^2 = -(y_i - a_i^{(n_l)}) \cdot f'(z_i^{(n_l)}) \tag{4.40}$$

其中，$h_{w,b}(x)$ 为 CNN 的输出。

若当前卷积层的下一层是池化层，并且已积累该池化层的残差，可计算出卷

积层残差。由 CNN-A 的网络结构可知，卷积层特征图的个数与池化层相同，C2 层特征图的每 16 个单元和 S2 层对应特征图的 1 个单元相关，C1 层特征图的每 4 个单元和 S1 层对应特征图的 1 个单元相关。例如，计算 C1 层残差，因为 S1 中特征图的尺寸只有 C1 层的 1/2，所示对池化层的残差和 2×2 的全 1 矩阵实施克罗内克积扩展，让池化层残差的维度和前一层输出特征图的维度相同。然后，让 C1 层的输出和扩充后的残差实施卷积操作，求出卷积层的残差。

若池化层 $l+1$ 的大小是 2×2，采样尺度是 2，则图 4.17 为卷积层 $l$ 的残差扩展过程。

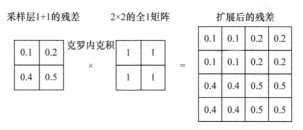

图 4.17　残差扩展

利用卷积计算卷积层残差如图 4.18 所示。

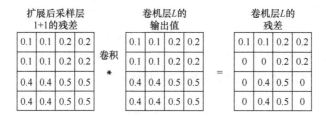

图 4.18　利用卷积计算卷积层残差

若当前池化层的下一层是卷积层，可根据池化层的残差计算当前层残差。因为池化层与卷积层的连接含有权值及偏置，需找出层间相应的加权和，把下一卷积层的卷积核旋转 180°，再与该卷积层的残差实施卷积操作，如式(4.4)所示。此外还要处理卷积边界，如果卷积核尺寸是 $k×k$，待卷积矩阵是 $n×n$，需以 $n×n$ 原矩阵作为中心点扩充到 $[n+2(k-1)]×[n+2(k-1)]$。池化层残差计算如图 4.19 所示。

根据 $\Delta x_i = x_{i+1} - x_i$、$\Delta y_i = y_{i+1} - y_i$，可得 $\{\Delta x_1, \Delta x_2, \cdots, \Delta x_{n-1}\}$、$\{\Delta y_1, \Delta y_2, \cdots, \Delta y_{n-1}\}$。由于飞行器在匹配区上空是匀速飞行，因此理想情况下，$\Delta x_i$、$\Delta y_i$ 为常数，而实际情况中的误匹配及各类随机误差表现为在常值周围的微小波动及个别孤立点。

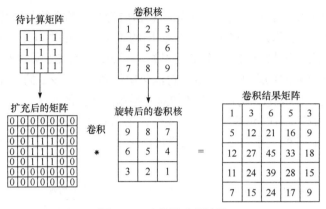

图 4.19　池化层残差计算

### 4.4.2　级联卷积神经网络构建

#### 1. CNN-A 结构设计

不同结构 CNN 对目标特征信息的表达能力不同，因此为了进一步提高检测效能，本章在 CNN-A 的基础上通过改变网络卷积层卷积核的大小、卷积核的数量、整体网络的层数，可以得到 4 种不同结构的 CNN。将时敏目标多视点图像作为训练数据输入级联 CNN 提取目标低层、中层、高层不同尺度的特征信息，并将 4 种网络的输出结果串联构成一维向量，输入 BP 神经网络分类器进行训练，构建级联 CNN 用于飞机目标检测，利用不同结构 CNN 提取表达同一飞机目标的不同特征信息。级联 CNN 结构如图 4.20 所示。

图 4.20　级联 CNN 结构

由于 4 种 CNN 结构不同，因此提取的特征也各有差异。

① CNN 提取的特征依靠卷积层的卷积核。卷积核的大小不同导致提取的特征也不相同，大尺寸的卷积核容易漏掉图像细节特征，小尺寸又会导致提取的特征冗余，从而使 CNN 提取的由低层形成的高层特征不同。

② CNN 的卷积层可以通过改变卷积核的数量得到多张特征图，使 CNN 通过训练可以优化低层特征组合，更好地表达样本特征。

③ CNN 描述图像特征的过程是从部分至整体,因此 CNN 单层卷积提取的特征不是全局特征,经由多层卷积能够确保学习的特征更为全面。例如,第 1 层学习怎样组合像素检测边缘,第 2 层学习怎样组合边缘、检测轮廓或者目标的局部,继而到更高层把全部轮廓组合检测目标整体,即高层的特征为低层特征的集合。经由改变网络层数,可以让学习的特点表征越发抽象,更好地体现语义信号。

通过上述分析,通过改变 CNN 卷积核的大小、数量、整体网络层数,可以调整 CNN 的学习性能。本节在基础 CNN 模型 CNN-A 之上,通过改变卷积核的大小、数量、整体网络层数得到另外 3 种不同结构的 CNN 模型。不同结构 CNN 参数表如表 4.3 所示。其表达形式为特征图数量@卷积核大小。

**表 4.3　不同结构 CNN 参数表**

| 网络 | C1 | S1 | C2 | S2 | C3 | S3 | 特征维数 |
|---|---|---|---|---|---|---|---|
| CNN-A | 6@9×9<br>(56×56) | 6@2×2<br>(28×28) | 12@9×9<br>(20×20) | 12@4×4<br>(5×5) | — | — | 300 |
| CNN-B | 6@13×13(52×<br>52) | 6@2×2<br>(26×26) | 12@7×7<br>(20×20) | 12@4×4<br>(5×5) | — | — | 300 |
| CNN-C | 12@9×9<br>(56×56) | 12@2×2<br>(28×28) | 24@9×9<br>(20×20) | 24@4×4<br>(5×5) | — | — | 600 |
| CNN-D | 6@9×9<br>(56×56) | 6@2×2<br>(28×28) | 12@5×5<br>(24×24) | 12@2×2<br>(12×12) | 24@3×3<br>(10×10) | 24@2×2<br>(5×5) | 600 |

通过改变卷积核大小得到 CNN-B,即将第一层和第二层的卷积核大小改为 13×13 和 7×7。同时,卷积层输出的特征图也相应发生变化;改变卷积核数量得到 CNN-C,即相对 CNN-A 将第一层和第二层的卷积核数量增加 1 倍;改变网络层数得到 CNN-D,即相对 CNN-A 增加一层卷积层(S3)和一层池化层(C3)。由于 S3 和 C3 层的卷积核能提取更多有效特征,将 S2 层卷积核大小改为 2×2,C2 层为 5×5。除上述参数之外,4 个网络模型的其他参数均相同,即学习率 Learning_rate=1,训练次数 Num_epoch=400,单次训练使用的样本个数 Mini_batches=10。

采用相同的训练数据对 4 个网络模型进行训练,直到网络全部收敛。分类器选择 1 个 3 层网络的 BP 神经网络分类器,包含 1800 个输入层节点数、10 个隐含层节点数,以及 2 个输出层节点数。学习率设计为 0.01,误差目标为 $10^{-10}$。

取滤波器大小为 $n-1$,利用中值滤波器对匹配位置差分数据序列进行滤波处理,分别得到滤波值 $\Delta x_{MF}$ 与 $\Delta y_{MF}$。当横向序列与纵向序列分别满足下式时,即

$$\left| \Delta x_i - \Delta x_{MF} \right| \leqslant T_M \tag{4.41}$$

$$\left| \Delta y_i - \Delta y_{MF} \right| \leqslant T_M \tag{4.42}$$

其中，$\Delta x_i$、$\Delta y_i$ 为正确差分值，与之相关的 $x_i$ 与 $x_{i+1}$、$y_i$ 与 $y_{i+1}$ 为正确匹配点，两者取交集，得到最终的正确匹配点，其余为误匹配点，给予剔除；阈值 $T_M$ 是考虑随机干扰影响，依据匹配系统允许的匹配误差值选择的，参考飞行器的飞行稳定性及匹配算法的匹配误差，$T_M$ 取 3～5 个像素就可以达到很好的效果。

2. 整体框架

本节提出的飞机目标检测算法流程图如图 4.21 所示。训练 CNN 模型的图像大小是 64×64。如果飞机候选区域尺寸不一，首先将所有候选区域图像尺寸调整为 64×64。把全部候选区域图像输入级联 CNN，经由级联 CNN 4 种不同结构的网络模型从各个层面提取飞机目标特征并实现二分类。当检测结果为飞机目标时，记录候选区域图像在完整机场遥感图像中的坐标。当全部候选区域检测完毕时，在图像中标出检测到的飞机目标。

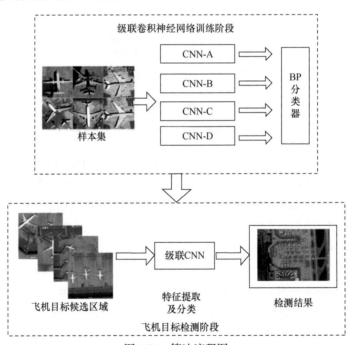

图 4.21　算法流程图

### 4.4.3　仿真实验分析

本节实验数据全部来自谷歌地球软件，测试样本为 200 张机场遥感图像，包含 1047 架各类飞机目标，用于算法测试与评估。部分测试样本数据如图 4.22 所示。

图 4.22　部分测试样本数据

## 1. 4 种 CNN 模型学习收敛性比较

从训练样本任意选取 1000 个正样本，2000 个负样本用作训练集，其余的 500 个正样本，1000 个负样本用作验证集。训练集用来训练 CNN 模型直到其全部收敛，验证集辅助构造网络模型，进一步调节模型的超参量。

针对 4 种 CNN 模型进行训练，分类精度对比图如图 4.23 所示。针对 4 种 CNN 模型逐一训练直至收敛，将 4 种网络中针对训练样本从低层至高层不同尺度的全部特征有效提取出来，同时把输出串联成目标特征，训练级联 CNN 的神经网络分类器。

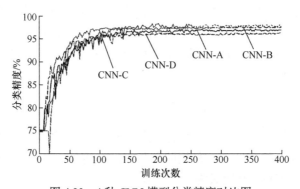

图 4.23　4 种 CNN 模型分类精度对比图

4 种 CNN 模型分类精度如表 4.4 所示。

表 4.4  4 种 CNN 模型分类精度

| 网络 | 分类精度/% |
| --- | --- |
| CNN-A | 97.10 |
| CNN-B | 96.35 |
| CNN-C | 98.30 |
| CNN-D | 97.65 |
| 级联 CNN | 98.85 |

从分类精度结果可知，不同 CNN 模型的学习能力存在差异。CNN-B 相比 CNN-A 加大了卷积核尺寸，在训练中可以更快地稳定，但因为特征图尺寸的减小，模型不容易捕捉特征的细微之处，使分类性能降低。

CNN-C 相比 CNN-A 将卷积层首层与第二层的卷积核数目提高 1 倍，导致 CNN-C 的学习时间大幅延长。同时，卷积核数量的增加能够提高网络的特征提取能力和分类精度。另外，由于训练集样本不足，卷积核数量的增加使网络在训练过程中需要花费更多时间学习各项参数，从而更难趋于稳定。可以看出，在其他网络稳定之后，CNN-C 仍存在波动。

CNN-D 相比 CNN-A 增加网络层数，可以提升网络的特征提取能力和分类精度，并且可以更加快速地达到稳定状态。

由表 4.4 可知，级联 CNN 较 4 种单一结构的网络能得到更高的分类精度，证明了本节提出的多结构网络模型的有效性。

将训练集中的彩色图像实施灰度化，对卷积中各层特征图像实施可视化操作。4 种 CNN 模型特征图可视化如图 4.24 所示。

由此可知，4 种网络模型的每个卷积核卷积获得的特征图均从各个侧面体现了飞机目标的特征信息。C1 层体现目标的边缘特征，而 C2 和 C3 层提取的特征越抽象化，越发能体现语义或者意图。抽象层面越高，存在的可能猜测就越少，也就越便于分类。同时，因为 4 种 CNN 模型结构各异，最末层的特征图也不一样。因此，级联 CNN 能够有效结合 4 种 CNN 提取的各个层面的目标信息，增加目标检测的鲁棒性。

2. 基于级联神经网络的飞机目标检测

为了评价本节提出的级联 CNN 的检测效果，设计对比实验比较级联 CNN 和 4 种单一结构 CNN 的检测性能。采用两种常用的评价标准，即召回率(Recall)和虚警率(false alarm，FA)。其定义为

$$\text{Recall} = \frac{\text{TP}}{\text{TP+FN}} 100\% \tag{4.43}$$

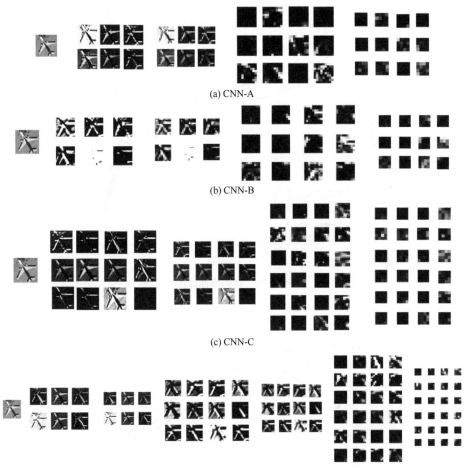

(a) CNN-A

(b) CNN-B

(c) CNN-C

(d) CNN-D

图 4.24　4 种 CNN 模型特征图可视化

$$FA = \frac{FP}{TP+FP}100\% \tag{4.44}$$

其中，TP 为检测到的正确目标数目；FN 为未检测到的正确目标数目；TP+FN 为正确目标数目；FP 为检测到的错误目标数量；TP+FP 为检测到的所有目标数量。

　　针对以上评价标准，对 4 种 CNN 模型分类器输出设置一组阈值，范围是 0.05～0.95，间隔 0.05，共 19 组。计算统计不同阈值相应的召回率及虚警率，曲线如图 4.25 和图 4.26 所示。

　　由图 4.25 可知，不同 CNN 模型在同一阈值可以获得不同的召回率。4 种单一结构 CNN 模型中，CNN-A 取得了最大召回率，较最小的 CNN-D 超出近 3%。CNN-B 和 CNN-C 获得了近似的召回率，表明不同结构的 CNN 模型具有不同的性

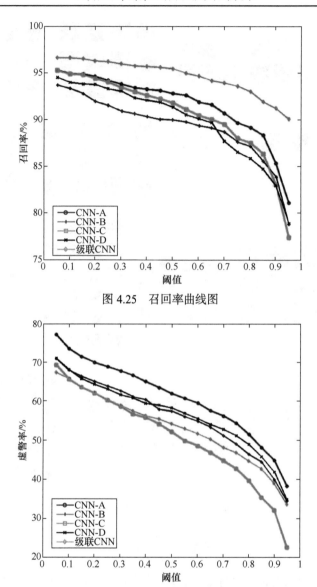

图 4.25　召回率曲线图

图 4.26　虚警率曲线图

能，而级联 CNN 结合了 4 种单结构 CNN 模型串联输出的特征信息，召回率比 CNN-A 高了近 4%。总的来说，级联 CNN 较 4 种单结构 CNN 模型在目标检测中具备更好的表现力。

由图 4.26 可知，在 4 种单一结构 CNN 模型中，CNN-A 虚警率最大，较最小的 CNN-C 大近 10%。CNN-B 和 CNN-D 获得近似的虚警率，较 CNN-C 高近 5%，级联 CNN 高近 2%，但均低于其他 3 种单结构 CNN 模型，表明虽然级联 CNN 融合了多个 CNN 模型的特征信息，但同时也包含冗杂信息，导致虚警率增加。

综上所述，级联 CNN 相比 4 种单结构 CNN 在检测性能上明显提升，召回率有所增加，虚警率则在一定程度上降低。针对机场飞机目标，级联 CNN 能够获得很好的检测效果，验证了级联 CNN 的有效性。部分机场飞机目标检测结果如图 4.27 所示。

图 4.27　部分机场飞机目标检测结果

由图 4.27 可知，级联 CNN 可以较好地检测同一机场实时图中的不同尺寸和不同朝向的飞机目标。由于训练样本数量较少且多为民航飞机，级联 CNN 未达到理想的训练效果，因此战斗机等其他类别的飞机存在漏检。另外，最终检测结果仍存在误检，主要分布在和飞机接近的航站楼及其他建筑区域。

## 4.5　目标多视点图像仿真生成方法

在战场环境下，飞行器能够正确地检测目标是进行目标跟踪等后续任务的基础，具有重要的军事意义。其中，时敏目标的检测识别对于扩展武器系统适用范围，提升打击效能具有重要的促进作用。时敏目标由于其自身具有机动性能，目标姿态信息具有不可预知性，对检测识别任务提出更高的要求。因此，在利用深度学习研究时敏目标检测技术的过程中，需要用到大量时敏目标图像数据集，如机场待机飞行器、水面舰船等。由于此类目标属于军事机密，难以获取其不同型号、不同角度的图像数据，我们结合飞行器视点变换成像模型，提出一种时敏目标多视点图像仿真生成方法，针对已有数据进行不同视角的增广，从而增加数据量，训练深度模型提高模型的泛化能力。这对利用有限图像数据充分挖掘时敏目标特征信息具有良好的效果。

### 4.5.1　机载摄像机探测成像模型建立与分析

研究时敏目标多视点图像仿真生成问题，建立机载摄像机探测成像模型是获取图像数据的关键。建立模型的实质是依据飞行器的姿态角、飞行高度，以及相关的参考坐标系，求出图像几何变换的坐标变换关系数学表达式。

结合飞行器制导控制系统分析定义的坐标系[76]，以及机器视觉中关于视觉坐标系的描述[225]，本节主要用到的坐标系有基准坐标系 $oxyz$ 、飞行器坐标系 $o'x'y'z'$ 、摄像机坐标系 $O_cX_cY_cZ_c$ 和图像坐标系 $o_1x_1y_1$ 。图 4.28 所示为坐标系示意图。

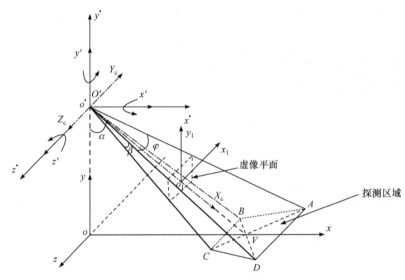

图 4.28  坐标系示意图

(1) 基准坐标系 $oxyz$

以飞行坐标系正对地面的点为坐标原点 $o$ ； $x$ 轴沿飞行器的飞行方向，向前为正； $y$ 轴垂直地面，向上为正； $z$ 轴满足右手定则，与 $xoy$ 面垂直。

(2) 飞行器坐标系 $o'x'y'z'$

以机载摄像机的位置 $o'$ 为坐标原点； $o'x'$ 轴沿飞行器机身轴线方向，向前为正； $o'y'$ 轴在垂直截面内与 $o'x'$ 垂直，向上为正； $o'z'$ 轴满足右手定则，与 $x'o'y'$ 面垂直。

(3) 摄像机坐标系 $O_cX_cY_cZ_c$

以摄像机光心为坐标原点 $O_c$ ；摄像机的光轴为 $X_c$ 轴，向前为正； $Y_c$ 轴在垂直截面内与 $X_c$ 垂直，向上为正； $Z_c$ 轴满足右手定则。由飞行器和摄像机安装关系和两者坐标系的定义可知，在探测器安装角度 $\alpha=90°$ 时，飞行器坐标系与摄像机坐标系重合。

(4) 图像坐标系 $o_1x_1y_1$

图像坐标系 $o_1x_1y_1$(图 4.28)是针对实时图成像建立的二维直角坐标系，光轴与虚像平面的交点为坐标原点 $o_1$；$x_1$ 轴与摄像机坐标系的 $Z_c$ 轴平行，方向相反；$y_1$ 轴与摄像机坐标系的 $Y_c$ 轴平行，方向相同。

摄像机与机身的安装角度为 $\alpha$（即与 $o'y'$ 轴负半轴呈 $\alpha$ 角）。图中坐标轴 $o'x'$、$o'y'$、$o'z'$ 为理想情况下，飞行器坐标系的起始位置。虚平面为摄像机的成像平面，$ABCD$ 为机载摄像机探测区域，$o'V$ 为摄像机光轴，$V$ 为探测区域中心，$\beta$ 和 $\varphi$ 为两临近棱的夹角，摄像机的方向一旦确定，$\beta$ 和 $\varphi$ 便确定了，所以飞行器在任何姿态下，成像的棱锥的棱边、棱面之间的几何关系将确定不变。

### 4.5.2　机载成像探测问题分析

研究飞行器的成像模型，不仅需要了解摄像机的成像原理，还要考虑飞行器的姿态变化对飞行器探测区域产生的影响。对多飞行器来说，每个飞行器的成像模型是相同的，因此对单个飞行器探测成像问题进行描述。

探测器可以通过成像系统将空间物体投影在像平面上，计算机视觉技术可以根据这些图像，以及摄像机参数计算空间物体的相关参数。图像的每一个像素点都对应空间中某一物体的具体位置。投影成像模型决定两点之间的几何关系。理想情况下的摄像机成像模型即针孔成像模型。该模型假设所有光源都经过摄像机的针孔，并在像平面上形成虚像。图 4.29 所示为摄像机成像模型示意图。其中，$P$ 为空间中的某一物体，按照光线传播原理，该光源通过针孔在摄像机像平面上形成物体的虚像，并与虚像平面相交于 $P_1$ 点，即物体在图像坐标系上的位置；$O_c$ 为光心，是摄像机坐标系的原点；$O_c$ 所在的平面为摄像机的光心平面；$f$ 为摄像机的焦距，即光心与虚像平面中心点的距离。

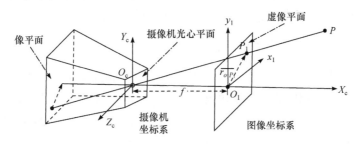

图 4.29　摄像机成像模型示意图

根据摄像机成像原理可知，当机载摄像机随飞行器的姿态运动而产生角度变化时，探测区域也会发生相应变化。图 4.30 所示为飞行器姿态变化前视成像示意图。

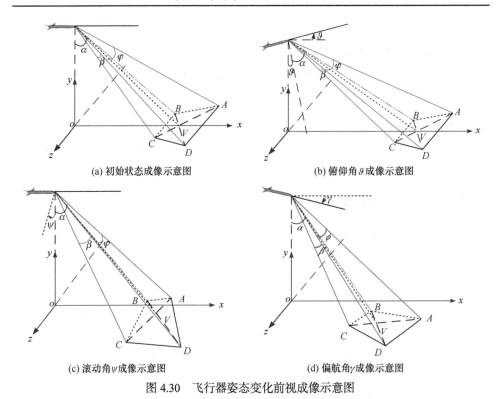

图 4.30　飞行器姿态变化前视成像示意图

### 4.5.3　图像变换数学模型

综上，四边形 $ABCD$ 即机载摄像机的探测区域，要想求得成像区域就是求 $A$、$B$、$C$、$D$ 四点在基准坐标系下的坐标，而 $A$、$B$、$C$、$D$ 分别是直线 $o'A$、$o'B$、$o'C$、$o'D$ 与 $xoz$ 平面的交点，因此首先要求四条直线的方程。

1. 飞行器坐标系到基准坐标系的变换

设机载摄像机在基准坐标系 $oxyz$ 中的坐标为 $(x_0, y_0, z_0)$，若飞行器的姿态发生变化，则会产生相应的姿态变化角。在 $o'x'y'z'$ 坐标系中，当飞行器产生俯仰角时，四棱锥绕 $o'z'$ 轴旋转；当飞行器产生滚动角时，四棱锥绕 $o'x'$ 轴旋转；当飞行器产生偏航角时，四棱锥绕 $o'y'$ 轴旋转。若空间任意一点在基准坐标系中的坐标为 $(x, y, z)$，在飞行器坐标系中的坐标为 $(x', y', z')$，那么就可以推导出该点从飞行器坐标系到基准坐标系的坐标变换关系，即

$$
\begin{bmatrix} x \\ y \\ z \end{bmatrix} = \begin{bmatrix} x^{\cdot} \\ y^{\cdot} \\ z^{\cdot} \end{bmatrix} + \begin{bmatrix} x_0 \\ y_0 \\ z_0 \end{bmatrix} = G \begin{bmatrix} x' \\ y' \\ z' \end{bmatrix} + \begin{bmatrix} x_0 \\ y_0 \\ z_0 \end{bmatrix} \tag{4.45}
$$

其中

$$G = \begin{bmatrix} \cos\vartheta\cos\psi & -\sin\vartheta\cos\psi\cos\gamma + \sin\psi\sin\gamma & \sin\vartheta\cos\psi\sin\gamma + \sin\psi\cos\gamma \\ \sin\vartheta & \cos\vartheta\cos\gamma & -\cos\vartheta\sin\gamma \\ -\sin\psi\cos\vartheta & \sin\vartheta\sin\psi\cos\gamma + \cos\psi\sin\gamma & -\sin\vartheta\sin\psi\sin\gamma + \cos\psi\cos\gamma \end{bmatrix}$$

(4.46)

### 2. 成像区域的确定

设摄像机从飞行器坐标系原点朝向正下方时，探测区域为 $A_1B_1C_1D_1$，中心点为 $V_1$，由于此时 $A_1B_1C_1D_1$ 是矩形，假设实时图的大小为 $m \times n$、摄像机焦距为 $f$，所处的高度为 $h$ 且保持不变。图 4.31 所示为成像区域示意图。

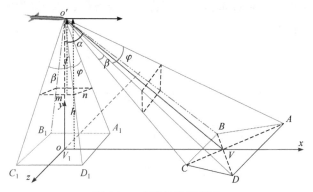

图 4.31　成像区域示意图

根据几何关系可得

$$\frac{m}{C_1 D_1} = \frac{n}{D_1 A_1} = \frac{f}{h}$$

(4.47)

可以确定 $A_1$、$B_1$、$C_1$、$D_1$ 在飞行器坐标系中的坐标为 $A_1(mh/2f, -h, -nh/2f)$、$B_1(-mh/2f, -h, -nh/2f)$、$C_1(-mh/2f, -h, nh/2f)$、$D_1(mh/2f, -h, nh/2f)$，其中 $m$、$n$、$f$、$\beta$、$\varphi$ 之间的关系为

$$m = f \cdot 2\tan\frac{\beta}{2} \sqrt{\frac{1 + \tan^2\frac{\varphi}{2}}{1 - \tan^2\frac{\beta}{2} \cdot \tan^2\frac{\varphi}{2}}}$$

(4.48)

$$n = f \cdot 2\tan\frac{\varphi}{2} \sqrt{\frac{1 + \tan^2\frac{\beta}{2}}{1 - \tan^2\frac{\beta}{2} \cdot \tan^2\frac{\varphi}{2}}}$$

(4.49)

前面已经假设摄像机与飞行器成角度 $\alpha$，加上飞行器的姿态变化，成像区域必然发生改变。若飞行器产生俯仰角 $\vartheta$，则在安装角度的基础上，摄像机的俯仰角将变化 $\vartheta + \alpha$，摄像机的滚动角大小同飞行器的滚动角 $\psi$ 相同，偏航角 $\gamma$ 的变化同样相同。将上述角度变化代入式(4.46)可得变换矩阵 $G'$，结合飞行坐标系到基准坐标系的变换关系，即可求出探测区域 $ABCD$ 在基准坐标系中的坐标 $A(x_a, y_a, z_a)$、$B(x_b, y_b, z_b)$、$C(x_c, y_c, z_c)$、$D(x_d, y_d, z_d)$。以 $A$ 点为例，其坐标变换公式为

$$\begin{bmatrix} x_a \\ y_a \\ z_a \end{bmatrix} = G' \begin{bmatrix} mh/2f \\ -h \\ -nh/2f \end{bmatrix} + \begin{bmatrix} x_0 \\ y_0 \\ z_0 \end{bmatrix} \tag{4.50}$$

得到具体的坐标点后，可以求得成像棱边的直线方程，以 $o'A$ 为例，其在基准坐标系中的直线方程为

$$\frac{x - x_a}{x_0 - x_a} = \frac{y - y_a}{y_0 - y_a} = \frac{z - z_a}{z_0 - z_a} \tag{4.51}$$

令 $y = 0$，可以求出直线与 $xoz$ 的交点 $A$ 在基准坐标系下的坐标，即

$$\left( x_a - \frac{x_0 - x_a}{y_0 - y_a} y_a, 0, z_a - \frac{z_0 - z_a}{y_0 - y_a} y_a \right) \tag{4.52}$$

同理 $B$、$C$、$D$ 三点的坐标也可以相继求出，进而确定探测成像区域。

### 3. 图像坐标系到飞行器坐标系的变换

根据本节对坐标系的定义，结合摄像机成像模型分析，图像坐标系到飞行坐标系的变换可以先由图像坐标系变换到摄像机坐标系，再由摄像机坐标系变换到飞行器坐标系。

在摄像机成像模型中，设空间中某物体与光心的距离为 $l$，经投影成像的像素坐标为 $(x_1, y_1)$，该物体在摄像机坐标系下的坐标为 $(x_c, y_c, z_c)$。根据三角形相似性几何变换可以得到空间任意物体从图像坐标系到摄像机坐标系的变换关系式，即

$$\begin{cases} x_c = \sqrt{l^2 - y_c^2 - z_c^2} \\ y_c = \dfrac{y_1 x_c}{f} \\ z_c = \dfrac{x_1 x_c}{f} \end{cases} \tag{4.53}$$

摄像机坐标系可以看作是飞行器坐标系发生了 $90° - \alpha$ 的俯仰角，代入式(4.46)可求出摄像机坐标系到飞行器坐标系的转换矩阵，即

$$G'' = \begin{bmatrix} \sin\alpha & -\cos\alpha & 0 \\ \cos\alpha & \sin\alpha & 0 \\ 0 & 0 & 1 \end{bmatrix} \tag{4.54}$$

因此，空间任意物体从摄像机坐标系中坐标为 $(x_c, y_c, z_c)$ 变换到飞行器坐标系中坐标为 $(x', y', z')$ 的变换关系为

$$\begin{bmatrix} x' \\ y' \\ z' \end{bmatrix} = G'' \begin{bmatrix} x_c \\ y_c \\ z_c \end{bmatrix} \tag{4.55}$$

综上所述，空间中任意物体从图像坐标系到飞行器坐标系的坐标变换关系为

$$\begin{bmatrix} x' \\ y' \\ z' \end{bmatrix} = G'' \begin{bmatrix} \dfrac{fl}{\sqrt{x_1^2 + y_1^2 + f^2}} \\[3mm] \dfrac{lx_1}{\sqrt{x_1^2 + y_1^2 + f^2}} \\[3mm] \dfrac{ly_1}{\sqrt{x_1^2 + y_1^2 + f^2}} \end{bmatrix} \tag{4.56}$$

按照以上步骤，便可实现基于视角变换的时敏目标多视点图像仿真生成。

### 4.5.4　多视点图像仿真实验

为验证模型的正确性，本节设计基于飞行器视点变换成像模型的时敏目标多视点图像仿真实验，并给出不同视点及姿态角下的仿真图像。

某机场飞机探测示意图如图 4.32 所示。

结合成像区域的计算过程，飞行器在基于不同姿态下的多视点成像仿真实验的具体步骤如下。

① 设定姿态参数。输入生成实时图大小 $m \times n$、飞行器(即摄像机)的高度 $h$、飞行器在基准坐标系下的坐标 $(x_0, y_0, z_0)$、飞行器的俯仰角 $\vartheta$、偏航角 $\gamma$ 和滚动角 $\psi$ 等参数。

② 计算转换矩阵 $G$，求得 $A$、$B$、$C$、$D$ 四点在基准坐标系下的坐标，即确定基准坐标系 $xoz$ 面上的成像区域 $ABCD$。

③ 将灰度值赋予成像区域 $ABCD$ 在 $xoz$ 面上的投影点。

仿真实验采用大小为 $256 \times 256$ 的基准图，生成的多视点图像大小均为

64×64。多视点图像仿真实验如图 4.33 所示。可以看出，不同姿态下的成像与本节建立的模型相符。仿真参数如表 4.5 所示。

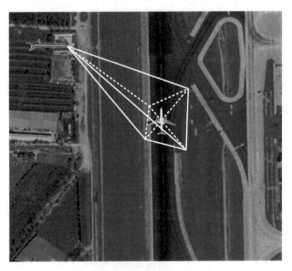

图 4.32　某机场飞机探测示意图

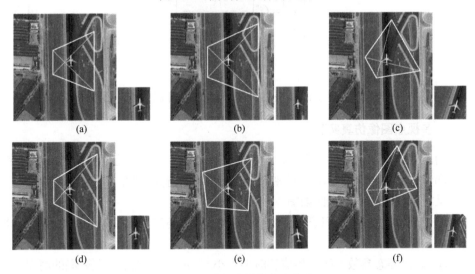

图 4.33　多视点图像仿真实验

### 表 4.5　仿真参数表

| 仿真图像 | 高度 | 偏航角 $\gamma$ /(°) | 俯仰角 $\vartheta$ /(°) | 滚动角 $\psi$ /(°) |
|---|---|---|---|---|
| 图 4.33(a) | $h$ | 0 | 0 | 0 |
| 图 4.33(b) | $1.5h$ | 0 | 0 | 0 |

续表

| 仿真图像 | 高度 | 偏航角 $\gamma$/(°) | 俯仰角 $\vartheta$ /(°) | 滚动角 $\psi$ /(°) |
|---|---|---|---|---|
| 图 4.33(c) | $h$ | 20 | 0 | 0 |
| 图 4.33(d) | $h$ | 0 | 20 | 0 |
| 图 4.33(e) | $h$ | 0 | 0 | 20 |
| 图 4.33(f) | $1.2h$ | 10 | 10 | 10 |

# 4.6 本 章 小 结

深度学习是计算机视觉领域的研究热点，基于深度学习的目标检测也是近年来目标检测领域的研究重点和主流。本章重点研究基于深度学习的显著目标检测技术，梳理典型基于深度学习的目标检测流程，并结合多尺度局部非极大抑制和边缘信息，提出一种基于目标建议的目标实时图候选区域选取方法，减少目标检测的搜索范围，提高目标检测算法效率；通过改变卷积核的大小、卷积核的数量和网络层数，设计不同结构的神经网络，并提出一种级联 CNN 的目标检测算法。针对数据库的构建问题，本章分析多视点图像仿真生成技术为深度学习的目标数据库提供保障。

CNN 仅仅是深度学习目标检测中的冰山一角，越来越多的深度学习目标检测算法被研究，包括熟知的 RCNN、Fast RCNN、Faster RCNN。目标检测的流程越来越精简、精度越来越高、速度也越来越快。下一步发展的重点是迁移学习、强化学习、非监督学习、GAN 等领域。

# 第5章 启发式红外图像显著目标跟踪

图像目标跟踪技术是计算机视觉领域中一项富有挑战性的研究课题。本章结合飞行器智能化精确制导需求，重点对启发式的目标跟踪技术进行研究。针对经典的 MS 算法在目标跟踪中的缺点，设计基于 Kalman 滤波和梯度-径向夹角 (gradient radius angle，GRA)特征的改进算法，提升跟踪效果；充分考虑目标的先验信息，设计一种基于贝叶斯互信息的显著目标跟踪方法，提高跟踪精度和鲁棒性；设计基于稀疏表示多子模板的红外图像目标跟踪算法，提高跟踪的精度和抗遮挡能力；研究基于局部特征索引结构的红外目标跟踪算法，提高在复杂动态场景下的鲁棒性。

## 5.1 引　　言

图像目标跟踪技术是计算机视觉领域的一项核心技术，也是飞行器景像匹配制导系统的关键技术[1]。图像目标跟踪主要研究利用计算机自动跟踪图像序列中的运动目标，首先通过提取目标的颜色、纹理、形状等特征，同时考虑背景的灰度、结构和统计等特征，构造目标和背景的描述模型，以及度量方式，然后设计匹配策略和判别准则，最后实现对目标的定位和跟踪。目标跟踪是各种高层视觉处理，如行为分析、图像压缩、图像理解等。

国内外众多的研究团队和机构对图像目标跟踪做出大量的研究工作，提出众多适应性的目标跟踪算法。图像从三维空间到二维平面的投影的过程中，本身会损失信息，而且运动目标并不是确定不变的信号。在跟踪的过程中会发生旋转、形变、位移等复杂的变化。此外，背景复杂多变、摄像机抖动、外界的光照和遮挡等因素更增加了目标跟踪的复杂性。因此，目标跟踪仍然是机器视觉领域的一项极具挑战性的研究课题。

本章重点研究启发式的目标跟踪方法，结合飞行器智能化精确制导需求，研究适用于空地复杂场景下的红外目标鲁棒跟踪算法，重点解决目标遮挡、高动态、场景干扰、高精度等制约目标跟踪的挑战问题，并通过仿真验证算法的有效性。

## 5.2　基于 Kalman 滤波和梯度-径向夹角的改进均值漂移跟踪算法

　　MS 算法[185]是一种基于 KDE 的无参数快速模式匹配算法，利用核函数的性质，无须估计整个区间的概率密度，也无须事先知道假定区间中样本点的分布模型，从而降低时间复杂度。正是由于 MS 算法是一个无参数密度估计算法，因此具有易与其他算法相结合的优点，为其提供很大的改进空间。当前，许多学者和研究人员都将目光放在相关算法，如 Kalman 滤波[7]、粒子滤波[145]相结合的探讨与研究。事实上，传统 MS 算法本身在初始值的选取、特征空间的选择、尺度的自适应，以及模板更新问题等方面还存在一些值得改进和提高的地方。

　　因此，本节从传统的 MS 目标跟踪算法入手进行研究，分析传统 MS 算法在目标跟踪中存在的问题，并针对以上问题做出改进，提出一种改进的跟踪算法，即基于 Kalman 滤波和 GRA 的改进 MS 跟踪算法。通过 Kalman 滤波预测初始迭代位置，使算法的效率得到较大的提高；采用基于 GRA 的空间直方图描述目标，解决传统 MS 算法在空间位置信息表述上的不足，从而有效地提高复杂背景下跟踪过程的鲁棒性与实时性。另外，算法也对尺度因子进行了考虑和分析。实验结果表明，改进后的 MS 算法优于传统的 MS 算法和另外两种改进算法。

### 5.2.1　均值漂移算法原理

　　运动目标的跟踪包括目标的特征提取和特征匹配。特征的提取也叫目标表达。在 MS 算法中，目标由它的颜色直方图表示，匹配是计算目标直方图和候选区域直方图的相似度。MS 算法能够优化这个相似度函数，求得极值，找到最合适的候选区域。

#### 1. 目标模型的描述

　　假设目标区域的中心为 $x_0$，其中有 $n$ 个像素，用 $\{x_i\}_{i=1,2,\cdots,n}$ 表示，特征值 bin(方格数)的个数为 $m$，则目标模型的特征值 $u=1,2,\cdots,m$ 估计的概率密度为

$$\hat{q}_u = C \sum_{i=1}^{n} k\left(\left\|\frac{x_0 - x_i}{h}\right\|^2\right) \delta(b(x_i) - u) \tag{5.1}$$

其中，$k(x)$ 为核函数的轮廓函数，$k(x)$ 对中心的像素给一个大的权值，远离中心的像素给一个小的权值；$\delta(x)$ 为 Delta 函数，$\delta(b(x_i) - u)$ 总的作用是判断目标区域中像素 $x_i$ 的颜色值是否属于第 $u$ 个 bin，若属于则值为 1，否则为 0；$C$ 为标准

化的常量系数，使 $\sum\limits_{u=1}^{m} q_u = 1$。

因此

$$C = \frac{1}{\sum\limits_{i=1}^{n} k\left(\left\|\dfrac{x_0 - x_i}{h}\right\|^2\right)} \tag{5.2}$$

**2. 候选模型的描述**

运动目标在第二帧及以后的每帧中可能包含目标的区域，称为候选目标区域。其中心坐标为 $y$，也是核函数的中心坐标。该区域中的像素用 $\{x_i\}_{i=1,2,\cdots,n_h}$ 表示，参考式(5.1)，对候选区域的描述称为目标候选模型，候选模型特征值 $u = 1,2,\cdots,m$ 的概率密度为

$$\widehat{p}_u = C_h \sum_{i=1}^{n_k} k\left(\left\|\frac{y - x_i}{h}\right\|^2\right)\delta\big(b(x_i) - u\big) \tag{5.3}$$

其中，$C_h = \dfrac{1}{\sum\limits_{i=1}^{n} k\left(\left\|\dfrac{y - x_i}{h}\right\|^2\right)}$ 为标准化的常量系数。

**3. 相似性函数**

相似性函数描述目标模型和候选目标模型之间的相似程度。在理想的情况下，两个模型的概率分布是完全一样的，相似性函数有很多种，如 Bhattacharyya 系数、直方图交集，以及 Kullback 散度等。Bhattacharyya 系数是一种散度型测量，其直接的几何意义是两个向量间角度的余弦值。Comaniciu 在 MS 算法[23]中的 Bhattacharyya 系数是优于其他相似性函数的一种选择。

Bhattacharyya 系数定义为

$$\widehat{\rho}(y) = \rho(\widehat{p}(y),\widehat{q}) = \sum_{u=1}^{m} \sqrt{\widehat{p}_u(y)\widehat{q}_u} \tag{5.4}$$

其值在 0～1 之间，$\widehat{\rho}(y)$ 的值越大，表示两个模型越相似。

在当前帧中，不同候选区域计算得到的候选模型使 $\widehat{\rho}(y)$ 最大候选区域是本帧目标的位置。

**4. 目标定位**

为使 $\widehat{\rho}(y)$ 最大，在当前帧的目标中心先定位前一帧目标中心的位置 $y_0$，从

这一点开始寻找最优匹配的目标,其中心为 $y$。先计算目标候选模型 $\hat{p}(y_0)$,在 $\hat{p}(y_0)$ 处进行泰勒展开,即

$$\rho(\hat{p}(y),\hat{q}) = \frac{1}{2}\sum_{u=1}^{m}\sqrt{\hat{p}(y)\hat{q}} + \frac{C_h}{2}\sum_{i=1}^{n_k}w_i k\left(\left\|\frac{y-x_i}{h}\right\|^2\right) \tag{5.5}$$

其中,$w_i = \sum_{u=1}^{m}\sqrt{\dfrac{\hat{q}_u}{\hat{p}_u(y_0)}}\delta(b(x_i)-u)$

式(5.5)中只有第二项随 $y$ 变化,所以我们分析第二项,令

$$f_{n,K} = \sum_{i=1}^{n_k}\frac{C_h}{2}w_i k\left(\left\|\frac{y-x_i}{h}\right\|^2\right) \tag{5.6}$$

式(5.6)就是在有权值 $w_i$ 时的核概率密度估计,通过计算 MS 向量,在每次迭代中,目标区域的中心都会由 $y_0$ 移动到新的位置 $y_1$,即

$$y_1 = \frac{\displaystyle\sum_{i=1}^{n_k}x_i w_i g\left(\left\|\frac{y-x_i}{h}\right\|^2\right)}{\displaystyle\sum_{i=1}^{n_k}w_i g\left(\left\|\frac{y-x_i}{h}\right\|^2\right)} \tag{5.7}$$

这样,目标区域就由初始位置逐步移动并收敛到真实的目标位置。

### 5.2.2　传统均值漂移算法存在的问题

MS 算法作为一种基于特征的跟踪方法,基本思想是通过反复迭代搜索特征空间中样本点最密集的区域,搜索点沿着样本点密度增加的方向"漂移"到局部密度极大点。这种通过有限次迭代准确定位目标的方法,在目标区域已知的情况下完全可以做到实时跟踪。但是,通过对上述的算法步骤的回顾,可以发现算法中存在如下问题。

#### 1. 初始迭代位置

由于 MS 跟踪关注的是目标模型和候选模型颜色分布的相似性,当目标重叠过多或背景与目标颜色相近时,MS 将不能保证跟踪的准确性。若目标运动速度过快,目标在相邻帧间没有重叠,运动目标可能收敛于背景中与目标颜色相近的物体,而不是运动目标;或者是目标间存在遮挡,利用颜色直方图对运动目标特征进行描述也会导致跟踪效果欠佳。此外,目标的起始位置不理想也是引起跟踪结果不佳的重要因素。若能通过目标以前的运动信息预测当前帧目标可能的位置,然后将这一目标点作为目标的起始位置,就可以在这一邻域内寻找到目标的真实

位置。因此,准确预测当前帧的初始迭代位置是算法提高实时性和精度的重要因素。

2. 特征空间的选择

在 MS 算法中,目标模型通过建立在特征空间的直方图进行后续的迭代。传统的 MS 算法采用灰度值或者 RGB 作为特征空间。虽然在圆形的统计区域,颜色模型具有旋转不变的特性,但众所周知,颜色值是极其不稳定的统计特性,它会随着亮度的变换产生较大的改变,对跟踪结果产生较大的误差,甚至是跟踪失败。梯度是较为鲁棒的特征,它不会随亮度的变化产生明显的改变,但是对于梯度的统计量,它并不具备旋转不变量。对于一个圆形的目标区域旋转一个角度时,目标的方向直方图上就存在一个循环平移。如图 5.1 所示,对于圆形目标区域,灰度直方图并没有发生变换,而梯度直方图则发生明显的平移变化。

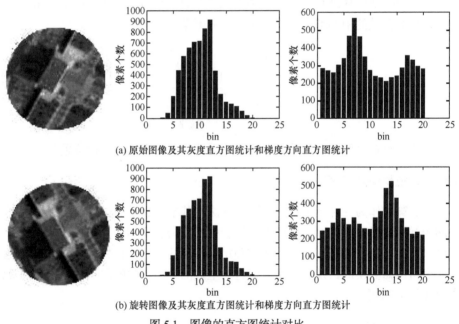

(a) 原始图像及其灰度直方图统计和梯度方向直方图统计

(b) 旋转图像及其灰度直方图统计和梯度方向直方图统计

图 5.1　图像的直方图统计对比

在飞行器向目标运动的过程中,可能发生滚动,因此图像会有一定程度的旋转,如果对旋转进行校正或者大范围的搜索,会花费较多的时间。因此,选择一个合适的特征空间,能够更加鲁棒地描述目标的模型,是 MS 算法中重要的研究内容。

3. 尺度自适应

根据摄像机的成像原理,在目标逐渐靠近摄像头时,所拍摄的画面中的目标区域也会逐渐增大，反之亦然。因此，如何在跟踪的过程适应尺度变化是各种跟踪算法的重要问题。基于 MS 算法进行跟踪时，若目标逐渐变小，虽然开始几帧由于直方图信息变化不大还能勉强准确定位，但是到后面背景部分被当成目标的比例越来越大，会对直方图的表示产生较大影响，不能保证算法迭代到正确的目标位置。若目标逐渐变大，则直方图只对窗口中的那一部分目标进行统计，迭代后得到的局部极值点会在目标中心附近游动，难以正确定位。

### 5.2.3　基于 Kalman 滤波和梯度-径向夹角的改进均值漂移算法

在传统 MS 算法存在的问题中，初始迭代位置的选择对于跟踪精度和快速目标的跟踪有重要的影响；目标特征空间的选择对跟踪的精度和鲁棒性影响较大；尺度因子又是在工程实践中必须考虑的问题。因此，针对这三个主要问题，本节提出一种基于 Kalman 滤波和 GRA 的改进 MS 算法，实现对快速运动目标尺度自适应的精确跟踪。

#### 1. Kalman 滤波

MS 的迭代过程就是寻找邻域内极大值的过程。原始的 MS 跟踪算法以上一帧的目标位置作为本帧 MS 迭代的初始位置，在邻域内找到相似度函数的极大值之后，不断迭代直至停止。如果目标附近有其他的相似物体靠近，则定位到其他物体上。改进这个问题的一个方法是，提前预测运动目标的位置，把预测的位置作为迭代的初始位置。考虑实际目标运动轨迹的不确定性，本节采用 Kalman 滤波器预测目标的位置。

Kalman 滤波器算法包含两个模型。

(1) 信号模型

$$X(k) = A(k-1)X(k-1) + B(k)W(k) \tag{5.8}$$

(2) 观测模型

$$Y(k) = C(k)X(k) + V(k) \tag{5.9}$$

其中，$X(k)$ 和 $Y(k)$ 分别为状态向量和观测向量；$A(k-1)$、$B(k)$、$C(k)$ 为状态转移矩阵、输入矩阵、观测矩阵；$W(k)$ 和 $V(k)$ 为信号噪声和观测噪声。

假设运动目标中心在 $x$、$y$ 轴上的运动均是随机加速而被扰动的直线运动，加速度 $a$ 是一随机量，$a(t) \sim N(0, \sigma_w^2)$。令状态向量为 $X(k) = [x(k), y(k), \dot{x}(k), \dot{y}(k)]^T$，其中 $x(k)$、$y(k)$ 分别为目标中心坐标在 $x$、$y$ 轴上的坐标分量，$\dot{x}(k)$、$\dot{y}(k)$ 分别为 $x$、$y$ 轴上的速度。观测向量为 $Y(k) = [xc(k), yc(k)]^T$，$xc(k)$、$yc(k)$ 分别为当前帧中观测的目标中心在 $x$、$y$ 轴的坐标信息。

在 $x$ 轴上，按照牛顿运动定理，运动方程为

$$x(k) = x(k-1) + \dot{x}(k-1)t + \frac{1}{2}W(k)t^2 \tag{5.10}$$

$$\dot{x}(k) = \dot{x}(k-1) + W(k)t \tag{5.11}$$

其中，$t$ 为时间变量，可以认为是帧数。

同理，$y$ 轴上有相似的方程。因此，信号模型为

$$\begin{bmatrix} x(k) \\ y(k) \\ \dot{x}(k) \\ \dot{y}(k) \end{bmatrix} = \begin{bmatrix} 1 & 0 & t & 0 \\ 0 & 1 & 0 & t \\ 0 & 0 & 1 & 0 \\ 0 & 0 & 0 & 1 \end{bmatrix} \begin{bmatrix} x(k-1) \\ y(k-1) \\ \dot{x}(k-1) \\ \dot{y}(k-1) \end{bmatrix} + \begin{bmatrix} \frac{t^2}{2} \\ \frac{t^2}{2} \\ t \\ 1 \end{bmatrix} w(k) \tag{5.12}$$

观测模型为

$$\begin{bmatrix} xc(k) \\ yc(k) \end{bmatrix} = \begin{bmatrix} 1 & 0 & 0 & 0 \\ 0 & 1 & 0 & 0 \end{bmatrix} \begin{bmatrix} x(k) \\ y(k) \\ \dot{x}(k) \\ \dot{y}(k) \end{bmatrix} + \begin{bmatrix} 1 \\ 1 \end{bmatrix} v(k) \tag{5.13}$$

离散 Kalman 的最优估计方程为

$$\hat{X}(k+1|k) = A(k)\hat{X}(k|k-1) + K(k)(Y(k) - C(k)\hat{X}(k|k-1)) \tag{5.14}$$

$$K(k) = A(k)P(k|k-1)C^{\mathrm{T}}(k)(C(k)P(k|k-1)C^{\mathrm{T}}(k) + \sigma_v^2)^{-1} \tag{5.15}$$

$$P(k+1|k) = A(k)P(k|k-1)A^{\mathrm{T}}(k) - K(k)C(k)P(k|k-1)A^{\mathrm{T}}(k) + B(k)\sigma_w^2 B^{\mathrm{T}}(k)$$
$$\tag{5.16}$$

设定初始值 $t$、$\sigma_v$、$\sigma_w$、$X(-1) = [xs, ys, 0, 0]^{\mathrm{T}}$，其中 $xs$、$ys$ 为第一帧目标的中心坐标。根据以往帧的观测向量预测当前帧的状态向量，由此可知目标可能的位置。在这个邻域用 MS 算法寻找目标在当前帧的真实位置，利用这些真实位置的信息组成当前帧的观测向量，再预测下一帧的状态向量，从而可以得到目标在下一帧可能的位置，依次循环迭代。

2. 基于梯度-径向夹角的空间直方图对目标进行描述

定义径向矢量为 $v_r$，梯度矢量为 $v_d$，图像旋转 $\theta$ 后，$p$ 对应的像素点为 $p'$，其径向矢量和梯度矢量也将旋转 $\theta$，即

$$v_d(p') = \text{Rotate}(v_d(p), \theta), \quad v_r(p') = \text{Rotate}(v_r(p), \theta) \tag{5.17}$$

$v_r$ 和 $v_d$ 的夹角 $\alpha$ 即 GRA[226]，由原始图像变为 GRA 图像也称梯度-径向变换 (gradient radius transform, GRT)。GRA 是一种真正的图像旋转不变稀疏特征描述。

图像旋转 $\theta$ 度后，与 $p$ 对应的像素 $p'$ 的 GRA 角为

$$
\begin{aligned}
&\alpha(p')\\
&= \angle \mathrm{Rotate}(v_d(p),\theta) - \angle \mathrm{Rotate}(v_r(p),\theta)\\
&= (\angle v_d(p)+\theta) - (\angle v_r(p)+\theta)\\
&= \angle v_d(p) - \angle v_r(p) = \alpha(p)
\end{aligned}
\tag{5.18}
$$

由此可知，GRA 不受图像旋转影响，并且它融合梯度和位置信息，是一种对目标区域更加鲁棒的描述。

图 5.2 对 GRA 进行了详尽地描述，可以看出 GRA 并不随着角度的旋转而改变。因此，基于 GRA 的统计直方图也具有旋转不变性。如图 5.3 所示，基于 GRA 的直方图并没有因为图像的旋转而产生较大的变化，大体保持一致。

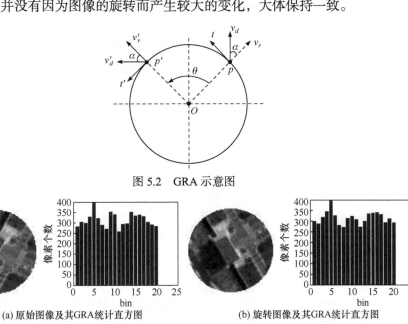

图 5.2　GRA 示意图

(a) 原始图像及其 GRA 统计直方图　　　　　(b) 旋转图像及其 GRA 统计直方图

图 5.3　基于 GRA 的统计直方图

为了更加准确地描述目标，考虑直方图的空间位置缺失的问题，本节采用一种基于空间的梯度-径向角的直方图描述目标模型。其计算步骤如下。

(1) 计算径向矢量

对于矢量 $v=a+bj$ ，矢量的长度 $|v|=\sqrt{a^2+b^2}$ ，矢量的方向为 $\angle v = \arctan(b/a)$ 。对于矢量顺时针旋转 $\theta$ 度的操作记为 $\mathrm{Rotate}(v,\theta)$ ，$v_r$ 为径向矢量，$v_d$ 为梯度矢量。

设图像有效区域的中心点为 $O(x,y)$ ，对任意有效像素 $A=I(x,y)$ ，定义该点的径向矢量为 $v_r=\overline{OA}$ 。当图像顺时针旋转 $\theta$ 度后，$A$ 对应像素 $A^R$ 的径向矢量为

$OA^R = \text{Rotate}(v, \theta)$。区域内径向矢量示意图如图 5.4 所示。

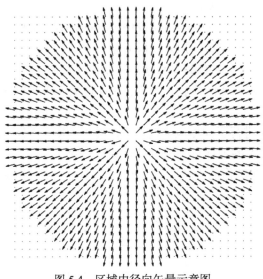

图 5.4　区域内径向矢量示意图

(2) 计算归一化的梯度矢量

设 $I(x, y)$ 为图像中点 $p$ 处的灰度值，那么该点的归一化梯度矢量定义为

$$v_d(I(x,y)) = \text{sgn}\left(\frac{\partial I}{\partial x} + \frac{\partial I}{\partial y}\text{j}\right) \tag{5.19}$$

$$\text{sgn}(x) = \begin{cases} 0, & |x| = 0 \\ \dfrac{x}{|x|}, & |x| > 0 \end{cases} \tag{5.20}$$

对于梯度矢量的归一化操作，目的是去除梯度矢量的强度信息，只保留梯度矢量的方向。图像中存在梯度方向不稳定的像素，如天空、道路，其内部的梯度很小，但是通常不为零，则梯度方向一般受影响较大，分布较为杂乱。如果将这一部分不稳定像素的归一化梯度矢量加入图像的匹配算法，必将影响匹配的可靠性。

为此，设置阈值舍弃梯度强度小于阈值的像素点，增大梯度方向的一致区域，更加有利于图像的匹配。

(3) 计算 GRA

若已知归一化梯度矢量和径向矢量，则可通过反余弦函数计算 GRA。如果规定梯度矢量相位超前径向矢量的相位时，GRA 为 $[0, \pi]$，如果径向矢量的相位超前梯度矢量的相位时，GRA 为 $[\pi, 2\pi]$，那么将 $\alpha$ 量化到 $(0, 2\pi)$，记为 $\alpha_{2\pi}$，则 $\alpha_{2\pi}$ 由下式计算，即

$$\alpha_{2\pi} = \begin{cases} 0, & |v_r| = 0 \\ \arccos\left(\dfrac{v_r \cdot v_d}{|v_r|}\right), & |v_r| \neq 0, v_{dx} \times v_{ry} - v_{dy} \times v_{rx} > 0 \\ \arccos\left(\dfrac{v_r \cdot v_d}{|v_r|}\right) + 2\pi, & |v_r| \neq 0, v_{dx} \times v_{ry} - v_{dy} \times v_{rx} < 0 \end{cases} \quad (5.21)$$

其中，$v_{dx}$ 和 $v_{dy}$ 为梯度矢量 $v_d$ 的实部和虚部；$v_{rx}$ 和 $v_{ry}$ 为径向矢量 $v_r$ 的实部和虚部。

显然，$v_{dx} \times v_{ry} - v_{dy} \times v_{rx} > 0$ 表示 $v_d$ 相位超前于 $v_r$，$v_{dx} \times v_{ry} - v_{dy} \times v_{rx} < 0$ 表示 $v_r$ 相位超前于 $v_d$。

(4) 基于 GRA 的空间直方图

MS 跟踪算法中对目标的描述通常为核概率密度估计的直方图，而直方图表示的一个主要的缺点是缺乏必要的空间位置信息。这就导致当背景和目标相似的情况下出现跟踪错误。为此，本节采用的一种基于空间描述的 GRA 直方图描述目标区域。

为了增加空间位置信息同时保证图像的旋转不变性，将圆形目标区域空间划分为 $p$ 层，从里到外分别为 $L_1, L_2, \cdots, L_p$，并且面积相同。在 $L_1, L_2, \cdots, L_p$ 层计算其 GRA，然后进行核概率密度估计就可以得到每个子区域的目标模型，将每次子区域的描述综合起来即可完成对目标的空间描述。

按照式(5.1)和式(5.2)，目标描述模型和候选目标模型更新为

$$\hat{q}_{u,v} = C_{q,v} \sum_{i=1}^{n_{q,v}} k\left(\left\|\frac{x_0 - x_i}{h}\right\|^2\right) \delta\left(b_u(x_i) - u\right) \delta\left(b_v(x_i) - v\right), \quad u = 1, 2, \cdots, n, v = 1, 2, \cdots, l$$

$$(5.22)$$

$$\hat{p}_{u,v} = C_{p,v} \sum_{i=1}^{n_{p,v}} k\left(\left\|\frac{y - x_i}{h}\right\|^2\right) \delta\left(b_u(x_i) - u\right) \delta\left(b_v(x_i) - v\right), \quad u = 1, 2, \cdots, n, v = 1, 2, \cdots, l$$

$$(5.23)$$

其中，$b_u$ 和 $b_v$ 为 GRA 的指标函数和空间层数的指标函数；$C_{q,v}$ 和 $C_{p,v}$ 为每一层的归一化因子。

如图 5.5 所示，目标区域空间被划分为 4 层，分别为 $L_1$、$L_2$、$L_3$、$L_4$，并且四个子区域面积相同，即四个子区域内含的像素个数相同。图 5.5(b)表示层数对图像特征表达的影响。可以看出，这种空间描述会增加向量的维数，提高图像的特征表示能力，同时保证描述的旋转不变性。

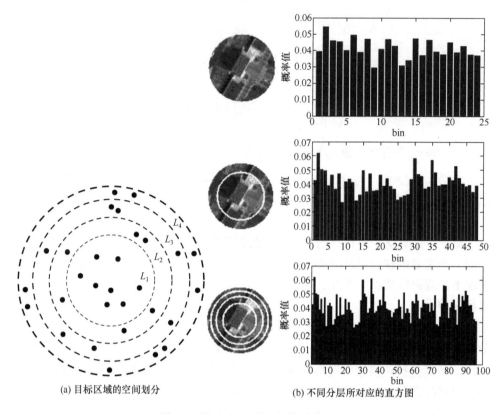

(a) 目标区域的空间划分　　　　　(b) 不同分层所对应的直方图

图 5.5　基于 GRA 的空间统计直方图

### 3. 尺度自适应

由于相邻帧目标尺度变化范围有限，因此在进行尺度空间搜索时，我们只需搜索小的尺度变化范围即可。值得注意的是，这里的尺度搜索是通过改变实时图的核直方图统计半径实现的(固定子模板图的核直方图统计半径)，而不是固定实时图改变模板图的方法。这是因为 MS 搜索的次数本身较少(平移空间、尺度空间)，无需对实时图密集描述。另外，在后续跟踪中，只要模板图没有更新，则关于子模板的选取，以及直方图的统计均无须重复计算。

因此，解决尺度变化的方法是在分别用窗口的 0.95、1.0、1.05 倍进行跟踪，最后在这几个尺度都收敛后，选择与之前的目标相似度最大的那一个 $\sigma_{opt}$。同时为了避免噪声等影响导致窗口频繁的变化，采用下式进行平滑处理得到新的窗口宽度，即

$$\sigma_{new} = \beta\sigma_{opt} + (1-\beta)\sigma_{prev} \tag{5.24}$$

其中，$\beta$ 通常取 0.1 左右。

### 4. 改进的均值漂移算法流程

根据上述分析和推导，对图像进行 GRT 变换之后，我们可以得到基于 GRA 的空间直方图的描述。目标模型和候选目标模型为

$$\hat{q}_{u,v} = C_{q,v} \sum_{i=1}^{n_{q,v}} k\left(\left\|\frac{x_0 - x_i}{h}\right\|^2\right) \delta(b_u(x_i) - u)\delta(b_v(x_i) - v), \quad u = 1, 2, \cdots, n, v = 1, 2, \cdots, p \tag{5.25}$$

$$\hat{p}_{u,v} = C_{p,v} \sum_{i=1}^{n_{p,v}} k\left(\left\|\frac{y - x_i}{h}\right\|^2\right) \delta(b_u(x_i) - u)\delta(b_v(x_i) - v), \quad u = 1, 2, \cdots, n, v = 1, 2, \cdots, p \tag{5.26}$$

式(5.3)的 Bhattacharyya 系数也相应变为

$$\hat{\rho}(y) = \rho(\hat{p}_{u,v}(y), \hat{q}_{u,v}) = \frac{1}{l} \sum_{u=1}^{m} \sum_{v=1}^{l} \sqrt{\hat{p}_{u,v}(y)\hat{q}_{u,v}} \tag{5.27}$$

$$w_i = \sum_{u=1}^{m} \sum_{v=1}^{l} \delta(b_u(x_i) - u)\delta(b_v(x_i) - v)\sqrt{\frac{\hat{q}_{u,v}}{\hat{p}_{u,v}(y_0)}} \tag{5.28}$$

有了权值 $w_i$，用概率密度极大值作为更新的位置点，即

$$y_1 = \frac{\sum_{i=1}^{n_k} x_i w_i g\left(\left\|\frac{y - x_i}{h}\right\|^2\right)}{\sum_{i=1}^{n_k} w_i g\left(\left\|\frac{y - x_i}{h}\right\|^2\right)} \tag{5.29}$$

综上所述，我们可以得到基于 Kalman 和 GRA 的改进的 MS 跟踪算法的流程图(图 5.6)。

改进后的 MS 跟踪算法的步骤如下。

① 读入视频序列，在第一帧中选取感兴趣的圆形区域作为目标模板，用基于 GRA 的空间直方图描述目标，并记录半径 $R_{\text{new}}$ 计算中心点位置 $y_0$ 和核窗宽 $h$。

② 继续读入后续帧序列，如果为第二帧就取上一帧中心点的位置 $y_0$ 作为当前帧的初始迭代点，否则更新 Kalman 观测值，用 Kalman 滤波器对初始迭代点进行预测。

③ 在实时图上，根据每一个尺度因子 $k(i)$ 改变窗口，对候选目标区域求基于 GRA 的空间直方图。

④ 用式(5.28)进行迭代跟踪，直到收敛，并记录当前尺度因子下的 Bhattacharyya 系数 $\rho(i)$ 和跟踪位置 $y$。

⑤ 求 $\rho$ 最大时对应的尺度因子和跟踪的位置，并且按照式(5.23)对 $R_{new}$ 进行更新。

⑥ 输出跟踪结果，若视频序列帧未读取完毕，返回②继续执行；否则，结束。

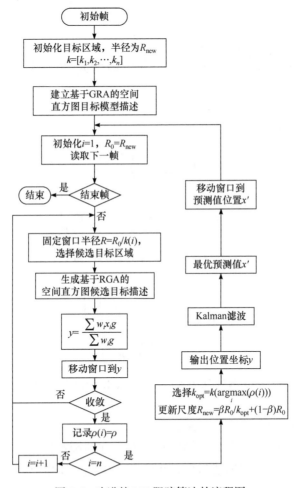

图 5.6　改进的 MS 跟踪算法的流程图

### 5.2.4　算法跟踪实验与性能分析

为了验证改进后算法的有效性，本节分别对两组视频序列进行性能测试。其中视频 1 为合成视频，目标模型和实时图存在尺度、旋转和平移的变化；视频 2 为目标和背景颜色极为相似的场景，并且背景会发生较大的变化。同时，将改进后的 MS 算法与传统 MS 跟踪算法(记为 OMS)和基于梯度方向的 MS 跟踪算法(记为 GMS)[139]和 SOAMST(scale and orientation adaptive mean shift tracking)算法[138]进行仿真实验比较。

通过鼠标选取要跟踪的圆形目标区域，收敛的阈值选择使迭代的距离小于 1 个像素间距，并对于特定的尺度。迭代过程执行的次数在 10 次以内。对于灰度级的设置，在不影响跟踪精度的情况下，灰度级 bins 越小，计算量越小，目前大部分的文献建议为 16，但通过实验发现 bin=16 的实验精度较低，无法满足要求。本节采用的灰度级为 24。对于尺度问题，由于距离目标会越来越近，原则上目标在图像坐标系下尺度不会变小，但为了提高其鲁棒性，实验中其搜索范围初步设置为 $0.95 \leqslant k_i \leqslant 1.05$，搜索步长为 0.05。SOAMST 方法采用默认参数设置。本书算法中的 bin 设置为 24，空间对圆形目标区域划分为 $l = 4$ 个圆环区域。

### 1. 跟踪算法的鲁棒性分析

图 5.7(a)所示为一个目标模板图及其周围一定区域的实时图。模板图直接从实时图中截取，因此两者没有旋转变形。图 5.7(b)所示为图 5.7(a)中的模板图旋转 80°，实时图不变，模板图和实时图中存在旋转的变形。三种算法的 Bhattacharyya 系数(简称 BH 系数)曲面比较如图 5.8 所示。可以看出，三种方法都可以找到最大值，但是前两种方法的 BH 曲面中主峰和周围区域 BH 系数相差无几，区别性不强。这样就很容易受到干扰而出现跟踪错误。本书算法的主峰较为明显，跟踪性能更佳，具有更好的鲁棒性。当图像发生旋转时，灰度直方图能保持旋转不变性，但是其区分性能不够好；梯度直方图效果最差，已无法正确找到其 BH 系数的峰值；本书算法中 GRA 的旋转不变性使算法在这种情况下依旧能体现良好的性能，跟踪的精度明显较好。

(a) 原始模板图和实时图　　　　　　　(b) 旋转后的模板图和实时图

图 5.7　模板图和实时图

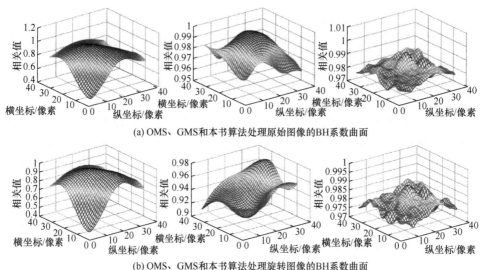

(a) OMS、GMS和本书算法处理原始图像的BH系数曲面

(b) OMS、GMS和本书算法处理旋转图像的BH系数曲面

图 5.8　三种算法的 BH 系数曲面比较

2. 跟踪算法的有效性分析

图 5.9 为上述四种算法对视频序列 1 中第 5、10、40、50 帧的跟踪结果图。视频序列 1 为 70 帧的合成视频，大小为 200×200，模板图与实时图存在旋转和尺度的变化。可以看出，传统的 OMS 算法对灰度级的统计保证了其旋转不变性，在图像发生旋转时有一定的鲁棒性，但是场景中的背景干扰较大，没有准确地预测迭代初始位置，因此很容易出现跟踪偏差和像素的漂移。基于梯度信息的 GMS 算法是对梯度方向进行统计，在旋转角度较小的情况下能准确地跟踪，但是随着旋转角度的增大，误差会越来越大，尺度因子也出现错误，最终跟踪失败；SOAMST 算法将不变矩特征引入 MS 跟踪中，用于实时估计目标的旋转角度和尺度因子，实现尺度和方向的自适应，能够对合成图像进行准确地跟踪。本书算法是基于旋转不变 GRA 对目标特征进行描述，图像发生旋转变形时具有较强的鲁棒性，又通过 Kalman 进行滤波，自始至终都锁定目标，实现精确跟踪。

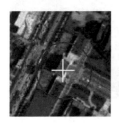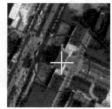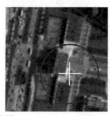

(a) OMS

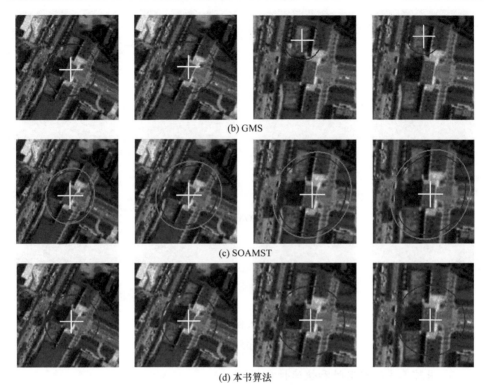

(b) GMS

(c) SOAMST

(d) 本书算法

图 5.9　视频序列 1 跟踪结果图

图 5.10 为四种算法对视频序列 2 中第 10、30、70、90 帧的跟踪结果图。视频序列 2 为实拍红外视频中截取的 100 帧序列，大小为 $532 \times 460$，实时图中目标和背景颜色极为相似，背景随着摄像机的移动动态变化，且没有明显的旋转变形。可以看出，这种背景下基于灰度信息的 OMS 和 SOAMST 跟踪均出现较大的漂移，主要是因为目标的灰度特性和路面的灰度特性差异较小，在跟踪中极易产生偏差。由于实时图没有明显的旋转，基于梯度信息的 GMS 跟踪性能相对较好。在车辆灰度信息不明显的情况下，目标的边缘特性是一种更为鲁棒的描述，但是这种描述没有空间位置信息，因此仍有几个像素的漂移。本书算法通过分区域对目标进行空间描述，增加特征向量的维数，对图像的描述更加准确，并且 Kalman 滤波对这种线性运动目标的预测性能较好，因此可以实现精确跟踪。

(a) OMS

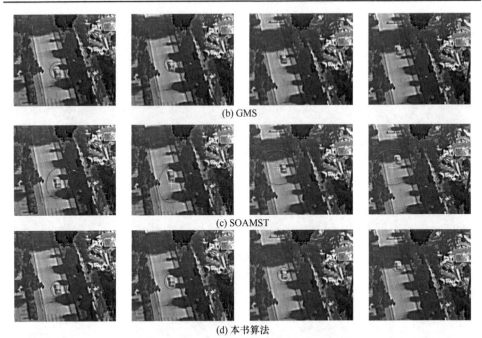

(b) GMS

(c) SOAMST

(d) 本书算法

图 5.10　视频序列 2 跟踪结果图

3. 跟踪算法的稳定性和快速性分析

　　为了全面分析改进算法的性能，图 5.11 和图 5.12 为四种算法处理视频序列 1 中各帧的 BH 系数和迭代次数对比。可以看出，对于视频序列 1，本节算法始终保持较高的 BH 系数，随着实时图的变形，系数变化幅度不大，这样就可以实现稳定的跟踪。从迭代次数可以看出，通过 Kalman 滤波对初始迭代位置进行预测，相比 OMS 和 GMS，本算法的迭代次数明显减少，但是改进的算法尺度因子依旧需要通过遍历各尺度搜索层得到，而 SOAMST 算法中的尺度因子通过各尺度层中椭圆形跟踪区域面积的平方根比值来决定。虽然 SOAMST 的迭代次数比本书

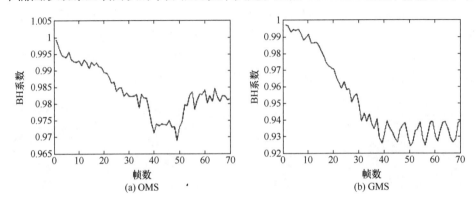

(a) OMS

(b) GMS

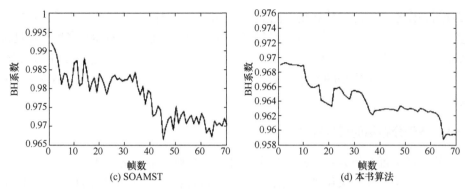

(c) SOAMST

(d) 本书算法

图 5.11　BH 系数比较

算法少，但是随着目标椭圆面积的增加，其计算量将呈指数级增加。

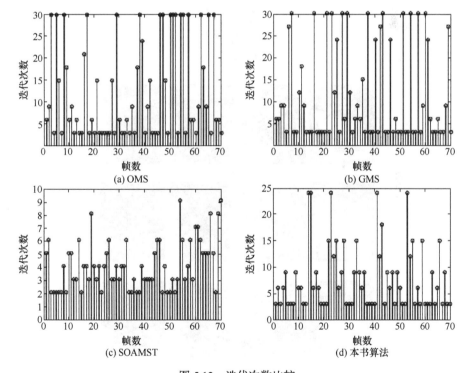

(a) OMS

(b) GMS

(c) SOAMST

(d) 本书算法

图 5.12　迭代次数比较

## 5.3　基于贝叶斯互信息分布场的红外图像目标跟踪算法

本节在基于分布场算法[186]的基础上，提出一种基于贝叶斯互信息度量的分布场目标跟踪算法。首先，充分利用先验知识，引入贝叶斯互信息度量的概念，进行实时图和模板图对应的分布场之间的匹配。匹配过程仅对各特征层的显著性区域进行计算，可以增强分布场之间度量的鲁棒性。然后，设计一种融合各特征层匹配结果的表决算法，对目标精确定位。最后，设计一种动态的模板更新策略，可以有效地应对目标外观模型的变化。大量定性和定量的仿真实验验证了本书算法的有效性。

### 5.3.1 基于分布场的目标描述

分布场是每个像素—组概率分布的组合。这种分布定义了某个像素在各个特征图上的概率。我们采用基于灰度分布场的目标描述方式对红外目标进行描述。图 5.13 所示为基于灰度分布场构造的示意图。

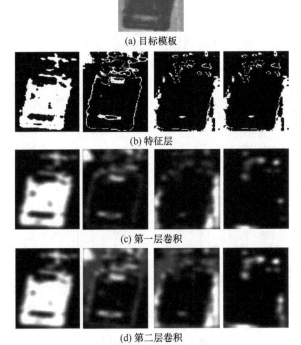

(a) 目标模板

(b) 特征层

(c) 第一层卷积

(d) 第二层卷积

图 5.13　基于灰度分布场构造的示意图

分布场的计算过程是将不确定性引入描述子的构造过程。首先，在图像的两个坐标轴方向进行卷积，引入位置的不确定性。然后，在特征轴方向进行卷积，引入特征值(本节采用的是灰度特征)的不确定性。也就是说，通过模糊计算后的分布场在理论上对目标在一定程度上的位置变化(或形变)和灰度变化不敏感，并且分布场这种模糊方法几乎不损失图像的信息，是一种无损的模糊。因此，本节采用分布场的方法进行目标描述，研究目标跟踪算法增强算法的鲁棒性，以及拓展算法在各种复杂跟踪条件下的适应性。

### 5.3.2　贝叶斯互信息原理

目标表示任务完成之后需要选择合适的相似性度量来匹配跟踪。大部分算法采用街区距离计算两幅图像的距离，即

$$L(d_1, d_2) = \sum_{i,j,k} \left| d_1(i,j,k) - d_2(i,j,k) \right| \tag{5.30}$$

这种度量计算特征层在对应位置的分布场值的差，即在计算相似性过程中，分布场中每个位置的距离对通过相似性度量计算得到的图像总的距离贡献是一样的。这样可以忽略图像对应分布场中的一些先验信息。例如，图 5.5 中第 16 特征层左下方的亮斑，如果两幅图中这一特征层亮斑区域匹配度很高，那么即使其他平坦区域匹配程度较低，也可以认为这个特征层已经匹配成功。基于此，为充分利用图像的先验信息，采用基于贝叶斯互信息作为相似性度量。

#### 1. 互信息度量

已知两幅图像 $A$、$B$，定义其联合概率分布函数为 $p_{AB}(a,b)$（可以通过归一化联合直方图获得），设 $p_A(a)$、$p_B(b)$ 为边缘概率分布，分别对应 $A$、$B$ 的概率分布。基于香农熵的互信息的定义为

$$\mathrm{MI}(A,B) = H(A) + H(B) - H(A,B) = \sum_{a,b} p_{AB}(a,b) \log \frac{p_{AB}(a,b)}{p_A(a) p_B(b)} \tag{5.31}$$

其中，$H(A)$ 和 $H(B)$ 为 $A$ 和 $B$ 的信息熵，用于图像自身不确定性大小；$H(A,B)$ 为联合熵，表示 $A$、$B$ 叠加在一起时的不确定性。

可以看出，互信息可以看作变量 $A$（$B$）因变量 $B$（$A$）而减少的不确定性量度。互信息将两幅特征图看作两个离散型随机变量，当二者相互独立时，互信息为 0。互信息值越大，表示 $A$、$B$ 的相似性程度越高。除了式(5.31)的定义形式，互信息还有其他变形，即

$$\begin{aligned}
\mathrm{MI}(A,B) &= H(A) - H(A \mid B) \\
&= \sum_{a,b} p_{AB}(a,b) \log \frac{p_{A|B}(a \mid b)}{p_A(a)} \\
&= H(B) - H(B \mid A) \\
&= \sum_{a,b} p_{AB}(a,b) \log \frac{p_{A|B}(a \mid b)}{p_B(b)}
\end{aligned} \tag{5.32}$$

其中，$H(A|B)$、$H(B|A)$ 为条件熵，表示在 $B$ 或者 $A$ 已知的条件下，$A$ 或者 $B$ 残余的不确定性。

2. 贝叶斯互信息

为获得更多的先验知识，将贝叶斯框架引入互信息理论，用于异源图像匹配领域，可以获得很好的匹配效果。本节简要介绍贝叶斯互信息的求解过程。首先，重写互信息公式为

$$
\begin{aligned}
\mathrm{MI}(A,B) &= H(A) + H(B) - H(A,B) \\
&= \sum_{a,b} p_{AB}(a,b) \log \frac{p_{A|B}(a|b)}{p_A(a)} \\
&= \sum_{a,b} p_{AB}(a,b) \log \frac{p_{A|B}(a|b)}{p_B(b)}
\end{aligned}
\tag{5.33}
$$

由于 $-\log(a)$ 定义为关于变量 $a$ 的自信息，信息熵 $H(A)$ 也称作关于变量 $a$ 的平均自信息量。同样，如果定义变量 $a$ 和 $b$ 之间的互信息为

$$
\mathrm{MI}(a,b) = \log \frac{p_{AB}(a,b)}{p_A(a)p_B(b)}
\tag{5.34}
$$

则 $\mathrm{MI}(A,B)$ 可以视为关于 $\mathrm{MI}(a,b)$ 的数学期望。

将式(5.33)中的条件概率 $p_{A|B}(a|b)$ 视为变量 $a$ 关于 $b$ 的后验概率，由贝叶斯公式可得

$$
\hat{p}_{A|B}(a|b) = \frac{\hat{p}_{B|A}(b|a)p_A(a)}{\hat{p}_B(b)} = \frac{\hat{p}_{B|A}(b|a)p_A(a)}{\sum\limits_a \hat{p}_{B|A}(b|a)p_A(a)}
\tag{5.35}
$$

其中，$p_A(a)$ 为变量 $a$ 的先验概率；$\hat{p}_{B|A}(b|a)$ 和 $\hat{p}_B(b)$ 为似然概率和证据概率。

证据概率 $\hat{p}_B(b)$ 可以根据全概率公式获得。这里符号 $\hat{p}$ 指在贝叶斯框架下的概率，以便与经典概率 $p$ 区别。将式(5.35)代入式(5.33)，可得本书贝叶斯互信息公式，即

$$
\mathrm{BMI}(A,B) = \sum_{a,b} p_{AB}(a,b) \cdot \log \frac{\hat{p}_{B|A}(b|a)}{\sum\limits_a \hat{p}_{B|A}(b|a)p_A(a)}
\tag{5.36}
$$

式(5.36)与原互信息公式相比，同样需要进行联合直方图的统计。为了便于应用，我们将其转换为序贯统计的形式。由于

$$
p_{AB}(a,b) = \frac{1}{N} \sum_{i,j} \delta(a_{i,j} - a) \cdot \delta(b_{i,j} - b)
\tag{5.37}
$$

其中，$N$ 为联合直方图统计中总的样本对数；$\delta(x)$ 为 Kronecker 函数；$a_{i,j}$、$b_{i,j}$

为概率分布图 $A$、$B$ 在 $(i,j)$ 处的像素灰度。

序贯贝叶斯互信息公式为

$$
\begin{aligned}
\mathrm{BMI}(A,B) &= \frac{1}{N}\sum_{i,j}\mathrm{BMI}(a_{i,j},b_{i,j}) \\
&= \frac{1}{N}\sum_{i,j}\log\frac{\hat{p}_{B|A}(b_{i,j}\,|\,a_{i,j})}{\hat{p}_B(b_{i,j})} \\
&= \frac{1}{N}\sum_{i,j}\log\frac{\hat{p}_{B|A}(b_{i,j}\,|\,a_{i,j})}{\sum_{a_{i,j}}\hat{p}_{B|A}(b_{i,j}\,|\,a_{i,j})p_A(a_{i,j})}
\end{aligned}
\tag{5.38}
$$

其中，$\mathrm{BMI}(a_{i,j},b_{i,j})$ 为像素对 $(a_{i,j},b_{i,j})$ 间的 MI，它与似然概率成正比，与证据概率成反比。

### 5.3.3 红外图像目标跟踪算法设计

分布场是一系列概率分布图，表示某一像素特征出现在某一特征层的概率。本节将各特征层的概率作为特征计算先验概率和似然概率，记待匹配的模板图为 $T$，实时图为 $S$。$S$ 在 $(u,v)$ 处的实时子图为 $S_{uv}$，$d_{rr}^{Tk}(i,j)$ 和 $d_{rr}^{S_{uv}k}(i,j)$ 分别为 $T$ 和 $S_{uv}$ 分布场第 $k$ 特征层在 $(i,j)$ 位置的概率，可由式(3.24)、式(3.26)、式(3.27)求取。下面详细介绍本节提出的基于贝叶斯互信息分布场的红外目标跟踪算法流程。

1. 贝叶斯先验概率密度估计

本节将分布场中 $p=d_{rr}^{Tk}(i,j)>0$ 的区域划分为显著性区域，否则为平坦区域，并参考文献[227]的分析处理方法，将贝叶斯互信息的有效匹配区域限制在该显著性区域内，记为 $V$。第 $k$ 特征层的先验概率密度可以通过 KDE 进行计算，即

$$
f_{Tk}(p)=\frac{1}{C_{h1}}\sum_{(x,y)\in V}K_1\left(\left\|\frac{p-d_{rr}^{Tk}(x,y)}{h_1}\right\|^2\right)
\tag{5.39}
$$

其中，$K_1(\cdot)$ 为高斯核函数；$h_1$ 为核函数的带宽；$C_{h1}$ 为归一化常量。

图 5.14 为图 5.13 中目标模板 16 个特征层对应的先验概率密度估计。

2. 贝叶斯似然概率密度估计

似然概率是一种主观概率，在贝叶斯理论框架中起着连接先验概率与证据概率的桥梁作用。这是模板图与实时图对应的分布场各特征层间内在联系的直接反

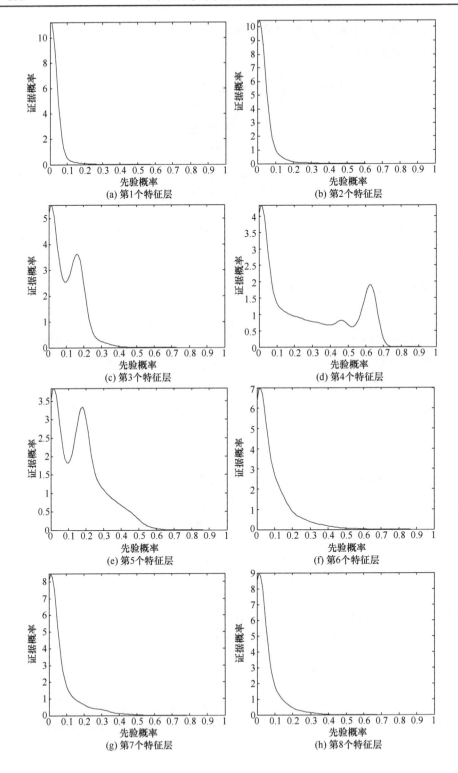

(a) 第1个特征层

(b) 第2个特征层

(c) 第3个特征层

(d) 第4个特征层

(e) 第5个特征层

(f) 第6个特征层

(g) 第7个特征层

(h) 第8个特征层

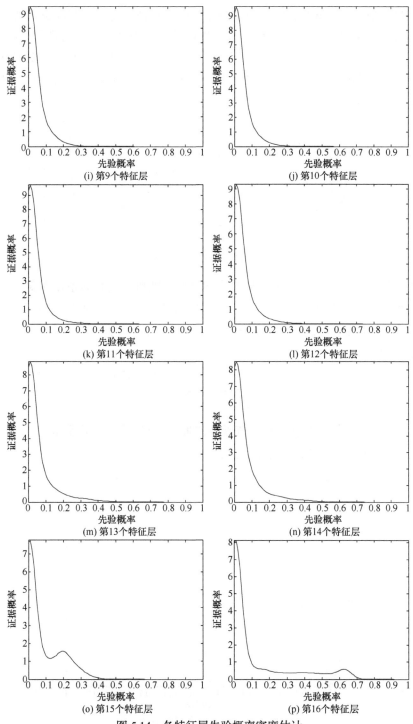

图 5.14　各特征层先验概率密度估计

映。在进行似然概率建模前，首先将分布场中各特征层的待匹配区域 $V$ 划分为两类，即显著性区域↔显著性区域、显著性区域↔平坦区域，然后进行分析。

以某特征层为例，如图 5.15 所示，图中 $S_{uv}$ 为实时图 $S$ 位于 $(u, v)$ 处的子图，与 $T$ 相对应，阴影区域表示显著性区域，白色区域为平坦区域，两类匹配区域分别用 1 和 2 标识。

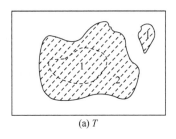
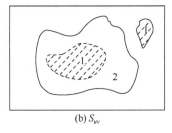

(a) $T$        (b) $S_{uv}$

图 5.15　两类匹配区域

对于第一类区域，由于分布场对应的概率反映概率之间的差异程度，可以直接通过概率的差估计模板图和实时子图对应特征层某位置的似然程度。设 $d_{rr}^{Tk}$ 和 $d_{rr}^{Sk}$ 分别为模板图和实时子图第 $k$ 特征层对应位置的概率(分布场)大小，则 1 类区域的似然模型为

$$f_{S_{uv}|T}(d_{rr}^{Sk} \mid d_{rr}^{Tk}) = \frac{1}{C_{h2}} K_2 \left( \frac{\left| d_{rr}^{Sk} - d_{rr}^{Tk} \right|}{h_2} \right) \tag{5.40}$$

其中，$K_2(\cdot)$ 为高斯核函数；$h_2$ 为核函数的带宽；$C_{h2}$ 为归一化常量。

图 5.16 所示为似然概率密度估计，其中 $h_2 = 12$。

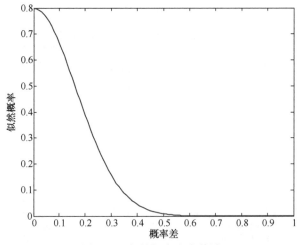

图 5.16　似然概率密度估计

显然，随着概率差 $\left|d_{rr}^{Sk}-d_{rr}^{Tk}\right|$ 的增大，似然程度将逐渐降低。

联合式(5.39)和式(5.40)，可得第 $k$ 特征层的证据概率，即

$$f_{S_{uv}k}(p)=\int f_{Tk}(p)\cdot f_{S_{uv}|T}(d_{rr}^{Sk}\mid d_{rr}^{Tk})\mathrm{d}p \tag{5.41}$$

图 5.17 给出了图 5.13 目标模板图 16 个特征层对应的证据概率分布曲线。

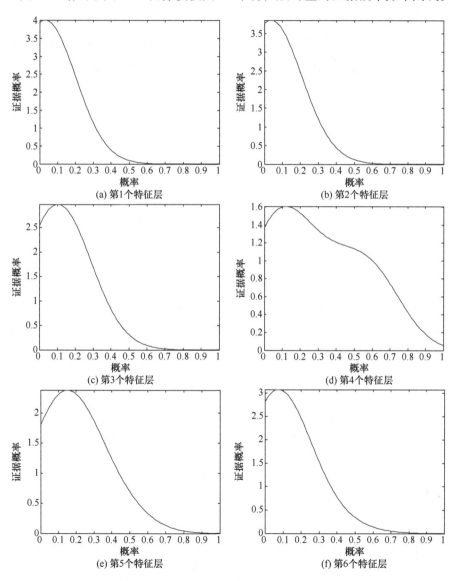

(a) 第1个特征层

(b) 第2个特征层

(c) 第3个特征层

(d) 第4个特征层

(e) 第5个特征层

(f) 第6个特征层

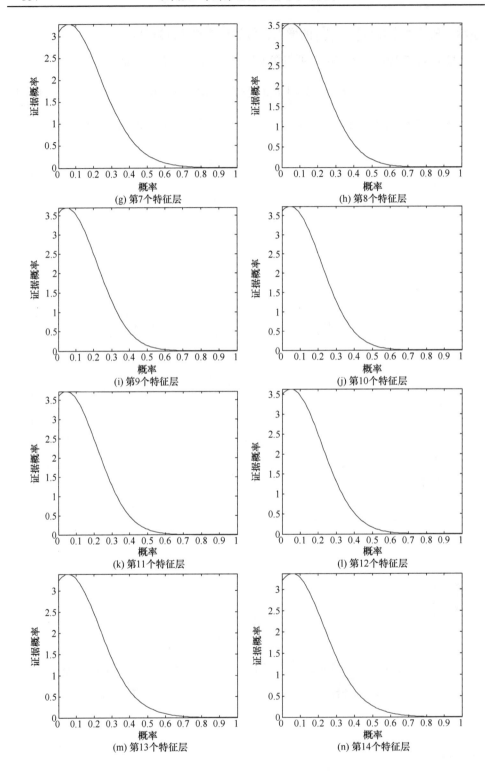

(g) 第7个特征层

(h) 第8个特征层

(i) 第9个特征层

(j) 第10个特征层

(k) 第11个特征层

(l) 第12个特征层

(m) 第13个特征层

(n) 第14个特征层

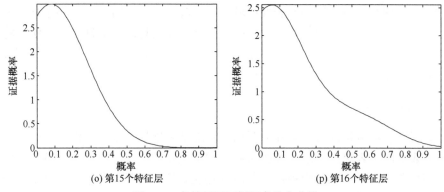

图 5.17　各特征层证据概率分布曲线

对于显著性区域↔平坦区域的情况，认定其为错误匹配点，并定义二者似然度为 0。

综合两种情况，似然函数可用下式表示，即

$$f_{S_{uv}|T}(d_{rr}^{Sk}\,|\,d_{rr}^{Tk})=\begin{cases}\dfrac{1}{C_{h2}}K_2\left(\dfrac{\left|d_{rr}^{Sk}-d_{rr}^{Tk}\right|}{h_2}\right),&d_{rr}^{Tk},d_{rr}^{Sk}>0\\[4mm]0,&d_{rr}^{Tk}>0,d_{rr}^{Sk}=0\end{cases}\qquad(5.42)$$

**3. 结合特征概率先验的贝叶斯互信息匹配**

将似然概率和证据概率代入式(5.38)，可得关于实时子图 $S_{uv}$ 与模板图 $T$ 第 $k$ 特征层的贝叶斯互信息度量，即

$$\mathrm{BMI}(k)=\frac{1}{N}\sum_{(i,j)\in V}\begin{cases}\log\dfrac{f_{S_{uv}|T}(d_{rr}^{Sk}\,|\,d_{rr}^{Tk})}{f_{S_{uv}k}(p)},&\dfrac{f_{S_{uv}|T}}{f_{S_{uv}}}>1,d_{rr}^{Sk}>0\\[4mm]0,&\text{其他}\end{cases}\qquad(5.43)$$

需要注意的是，式(5.43)在实现时，我们已加入以下两点特殊处理。

① 当似然概率为 0 时，如第二类匹配点，将贝叶斯互信息定义为 0。

② 当 $f_{S_{uv}|T}(d_{rr}^{Sk}\,|\,d_{rr}^{Tk})<f_{S_{uv}k}(d_{rr})$ 时，贝叶斯互信息为负值，导致总的平均互信息也可能为负，尤其是在非匹配区域。

然而，这种情况在原互信息定义公式中绝不会出现[145]，为保持互信息概念上的一致性，我们将这种情况下的贝叶斯互信息也定义为 0。

根据式(5.43)，遍历 $(x,y)$ 计算最大的贝叶斯互信息值可得第 $k$ 特征层的最优匹配位置。

通过贝叶斯互信息的计算流程，可以发现采用贝叶斯互信息进行分布场的度

量时，仅采用每个特征层的显著性区域进行匹配。这个显著性区域的选择也是此算法的一个局部区域选择策略。通过引入贝叶斯互信息的相似性度量方法，将原DFT算法由基于全局特征的方法转变为基于局部特征的算法，因此这样的相似性度量方式对目标被遮挡的情况更加适应。

### 4. 表决图的计算

如果将各对应特征层的贝叶斯互信息匹配结果累加起来，可以得到一幅融合的最终表决图。表决图中最大表决值对应的位置即最优匹配位置，也就是当前帧的跟踪位置。但是，每帧图像要经过 16 次遍历计算贝叶斯互信息，计算量过于庞大，因此提出一种基于加权融合爬山的表决算法。

将上一帧的目标位置设为起始点，采用爬山法搜索各特征层的最佳匹配位置。由于图像位于某些特征层的像素非常少，此时这一特征层的显著性区域会非常小，可用于匹配的信息不足会造成匹配结果的不可信。在匹配过程中，随机选择 $n_1$ 个特征层，将显著性区域对应的特征转化为列向量，再对对应的列向量进行贝叶斯互信息求解，可以得到表决值(最大贝叶斯互信息值)和表决位置(最大贝叶斯互信息值对应的位置)。如果随机选取 $n_2$ 次，就可以通过爬山得到 $n_2$ 个表决值和表决位置。

假定在两帧图像之间，目标运动的范围很小，将上一帧的目标位置作为当前帧的搜索中心，在 $M \times M$ 范围内(记为 $U$)对其进行搜索。对于每个表决位置，设定一个位置权重值 $\omega_d$，即

$$\omega_d = \frac{1}{2\pi\sigma^2}\exp\left(\frac{d^2}{2\sigma^2}\right) \tag{5.44}$$

其中，$d$ 为表决位置与区域 $U$ 内像素的距离。

那么可以生成区域 $U$ 的表决表，每个位置的最终表决值为

$$\mathrm{Map}(i,j) = \sum_{i=1}^{M}\sum_{j=1}^{M}\sum_{n=1}^{n_2}\omega_d(i,j,n) * \mathrm{BMI}(n) \tag{5.45}$$

其中，$\mathrm{Map}(i,j)$ 为区域 $U$ 内 $(i,j)$ 位置的跟最终表决值；$\mathrm{BMI}(n)$ 为第 $n$ 次计算得到的表决值；$\omega_d(i,j,n)$ 为第 $n$ 次计算得到的表决位置对应的 $U$ 内 $(i,j)$ 位置的权重。

### 5. 模板更新

为防止目标在长时间跟踪后出现漂移现象，需要对模板进行更新。分布场 $d$ 是一个多维数组，本节通过引入一个遗忘因子 $\alpha$ 更改每一时刻多维数组的值，实现目标模板的更新，即

$$d_t^* = \alpha d_t + (1-\alpha)d_{t-1} \tag{5.46}$$

其中，$d_{t-1}$ 为上一帧的分布场；$d_t$ 为算法在当前帧图像中得到的真实目标的分布场；$d_t^*$ 为计算得到的新的分布场；根据经验，取 $\alpha = 0.05$。

基于贝叶斯互信息的分布场跟踪算法流程如图 5.18 所示。

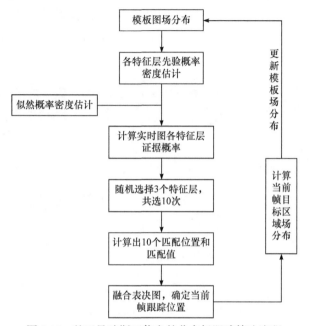

图 5.18　基于贝叶斯互信息的分布场跟踪算法流程

### 5.3.4　跟踪算法仿真与性能分析

为提高本书算法的运算速度，在算法中做如下处理。

① 贝叶斯互信息中每个特征层(以第 $k$ 特征层为例)的先验概率 $f_{Tk}(d_{rr})$、似然概率 $f_{S_{uv}|T}(d_{rr}^{Sk}|d_{rr}^{Tk})$、证据概率 $f_{S_{uv}k}(d_{rr})$ 及其对数都可以离线计算，涉及实时图样本的对数运算也可以通过查找表技术减少计算时间。

② 离线计算 $M \times M$ 范围内每个像素点的位置表决值 $\omega_d$，构成一个位置权重表，在得到最终表决图之前通过查找这个权重表确定以每个特征层的最优匹配位置为中心的表决图各位置的表决值。

下面对本书算法的跟踪精度和鲁棒性进行测试，在四组典型的空地红外图像序列(electric vehicle，house_occ，bridge，building1)进行测试，对比算法为传统的 ALSA[228]、DFT[186]、IVT[145]和 L1[148]。本书算法和 DFT 算法均采用灰度特征进行分布场的计算。算法的运行环境为 Matlab2018，测试实验在普通的 PC 机器上运行，机器配置为 Intel Core Dual 2.2GHz CPU 和 16 GB RAM。下面从定性和定量两个方面进行仿真验证。

### 1. 定性分析

如图 5.19 所示，图像序列 electric vehicle 为无人机拍下的空地红外图像。可以看出，由于飞机的运动，以及目标的快速运动，传统的 DFT 跟踪算法在第 17 帧的时候产生轻微的跟踪漂移，在 23 帧以后跟踪失效。其他算法都无法持续有效地跟踪目标。本节设计的算法则体现了较好的跟踪性能，可以有效应对空地复杂动态的场景。

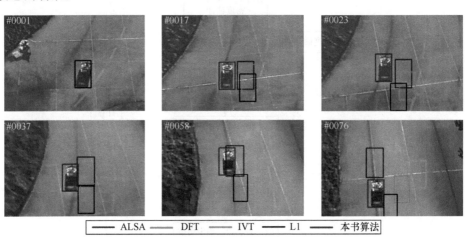

图 5.19　图像序列 electric vehicle 跟踪结果示例

如图 5.20 所示，图像序列 house_occ 包含严重的目标遮挡。可以看出，在目标开始被遮挡的第 84 帧，传统的 DFT 算法已经出现跟踪漂移，只有 L1、IVT 和

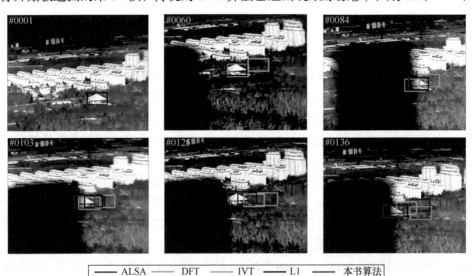

图 5.20　图像序列 house_occ 跟踪结果示例

本书算法可以跟踪目标。在目标受到严重遮挡的第 136 帧，L1 算法出现较大的跟踪漂移，其他大部分算法都跟踪失效，只有本书算法可以准确地跟踪目标，体现算法的鲁棒性。

如图 5.21 所示，图像序列 bridge 包含大幅度的震动、角度变化和图像模糊等因素。可以看出，大部分的跟踪算法在出现模糊和摆动的情况下都偏离了跟踪目标，仅有 L1 和本书算法可以实现对目标的跟踪，但是 L1 算法的跟踪误差更大。

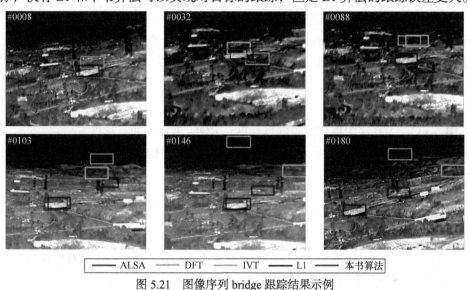

图 5.21　图像序列 bridge 跟踪结果示例

图像序列 building1 跟踪结果示例如图 5.22 所示。在图像出现角度变化和运

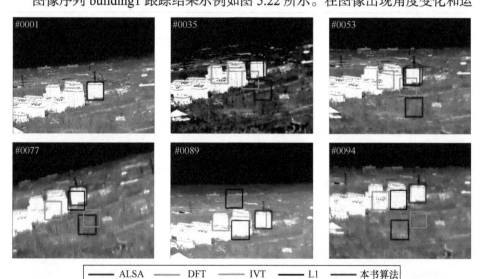

图 5.22　图像序列 building1 跟踪结果示例

动模糊的情况下(如第 77 帧)，DFT、ALSA 和 IVT 都偏离跟踪目标，L1 算法产生较大的跟踪偏差，并在第 89 帧偏离跟踪目标。本书算法始终保持对目标的精确可靠跟踪。这归功于贝叶斯互信息分布场度量，通过对目标多层表达条件下，充分利用模板的先验信息，能更加有效地应对复杂场景。

2. 定量分析

为了对算法的性能进行定量评估，我们利用中心位置误差(center location error，CLE)[229]和覆盖率(overlap rate，OR)[229]进行定量分析。CLE 是跟踪的目标中心位置与实际目标中心位置的像素距离。OR 定义为

$$OR=area\frac{ROI_T \bigcap ROI_G}{ROI_T \bigcup ROI_G} \tag{5.47}$$

其中，$ROI_T$ 为算法中得到的跟踪目标框；$ROI_G$ 为实际的目标框。

这两个参数能很好地确定跟踪目标与实际目标的相似性，非常客观地评估算法的跟踪性能。

五种算法在四组测试图像序列的 CLE 和 OR 对比如图 5.23 所示。可以看出，本书算法始终保持较低的 CLE 和较高的 OR，这完全得益于我们在分布场描述的基础上，利用贝叶斯 MI 度量实现对目标的准确匹配。

如表 5.1 和表 5.2 所示，最优结果用粗体表示。可以看出，本书算法在所有的测试图像序列中都取得最优的跟踪结果，体现算法跟踪性能的优越性。

表 5.1　平均 CLE 对比

| 序列 | ALSA | DFT | IVT | L1 | 本书 |
|---|---|---|---|---|---|
| electric vehicle | 67.1 | 45.8 | 122.2 | 115.7 | **5.8** |
| house_occ | 44.1 | 75.6 | 45.9 | 16.1 | **3.78** |
| bridge | 132.3 | 191.0 | 196.3 | 8.4 | **3.5** |
| building1 | 90.9 | 89.7 | 52.9 | 24.0 | **2.8** |

表 5.2　平均 OR 对比

| 序列 | ALSA | DFT | IVT | L1 | 本书 |
|---|---|---|---|---|---|
| electric vehicle | 0.28 | 0.63 | 0.15 | 0.16 | **0.82** |
| house_occ | 0.46 | 0.19 | 0.47 | 0.67 | **0.85** |
| bridge | 0.09 | 0.13 | 0.03 | 0.73 | **0.76** |
| building1 | 0.23 | 0.25 | 0.35 | 0.70 | **0.90** |

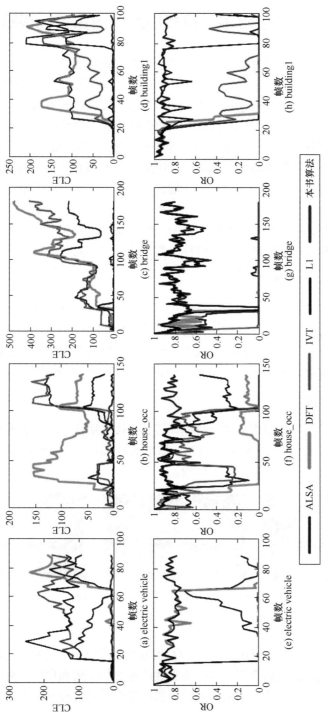

图5.23　五种算法在四组测试图像序列的CLE和OR对比

## 5.4　基于稀疏表示多子模板的红外图像目标跟踪算法

采用局部特征表示目标的好处除了有较高的跟踪精度外，还可以一定程度适应目标遮挡问题。近年来，兴起了很多基于局部特征的跟踪方法[135-137]，其中 Fragment 跟踪算法(简称 Fragment 算法)[135]是最具代表性的采用局部特征进行跟踪的算法之一。它将目标分成不同的互不重叠的小块，每个小块作为子模板同时跟踪，最后根据每个子模板的跟踪结果通过表决确定当前帧的目标位置。

本节通过深入分析 Fragment 算法存在的缺陷，对其做了三个方面的改进。一是，提出一种有效的子模板选取算法，增强目标的表示能力。二是，引入稀疏表示理论对目标进行描述，可以增强对光照和噪声的鲁棒性。三是，设计一种实用的模板更新策略，减小跟踪过程中产生的漂移。实验结果表明，相比原算法，本节提出的改进算法在跟踪精度和鲁棒性上都有明显的提高。

### 5.4.1　Fragment 算法描述

Fragment 算法提出的主要目的是解决目标被遮挡的问题。它将目标模板分成众多互不重叠的小块，将这些小块作为子模板进行跟踪，是一种典型的基于局部特征的跟踪算法。此算法包括子模板的选取、各子模板的跟踪，以及通过各子模板的跟踪结果融合表决图。下面对 Fragment 算法进行简要介绍。

1. 子模板选取

算法为使子模板尽量表示初始目标模板，直接采用横模板和竖模板两两不重叠、整体完全覆盖初始目标模板的方法。如图 5.24 所示，Fragment 算法选择横模板和竖模板各有 18 个，共 36 个子模板。

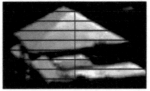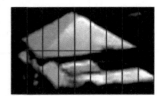

图 5.24　Fragment 算法子模板选取策略

2. 子模板跟踪

假设目标为 $O$，当前帧图像为 $S$，目标跟踪就是确定 $O$ 在 $S$ 中的位置。通常 $O$ 由模板图 $T$ 表示，我们希望在 $S$ 中确定最接近 $T$ 的位置和尺度。对于跟踪问题来说，通常可以通过在前一帧的匹配位置和尺度的邻域内搜索确定当前帧的位置和尺度。

假设 $(x_0, y_0)$ 为上一帧跟踪的目标位置，搜索范围为 $r \times r$。令 $T_P = (dx, dy, h, w)$ 为模板 $T$ 中第 $p$ 个子模板对应的参数，其中 $(dx, dy)$ 为子模板 $T_P$ 的中心和模板 $T$ 的中心偏差，$h$ 和 $w$ 为 $T_p$ 的高和宽。在当前帧中对于位置 $(x, y)$，那么就有一个与子模板 $T_P$ 对应的矩形 $S_{P(x,y)}$，相应的参数为 $(x + dx, y + dy, h, w)$。

对于 $T_P$ 和 $S_{P(x,y)}$ 来说，它们之间的相似性程度反映目标位于 $(x, y)$ 的可能性大小。假设 $d(T, S)$ 为图像 $T$ 和 $S$ 间的某种相似性度量，则定义

$$V_P(x, y) = d(T_P, S_{P(x,y)}) \tag{5.48}$$

即矩形 $T_P$ 和 $S_{P(x,y)}$ 间的相似程度，原算法采用的是推土机距离(earth mover distance，EMD)[152]。

### 3. 融合表决图

基于 $T_P$ 的信息，$V_P(\cdot, \cdot)$ 给出了当前帧目标在搜索范围内每一个可能的 $(x, y)$ 的表决值，如何融合所有子模板的表决图非常关键。由于表决图是基于矩形的相异性得到的，显然可以通过将每个位置所有子模板的表决值相加，然后表决值最小的位置为目标位置。但是，这个策略有一个明显的漏洞，无法有效解决遮挡问题。如果当前帧目标模板中有部分遮挡，那么遮挡的子模板贡献的表决值会变得很大而导致错误的估计。因此，必须采取一个更加可行的策略处理遮挡问题或部分姿态变化问题。

对于遮挡或者姿态变化导致的子模板贡献值过高问题，常用的处理方法就是增加一个阈值 th 限制子模板对表决图的贡献值，即

$$C(x, y) = \begin{cases} \sum_P V_P(x, y), & V_P(x, y) < \text{th} \\ \sum_P \text{th}, & V_P(x, y) \geqslant \text{th} \end{cases} \tag{5.49}$$

这种方法并不直观，并且结果对于阈值 th 的选择很敏感，所以 Fragment 算法在每一个位置 $(x, y)$ 对于各子模板的贡献值，选择最小的 $w$ 个值相加得到最终的表决值。文献[135]选择各位置匹配程度最好的 25% 的子模板用于生成此位置的表决值，即 9 个表决值相加。

在跟踪过程中，利用子模板对当前帧某一邻域内的每个位置进行表决。表决值小的位置表示此位置对应的模板与原目标模板相似，所以表决值最小的位置即当前帧跟踪位置。

## 5.4.2　Fragment 算法缺陷分析

Fragment 算法作为最具影响力的局部特征跟踪算法之一，与传统 MS 算法相

比具有以下优点。

① 对部分遮挡的情况具有更强的鲁棒性。

② 各子模板间具有空间位置约束，引入位置信息。

③ 由于通过子模板进行表决，跟踪精度更高。

虽然 Fragment 算法在理论上有这些优势，但是由于跟踪问题的复杂性，它还有以下几个方面有待改进。

(1) 子模板的选取策略

原算法采取刚好完全覆盖的方法选择横模板和竖模板。但是，对于不同的目标来说，有不同的显著性特征，如人脸目标的眼睛和鼻子。这样的子模板选取方法不能确保可以选择最重要的特征用于跟踪。此外，如果选择的子模板中含有非常相似的两块，那么其中一块的价值将变得很小，相当于损失了一个用于跟踪的特征，这也是极大的浪费。

(2) 目标表示方法

由于原算法是一种针对部分遮挡提出的算法，因此对于跟踪问题的适用范围还有待拓宽。原算法采用的灰度直方图对子模板进行描述，对于光照变化会比较敏感，如何降低目标对光照的敏感性是视觉跟踪领域无法逃避的问题，所以有必要寻找一种适用范围更广的目标表示方法。

(3) 缺乏模板更新策略

在线学习能力是目前各种优秀跟踪算法必须具备的能力，如果没有模板更新策略，那么精度由于目标在跟踪过程中外观的变化会逐渐降低，甚至造成跟踪失败，算法将不具备长时间进行跟踪的可靠性。此时，算法不具备任何工程实际价值，所以为原算法设计一个可靠的模板更新策略非常必要。

### 5.4.3　基于改进多子模板的目标跟踪算法

通过对 Fragment 算法的深入分析，找出原算法的不足，本节对这些不足一一进行改进，提出基于稀疏表示的多子模板跟踪算法。

1. 子模板选取

本节首先定义两条子模板的选取原则。

① 代表性。选取的子模板需要尽量完整地表示目标。整个模板图中信息量最高的 $N$ 个矩形块确定为子模板。

② 区分性。选取的子模板之间应具有高的区分性。为了降低所有子模板间信息的冗余度，任一子模板的选取都应保证与已经确定的各子模板间具有最大的差异性。

原算法分别采用 18 个互不覆盖的竖型和横型矩形来选取子模板。这种方法虽然完全覆盖了整个模板图，但是它不仅没有考虑子模板的代表性，也没考虑各子模板间的区分性。也就是说，选取的子模板不能最好地表示目标，而且造成相当的信息冗余。这种信息冗余是造成跟踪的漂移的主要原因。

本节提出一种基于聚类思想选取子模板的算法。假设模板图 $T$ 大小为 $m \times n$，同样选取各 18 个横模板和竖模板，横模板大小为 $(m/6) \times (n/2)$，竖模板大小为 $(m/2) \times (n/6)$。子模板用灰度列向量表示，各子模板间的距离采用欧氏距离度量。下面以竖模板的选取介绍所设计的算法。

① 一般认为模板的中心最能代表目标，将中心位置确定为第一个子模板所在的位置，将此模板定义为 $T_1$。

② 从模板左上角开始，每间隔 5 个像素选取一个候选模板，分别计算与 $T_1$ 的距离 $d$，距离最大的子模板定义为 $T_2$。

③ 从模板左上角开始，每间隔 5 个像素选取一个候选模板，分别计算与 $T_1$、$T_2$ 的距离 $d_1$、$d_2$，得到距离对 $x$。保留距离对中的最小距离，即 $x = \min(d_1, d_2)$，从最小距离中选取最大值，对应的模板记为 $T_3$。

④ 从模板左上角开始，每间隔 5 个像素选取一个候选模板，分别计算与 $T_1$、$T_2$、$T_3$ 的距离 $d_1$、$d_2$、$d_3$，得到距离对 $z$。保留距离对中的最小距离，即 $z = \min(d_1, d_2, d_3)$，从中选取最大值，对应的模板记为 $T_4$。

⑤ 从模板左上角开始，每间隔 5 个像素选取一个候选模板，分别计算与先前选取子模板的距离，得到距离对。保留距离对中的最小距离，从最小距离中选取最大值，直到选取 18 个子模板。

本节提出的子模板选取策略如图 5.25 所示。

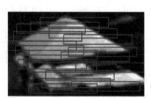

图 5.25　本节提出的子模板选取策略

### 2. 子模板稀疏表示

近年来，稀疏表示理论在计算机视觉领域得到广泛的应用。Mei 等[148]将其引入目标跟踪后，成为跟踪领域研究的一大热点。目前，基于稀疏表示的目标跟踪算法[149-152]都有相同的优点，即能适应较大范围的光照变化、较大面积的遮挡，以及较强的抗噪声能力，因此本节采用稀疏表示的方法对目标进行描述，进一步增强原算法的鲁棒性和适应性。

假设模板有 $n$ 幅训练模板，用 $d$ 维的向量 $v \in \mathbf{R}^d$ 表示子模板 $T_p$，则模板的训练集可以表示为

$$T_p = [t_{p1} \ t_{p2} \cdots t_{pn}] \in \mathbf{R}^{d \times n} \tag{5.50}$$

其中，$d \gg n$。

子模板 $T_p$ 的跟踪结果 $y_p \in \mathbf{R}^d$ 可以表述为模板训练集样本线性组合的形式，即

$$y_p \approx T_p a = a_{p1} t_{p1} + a_{p2} t_{p2} + \cdots + a_{pn} t_{pn} \tag{5.51}$$

其中，$a_p = (a_{p1}, a_{p2}, \cdots, a_{pn})^{\mathrm{T}} \in \mathbf{R}^n$ 为目标表示系数向量。

在视觉跟踪问题中，跟踪的目标经常遭遇噪声干扰或被遮挡，会造成不可预测的误差，上面的表述就不再适用。为此，增加一个误差项 $\varepsilon$，将式(5.51)修改为

$$y_p = T_p a_p + \varepsilon \tag{5.52}$$

其中，$\varepsilon \in \mathbf{R}^d$ 表示误差项，它有很小一部分非零，这些非零项表示 $y_p$ 包含的像素受到噪声干扰或被遮挡。

在跟踪不同目标的过程中，噪声和遮挡出现的位置是不同的，并且是未知的。根据文献[130]，我们引入单位矩阵 $I = [i_1 \ i_2 \cdots i_d] \in \mathbf{R}^{d \times d}$，将式(5.52)修改为

$$y_p = [T_p \ \ I] \begin{bmatrix} a_p \\ e \end{bmatrix} \tag{5.53}$$

其中，$e = (e_1, e_2, \cdots, e_n)^{\mathrm{T}} \in \mathbf{R}^n$ 称为误差系数向量。

对于式(5.53)，如果没有约束，系数 $a_p$ 可以是任何实数。但是，在跟踪过程中，跟踪目标由与其最相似的模板线性表示，所以这些样本的系数应该取非负值，表示它们对目标表示的贡献。此外，文献[148]提到并通过实验证明含有非负系数的模板在跟踪过程中可以降低灰度敏感性，因此在式(5.53)中增加负的模板 $I_- = [i_{-1}, i_{-2}, \cdots, i_{-d}] \in \mathbf{R}^{d \times d}$，则变为

$$y_p = [T_p \ \ I \ \ I_-] \begin{bmatrix} a_p \\ e^+ \\ e^- \end{bmatrix} = B_p c_p \quad \text{s.t.} \quad c_p \geqslant 0 \tag{5.54}$$

其中，$e^+ \in \mathbf{R}^d$ 和 $e^- \in \mathbf{R}^d$ 称为正误差系数向量和负误差系数向量；$B_p = [T_p \ \ I \ \ I_-] \in \mathbf{R}^{d \times (n+2d)}$ 和 $c_p^{\mathrm{T}} = [a_p \ \ e^+ \ \ e^-] \in \mathbf{R}^{n+2d}$ 为非负表示系数向量。

在跟踪过程中，需要把候选目标子模板用子模板训练集和误差项来表示，也就是需要对 $c_p$ 进行求解。因为式(5.54)表示的模型是欠定的，所以 $c_p$ 并没有唯一解。通常来说，由于噪声或遮挡造成的误差只占整个图像中较小的一部分，所以对一个好的候选目标来说，应该只有有限个非零误差系数来表示噪声或遮挡，因此可以采取稀疏表示的理论对式(5.54)求解，把问题转化为[130,77]

$$\min \left\| B_p c_p - y_p \right\|_2^2 + \lambda \left\| c_p \right\|_1 \tag{5.55}$$

其中，$\left\|\cdot\right\|_1$ 和 $\left\|\cdot\right\|_2$ 为 $l_1$ 范数和 $l_2$ 范数。

显然，对 $S_{P(x,y)}$ 来说，它对应的式(5.55)的取值反映目标位于 $(x,y)$ 的可能性大小。取值越大，目标位于 $(x,y)$ 的可能性越小；反之，目标位于 $(x,y)$ 的可能性越大。

### 3. 融合表决图

给定子模板 $T_P$，对于实时图的搜索位置 $(x,y)$ 来说，定义相似性度量，即

$$\mathrm{Sim}_{p(x,y)} = \exp(-\alpha \left\| B_p c_p - y_{p(x,y)} \right\|_2) \tag{5.56}$$

将 $\mathrm{Sim}_{p(x,y)}$ 作为此子模板在位置 $(x,y)$ 的表决值，显然 $\mathrm{Sim}_{p(x,y)}$ 反映子模板目标位于 $(x,y)$ 的可能性大小。$\mathrm{Sim}_{p(x,y)}$ 越大，目标位于 $(x,y)$ 的可能性越大；反之，目标位于 $(x,y)$ 的可能性越小。将这种可能性全部累积起来可以得到最可能的目标位置。

本节采用原算法的搜索策略和各个子模板表决的融合策略，选择各位置匹配程度最好的 25% 的子模板生成此位置的表决值。这里选取最好的 9 个子模板。如图 5.26 所示，表决曲面峰值非常明显，不相似的位置表决值几乎为零，因此本节提出的相似性度量具有很高的区分性。

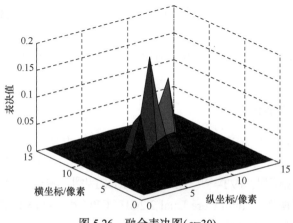

图 5.26　融合表决图($\alpha$=30)

### 4. 尺度空间搜索

在实时图中每一个可能的位置 $(x, y)$，子模板 $T_P$ 对应的矩形为 $S_{P(x,y)}$。如果对应矩形增加一个尺度增量因子 $s$，也就是在实时图中以 $(x, y)$ 为中心，长宽增加 $s$ 倍取某矩形 $S_{P(x,y)}$，那么 $S_{P(x,y)}$ 对应的向量为 $d(1+s)$ 维。由于子模板训练集中各元素为 $d$ 维，同样把 $S_{P(x,y)}$ 调整为 $d$ 维。原文献采取在三个尺度层进行搜索的方法，即尺度增量因子 $s$ 取–10%、0、10%，通过 3 个最终表决值的最小值确定目标位置和尺度。同样，由于进行室内算法测试时目标尺度变化比较平缓，采取三个尺度层的搜索已经足够。

### 5. 子模板更新策略

由于在跟踪的过程中目标或者背景的模型会随着姿态、光照、摄像机的运动等参数发生变化，因此设计一种有效的模板更新策略对目标的跟踪来说至关重要。对于模板 $T$，当前训练集中的 $k$ 个子模板分别为 $\{T_1, T_2, \cdots, T_k\}$，当前帧的跟踪结果 $y = \{y_1, y_2, \cdots, y_k\}$，$y_k$ 为对应的子模板。以子模板 $T_p$ 为例，模板项 $t_{pi}$ 的范数越大，那么在 $\|B_p c_p - y_p\|_2$ 的逼近中目标表示系数 $a_{pi}$ 的取值就越小，$\|c_p\|_1$ 也越小。借鉴文献[77]的方法，引入与每个训练模板 $t_{pi}$ 相关的比重系数 $\omega_{pi} = C_{hp} \|t_{pi}\|_2 * \exp(a_{pi})$，其中 $C_{hp}$ 为比重的归一化系数。直观来看，比重大的模板重要程度也越大。

子模板 $T_1$ 通过跟踪结果中的系数来更新，更新过程可分为两步，即训练模板替换、比重更新。如果跟踪结果 $y_p$ 与 $T_p$ 相似程度不够，那么模板集 $T_p$ 中重要程度最低的训练模板将被当前模板取代，然后计算当前各训练模板比重的中值赋给新加入模板，再对各比重值归一化。如果跟踪目标的外观与模板相似，那么各训练模板的比重就会增大，反之亦然。模板更新策略如图 5.27 所示。

综上所述，本节提出的基于稀疏表示多子模板的目标跟踪算法的流程如图 5.28 所示。

## 5.4.4　跟踪算法性能分析

本节对算法的跟踪精度和鲁棒性进行综合测试。共测试四组典型的空地红外图像序列(gymnasium_occ、house_occ、bridge、museum)，对比四种典型的目标跟踪算法，即 ALSA[228]、IVT[145]、L1[148]和 SRDCF[169]。测试实验在普通的 PC 机器上运行，机器配置为 Intel Core Dual 2.2GHz CPU 和 16 GB RAM。下面从定性和定量两个方面进行仿真验证。

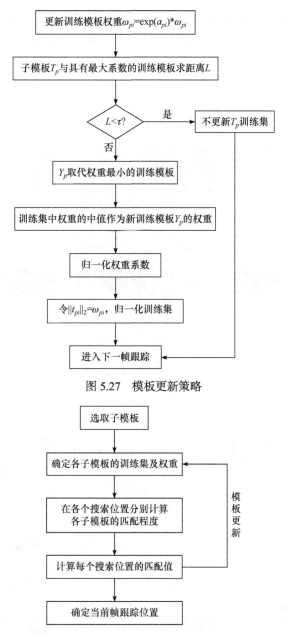

图 5.27　模板更新策略

图 5.28　基于稀疏表示的多子模板跟踪算法流程

1. 定性分析

图 5.29 和图 5.30 列出两组遮挡条件下图像序列的跟踪结果示例。图像序列 gymnasium_occ 主要的挑战因素为图像旋转、严重遮挡，以及运动模糊。可以看

出，在目标出现旋转和模糊条件下，ALSA 和 IVT 首先偏离目标区域，L1 出现较大的跟踪偏差。在目标出现严重遮挡的情况下，SRDCF 算法的尺寸受到较大的影响，不能有效地覆盖目标区域。本书算法表现出较强的鲁棒性，在目标遭受严重遮挡的情况，仍旧可以准确地跟踪目标。house_occ 为目标遭受遮挡条件下的空地红外图像序列。可以看出，在目标遭受连续遮挡和不间断遮挡的情况，仅本书算法可以持续有效地跟踪目标区域，其他所有算法都出现不同程度的跟踪偏差。正

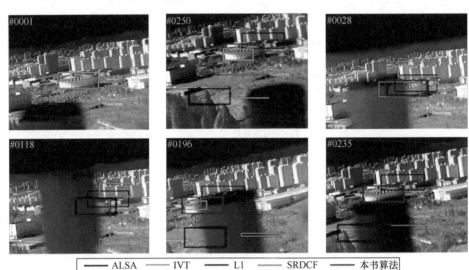

图 5.29　图像序列 gymnasium_occ 跟踪结果示例

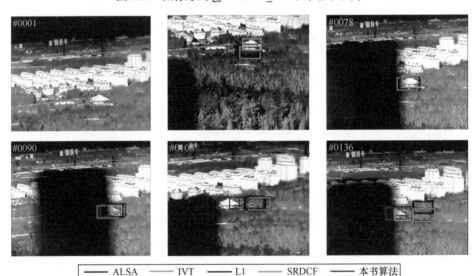

图 5.30　图像序列 house_occ 跟踪结果示例

是由于本书算法将局部描述与稀疏表示进行有效的结合，并设计动态的模板更新策略，因此可以保证算法的鲁棒性。

图 5.31 给出了图像序列 bridge 跟踪结果示例。图像序列 bridge 包含的挑战因素为图像旋转和震动模糊。可以看出，ALSA、IVT 和 SRDCF 很快就偏离了跟踪目标，出现跟踪失败。L1 虽然在大部分的帧中可以跟踪目标，但是跟踪误差更大。本书算法则表现出良好的跟踪性能，可以实现在复杂动态场景下的精确跟踪。

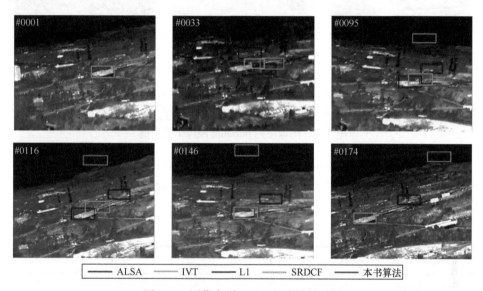

$$\text{——— ALSA ——— IVT ——— L1 ——— SRDCF ——— 本书算法}$$

图 5.31　图像序列 bridge 跟踪结果示例

图像序列 museum 的跟踪结果如图 5.32 所示。图像序列 museum 包括相似背景干扰、目标灰度变化和运动模型等因素。可以看出，当目标出现灰度变化的时候(第 59 帧)，ALSA、IVT、SRDCF 出现跟踪漂移。L1 算法和本书算法表现出较好的跟踪性能，但是本书算法精度更高。

#### 2. 定量分析

本节利用 CLE 和 OR 两种评价指标对算法的性能进行定量评估。如图 5.33 所示，本书算法在所有的图像序列都取得较低的 CLE 和较高的 OR。这得益于算法对目标进行子区域划分，可以有效地捕捉目标结构信息，并利用稀疏表示对目标进行鲁棒描述，保证算法在复杂场景下跟踪的有效性。

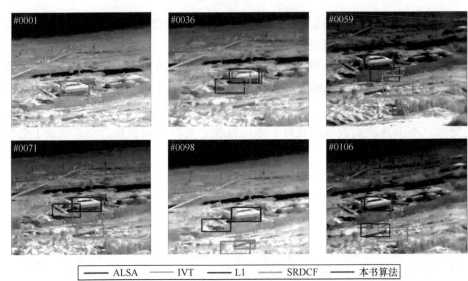

图 5.32　图像序列 museum 跟踪结果示例

　　表 5.3 和表 5.4 所示为五种跟踪算法在四组序列中平均 CLE 和平均 OR 对比。可以看出，本书算法在大部分的测试图像序列中都取得最优的跟踪结果，体现出算法跟踪性能的优越性。

表 5.3　平均 CLE 对比

| 序列 | ALSA | IVT | L1 | SRDCF | 本书算法 |
|---|---|---|---|---|---|
| gymnasium_occ | 107.8 | 200.2 | 61.5 | 59.5 | 6.3 |
| house_occ | 44.1 | 45.8 | 16.2 | 20.8 | 3.9 |
| bridge | 132.3 | 192.3 | 8.4 | 24.6 | 3.5 |
| museum | 95.0 | 111.0 | 6.1 | 98.3 | 5.86 |

表 5.4　平均 OR 对比

| 序列 | ALSA | IVT | L1 | SRDCF | 本书算法 |
|---|---|---|---|---|---|
| gymnasium_occ | 0.43 | 0.09 | 0.38 | 0.31 | 0.82 |
| house_occ | 0.46 | 0.47 | 0.67 | 0.58 | 0.85 |
| bridge | 0.09 | 0.03 | 0.72 | 0.61 | 0.76 |
| museum | 0.20 | 0.18 | 0.74 | 0.23 | 0.73 |

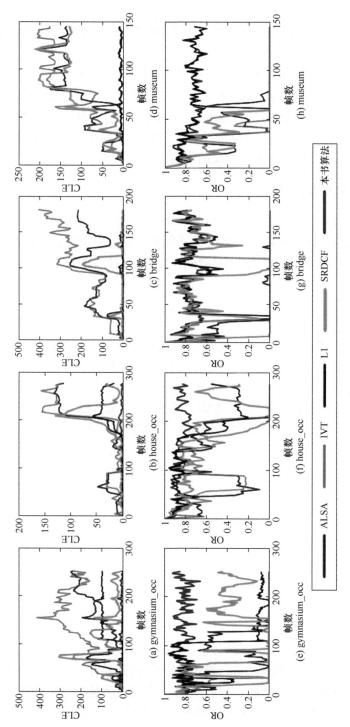

图5.33　五种算法在四组测试图像序列的CLE和OR对比

# 5.5　基于局部特征索引结构的红外目标跟踪算法

本节构建一种不依赖具体局部特征类型的目标跟踪框架。其核心思想是采用视觉词袋(bag of visual word，BoVW)对特征描述进行单词化，达到对特征描述及其相似度度量标准化的目的，可以降低算法的计算量，提升算法实时性。通过对误匹配特征的剔除和未匹配特征的关联预测提高跟踪的准确性与鲁棒性，以SURF特征描述子为例验证跟踪框架的可实施性。

## 5.5.1　视觉词袋模型的构建

词袋模型最早用于文本的分类与识别任务，是常见的一种文本索引方法。其原理是，把一个文本中除单词以外的其他元素都忽略不计，仅将其视为一组单词的组合，且每个单词在文本中都是独立的，选择和理解文本不受单词位置的影响。

### 1. 视觉词袋模型分析

BoVW[230]把图像看作一个文本文件，然后构建类似词库模型中的文本索引系统对图像进行表达，一般图像是由一些无规律的视觉特征单词组成的，记录每个视觉特征单词出现的频率，然后得到视觉特征单词频率直方图向量，用这个向量表示该图像。其早期主要用于图像检索、场景识别、图像匹配、智能体导航与自定位等方面。BoVW是一种特征索引结构，总体架构如图5.34所示。

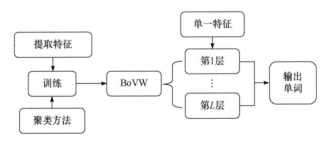

图 5.34　BoVW 总体架构

### 2. 常见的聚类方法

对图像的特征提取后，为了凸显这些特征的鲁棒性使其更好地应用于目标跟踪，需要将特征向量用聚类算法进行量化以便处理低层特征中的冗余信息和噪声。矢量量化作为一种常用的视觉词典构建方法，其实质就是把提取到的特征按照某种规律进行归类。BoVW模型常用单词表示聚类特征。聚类效果的好坏直接影响分类的准确率。常见的聚类方法有以下几种。

(1) 硬编码和软编码

BoVW 模型一般采用向量量化的编码方式。该类编码方式简单直观，且只是用量化的思想进行距离计算和聚合，因此这种编码方式又称硬编码。在此基础上，Gemert 等[231]改进了硬编码方式，提出软编码方式。该方式不再局限于用单个视觉单词描述局部特征，而是先用对离局部特征最近的 $K$ 个视觉单词进行加权处理，然后用这些加权处理过的 $K$ 个局部特征视觉单词对局部特征进行描述。这样就改善了单个视觉单词对特征进行描述时带来的模糊性问题。

(2) K-Means 聚类

K-Means 算法[232]是一种非常经典的聚类算法，主要通过迭代学习计算数据聚类的相关性。因其较高的运算效率，该算法被广泛应用于大规模数据聚类运算。其主要步骤如下。

Step1，任意选择 $k$ 个对象(点)作为初始的簇中心。

Step2，计算剩余的每个对象(点)到 $k$ 个簇中心的距离，将其分配给距离最近的簇中心。

Step3，计算每个簇的平均值作为新的簇中心，再将每个对象分配到新的簇。

Step4，重复 Step3，直到每一类的簇中心位置变化不大，即可确定集群数目 $k$。

(3) FCM 聚类

FCM 聚类算法[233]是借助隶属度函数对每个样本点归属进行聚类的一种算法。虽然 K-Means 算法比较容易实现，但其划分方法不够灵活，是一种硬性划分模式，因为在某些情况下，某一样本点可能一开始就与多个簇中心距离很近。强行将其分配到距离最近的类中，会忽略它与其他簇子群的相似度。FCM 算法针对以上暴露的问题进行改进，将初始计算后得到的簇中心做加权平均处理，然后计算其他样本点和每个聚类中心的距离，并用一个 0~1 之间的值表明该样本点和聚类中心点相似度。最后，通过比较同一样本点针对不同聚类中心值的大小来确定它聚类群的归属。但算法计算量较大，并且对初始聚类中心的选取比较敏感，可能出现的结果只是局部最优的问题。

3. 基于 BoVW 的图像表达

图像表达就是把图像的视觉特征及其内容表示出来的过程。对图像的表达越准确，实现定位图像内容并跟踪的速度就越快。用 BoVW 模型对图像进行表达的具体步骤如下。

Step1，从图像中提取大量具有代表性的局部特征，采用 SURF 算法提取图像的局部特征。

Step2，对 Step1 获得的特征描述子执行 K-Means 聚类运算，运算结束后获得

$k$ 个聚类中心。每个聚类中心都是一个视觉单词，聚类的数目是 BoVW 的大小。BoVW 的训练由大量同类型的特征描述子经过逐层聚类完成。

Step3，生成视觉词典后，图像中的每一个特征描述子都能映射到视觉词典中的一个视觉单词。如图 5.35 所示，BoVW 共有 $L$ 层，Layer 1 为 BoVW 的第 1 层，输入特征向量 $a$ 隶属其分支 $a_1$；在 Layer 2 中找到 $a_1$ 分支，$x$ 隶属 $a_1$ 分支下第 $a_2$ 个子分支。逐层查找直到 BoVW 末端的第 $L$ 层，$a$ 隶属于 $a_{L-1}$ 分支下第 $a_L$ 个子分支，最终得到特征向量 $a$ 对应的单词 $w=[a_1,a_2,\cdots,a_L]$。

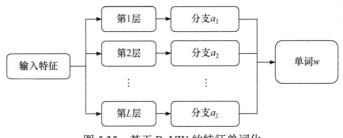

图 5.35 基于 BoVW 的特征单词化

Step4，计算图像中每个特征描述子与哪个视觉单词的距离最近。若特征描述子与某个视觉单词距离最近，则该视觉单词对应的统计数值加 1，对所有视觉特征描述都执行上述操作，并绘制基于视觉单词的频率直方图。这就完成图像特征的单词化，而该频率直方图向量就是对图像的表达。

在上述过程中，尽管经过 BoVW 单词化的特征会丢失部分细节信息，但在实用过程中相比原特征有更小的计算量和更好的特征分辨性能。因为实际情况下特征描述子在特征空间中的分布不均匀，一幅图像中存在许多特征描述子且同一描述子中各数字之间具有一定的相关性，所以直接采用特征描述子之间的距离作为特征相似度的度量方式并不合理。BoVW 通过对特征样本进行聚类，可以减少特征描述子之间进行相似度计算时的计算量，并能展现出特征的实际分布情况，以及不同特征之间的层次化相似度，能够较好地解决实际应用过程中特征相似性的计算和度量问题。

### 5.5.2 基于局部特征索引结构的目标跟踪框架构建

基于局部特征索引结构的目标跟踪框架，基于特征的跟踪是基础和前提。设计针对 BoVW 作为特征描述的跟踪器是实现该框架下鲁棒目标跟踪的必然要求。从特征匹配的几何范围而言，可将特征匹配方式分为全局匹配和邻域匹配。对于特征匹配的几何范围，假定相邻时间特征的移动距离为较小量，并采用邻域匹配方式对特征进行有效跟踪。

1. 邻域特征跟踪

邻域特征跟踪就是在原特征 $\alpha^{(k-1)}$ 附近的邻近区域内寻找与其最优匹配的新特征 $\alpha^{(k)}$。过程大致为生成区域特征索引，基于 BoVW 单词的特征预匹配和几何一致化匹配。

首先，对目标区域进行网格化(图 5.36)，则各个特征 $\alpha^{(k)}$ 都有其所属网格 $G_j$，记为 $\alpha^{(k)} \in G_j$。可根据跟踪过程的误差模型确定参与特征匹配的邻域网格范围。在未给定跟踪误差模型的情况下，我们采用 3×3 范围的邻近网格参与匹配，每个网格的尺寸为 10×10，从而得到原图所有特征 $\{\alpha_i^{(k-1)}\}$ 与新图特征 $\{\alpha_i^{(k)}\}$ 可能的对应范围。

图 5.36　目标区域网格化与特征分布示例

在 $\alpha_i^{(k-1)}$ 的给定邻域内，将新图特征 $\{\alpha_j^{(k)}\}$ 中与原图特征 $\alpha_i^{(k-1)}$ 的 BoVW 单词距离小于给定阈值的特征作为 $\alpha_i^{(k-1)}$ 的预匹配特征。对 $\alpha_i$、$\alpha_j$ 与单词 $w_i$、$w_j$ 间的距离定义为

$$d_w(w_i, w_j) = \begin{cases} 1, & w_{i,1} \neq w_{j,1} \\ \dfrac{1}{m^l}, & \max_l(w_{i,l} = w_{j,l}) \end{cases} \tag{5.57}$$

其中，$w_{i,l}$ 和 $w_{j,l}$ 为单词 $w_i$ 和 $w_j$ 单词的第 $l$ 层数字。

可以看到，单词距离是由底层到顶层逐层比较的，数字不同的最低层次决定单词之间的相似度。$d_w(w_i, w_j) \in (0,1]$，且当 $w_i$ 与 $w_j$ 完全不同时，$d_w(w_i, w_j) = 1$。

根据应用环境的不同，选取不同的匹配阈值 $h_w$，则与 $\alpha_i^{(k-1)}$ 预匹配的特征集合 $\mathrm{PreM}(\alpha_i^{(k-1)})$ 满足

$$\alpha_j^{(k)} \in \mathrm{PreM}(\alpha_i^{(k-1)}), \quad d_w(w_i^{(k-1)}, w_j^{(k)}) < h_w \tag{5.58}$$

几何一致化匹配。与原图特征集合 $\{\alpha_i^{(k-1)}\}$ 中各个特征正确匹配的新图特征集合 $\{\alpha_j^{(k)}\}$ 不仅需要满足单词距离要求，还要与 $\{\alpha_i^{(k-1)}\}$ 保持几何一致性。鉴于相邻图片之间的特征移动为小量，我们有两种几何模型可供选择。

(1) 图像相似变换模型

设图像内像素的旋转角为 $\theta$，缩放为 $q$，平移为 $\Delta p = [\Delta p_x, \Delta p_y]^T$，则特征位置的标准变化可表示为

$$p_i^{(k)} = q \begin{bmatrix} \cos\theta & -\sin\theta \\ \sin\theta & \cos\theta \end{bmatrix} p_i^{(k-1)} + \Delta p \tag{5.59}$$

由于 $\theta$ 为小量，取 $r = q\sin\theta$，可得

$$p_i^{(k)} = q p_i^{(k-1)} + \begin{bmatrix} 0 & -r \\ r & 0 \end{bmatrix} p_i^{(k-1)} + \Delta p \tag{5.60}$$

单个原图特征 $\alpha_i^{(k-1)}$ 的预匹配特征集合为 $\mathrm{PreM}(\alpha_i^{(k-1)})$，设 $R = \begin{bmatrix} 0 & -1 \\ 1 & 0 \end{bmatrix}$，根据其单词距离定义权值 $\eta_w = d_w^{-1}$，则计算相似变换的目标函数为

$$\min J(q, r, \Delta p) = \sum_i \sum_{j \in \mathrm{PreM}_i} \eta_w^{(i,j)} \left| q p_i^{(k-1)} + r R p_i^{(k-1)} + \Delta p - p_j^{(k)} \right|^2 \tag{5.61}$$

分别对 $q$、$r$、$\Delta p$ 求偏导，可得

$$\begin{cases} q \sum_i \sum_{j \in \mathrm{PreM}_i} \eta_w^{(i,j)} (p_i^{(k-1)})^T p_i^{(k-1)} + r \sum_i \sum_{j \in \mathrm{PreM}_i} \eta_w^{(i,j)} (p_i^{(k-1)})^T R p_i^{(k-1)} \\ \quad + \left( \sum_i \sum_{j \in \mathrm{PreM}_i} \eta_w^{(i,j)} (p_i^{(k-1)})^T \right) \Delta p \\ = \sum_i \sum_{j \in \mathrm{PreM}_i} \eta_w^{(i,j)} (p_i^{(k-1)})^T p_j^{(k)} \\ q \sum_i \sum_{j \in \mathrm{PreM}_i} \eta_w^{(i,j)} (p_i^{(k-1)})^T R^T p_i^{(k-1)} + r \sum_i \sum_{j \in \mathrm{PreM}_i} \eta_w^{(i,j)} (p_i^{(k-1)})^T p_i^{(k-1)} \\ \quad + \left( \sum_i \sum_{j \in \mathrm{PreM}_i} \eta_w^{(i,j)} (p_i^{(k-1)})^T \right) R^T \Delta p \\ = \sum_i \sum_{j \in \mathrm{PreM}_i} \eta_w^{(i,j)} (p_i^{(k-1)})^T R^T p_j^{(k)} \\ q \sum_i \sum_{j \in \mathrm{PreM}_i} \eta_w^{(i,j)} p_i^{(k-1)} + r R \sum_i \sum_{j \in \mathrm{PreM}_i} \eta_w^{(i,j)} p_i^{(k-1)} + \left( \sum_i \sum_{j \in \mathrm{PreM}_i} \eta_w^{(i,j)} \right) \Delta p \\ = \sum_i \sum_{j \in \mathrm{PreM}_i} \eta_w^{(i,j)} p_j^{(k)} \end{cases} \tag{5.62}$$

上式为关于 $q$、$r$、$\Delta p$ 的线性方程组，可直接求解。随后根据 $q$、$r$、$\Delta p$ 计算各个预匹配的几何误差，即

$$\delta p_{ij} = q p_i^{(k-1)} + \begin{bmatrix} 0 & -r \\ r & 0 \end{bmatrix} p_i^{(k-1)} + \Delta p - p_j^{(k)} \tag{5.63}$$

剔除误差 $\delta p_{ij}$ 大于 2 倍标准差的匹配 $\alpha_j^{(k)} \in \mathrm{PreM}(\alpha_i^{(k-1)})$，随后选取 $d_w^{(i,j)}$ 最小的 $\alpha_j^{(k)}$ 作为 $\alpha_i^{(k-1)}$ 的匹配特征。

(2) 摄像机坐标变换模型

设 $k-1$ 时刻到 $k$ 时刻，摄像机在 3D 空间内的运动可记为 $[R_k, t_k]$，其中 $R_k$ 为旋转矩阵，$t_k$ 为平移矩阵，则

$$R_k p_i^{[C](k)} + t_k = p_i^{[C](k-1)} \tag{5.64}$$

其中，$p_i^{[C](k)}$ 为 $k$ 时刻特征在摄像机坐标系 $C$ 下的空间坐标。

设摄像机旋转轴为 $n_w$，旋转角为 $\theta$，则其旋转矩阵为

$$R_k = \exp(\theta [n_w]_\times) \tag{5.65}$$

其中，$[n_w]_\times$ 为 $n_w$ 的反对称矩阵，即

$$[n_w]_\times = \begin{bmatrix} 0 & -n_z & n_y \\ n_z & 0 & -n_x \\ -n_y & n_x & 0 \end{bmatrix} \tag{5.66}$$

取 $\omega = \theta n_w$，由于 $\theta$ 为小量，即

$$R_k = \exp([\omega]_\times) \approx I + [\omega]_\times \tag{5.67}$$

其中，$I$ 为单位矩阵，可得

$$(I + [\omega]_\times) p_i^{[C](k)} + t_k = p_i^{[C](k-1)} \tag{5.68}$$

假设特征点与摄像机距离的相对变化不大，即 $z$ 向分量满足 $p_{i,z}^{[C](k)} = p_{i,z}^{[C](k-1)}$，式(5.68)展为

$$\begin{cases} \omega_y p_{i,z}^{[C](k)} - \omega_z p_{i,y}^{[C](k)} + t_{k,x} = \Delta p_{i,x}^{[C]} \\ \omega_z p_{i,x}^{[C](k)} - \omega_x p_{i,z}^{[C](k)} + t_{k,y} = \Delta p_{i,y}^{[C]} \\ \omega_x p_{i,y}^{[C](k)} - \omega_y p_{i,x}^{[C](k)} + t_{k,z} = 0 \end{cases} \tag{5.69}$$

设特征点在摄像机平面上的归一化坐标为 $p_i^{[O]} = \dfrac{p_i^{[C]}}{P_{i,z}^{[O]}}$，可得

$$\begin{cases} \omega_y - \omega_z p_{i,y}^{[O](k)} + \dfrac{t_{k,x}}{p_{i,z}^{[C]}} = \Delta p_{i,x}^{[O]} \\[3mm] \omega_z p_{i,x}^{[O](k)} - \omega_x + \dfrac{t_{k,y}}{p_{i,z}^{[C]}} = \Delta p_{i,y}^{[O]} \\[3mm] \omega_x p_{i,y}^{[O](k)} - \omega_y p_{i,x}^{[O](k)} + \dfrac{t_{k,z}}{p_{i,z}^{[C]}} = 0 \end{cases} \tag{5.70}$$

将第 3 行得到的 $\dfrac{1}{p_{i,z}^{[C]}}$ 表达式代入前两行,并取摄像机平移的相对运动为 $\gamma_x = \dfrac{t_{k,x}}{t_{k,z}}$、

$\gamma_y = \dfrac{t_{k,y}}{t_{k,z}}$,可得

$$\begin{cases} \omega_y - \omega_z p_{i,y}^{[O](k)} + (\omega_x p_{i,y}^{[O](k)} - \omega_y p_{i,x}^{[O](k)}) r_{k,x} = \Delta p_{i,x}^{[O]} \\[2mm] \omega_z p_{i,x}^{[O](k)} - \omega_x p_{i,z}^{[O](k)} + (\omega_x p_{i,y}^{[O](k)} - \omega_y p_{i,x}^{[O](k)}) r_{k,y} = \Delta p_{i,y}^{[O]} \end{cases} \tag{5.71}$$

则关于摄像机坐标变换的目标函数可用重投影误差表示为

$$\min J(\omega, \gamma_x, \gamma_y)$$

$$= \sum_i \sum_{j \in \mathrm{PreM}_i} \left[ \omega_y - \omega_z p_{j,y}^{[O](k)} + \left( \omega_x p_{j,y}^{[O](k)} - \omega_y p_{j,x}^{[O](k)} \right) r_{k,x} - \Delta p_{ij,x}^{[O]} \right]^2 \tag{5.72}$$

$$+ \sum_i \sum_{j \in \mathrm{PreM}_i} \left[ \omega_z p_{j,x}^{[O](k)} - \omega_x p_{j,z}^{[O](k)} + \left( \omega_x p_{j,y}^{[O](k)} - \omega_y p_{j,x}^{[O](k)} \right) r_{k,y} - \Delta p_{ij,y}^{[O]} \right]^2$$

式(5.71)为非线性目标函数,无法直接求得解析解。鉴于 $\omega$、$\gamma_x$、$\gamma_y$ 均在 0 值附近,用 Newton 法数次迭代即可得到较好的解。

得到 $\omega$、$\gamma_x$、$\gamma_y$ 后,类似于图像相似变换模型的处理方式,可得

$$\delta p_{ij} = (I + [\omega]_\times) p_j^{[O](k)} + \gamma - p_i^{[O](k-1)}, \quad \gamma = [\gamma_x, \gamma_y, 1]^{\mathrm{T}} \tag{5.73}$$

剔除几何误差大于 2 倍标准差的匹配 $\alpha_j^{(k)} \in \mathrm{PreM}(\alpha_i^{(k-1)})$,随后从剩余预匹配特征中选取单词距离 $d_w^{(i,j)}$ 最小的 $\alpha_j^{(k)}$ 作为 $\alpha_i^{(k-1)}$ 的匹配特征。

总体而言,在目标深度变化范围不是特别大,且目标与摄像机的相对运动为小量时,在目标跟踪问题上两者都是适用的。作为末制导阶段的目标跟踪,摄像机坐标变换模型相比于图像相似变换模型更接近真实情况。

**2. 剔除误匹配和未匹配特征的关联预测**

**(1) 剔除误匹配**

由式(5.71)目标函数求解得到的几何变化包含一定的误匹配影响,需要对已经

得到的跟踪结果做进一步优化，也就是误匹配的剔除。设在上节特征跟踪时，$k-1$ 时刻的特征 $\alpha_i^{(k-1)}$ 在 $k$ 时刻的匹配特征为 $\alpha_i^{(k)}$，对于摄像机坐标变换模型，其几何变化需满足

$$\min J(\omega,\gamma_x,\gamma_y)=\sum_i \eta_w^{(i)}[\omega_y-\omega_z p_{i,y}^{[O](k)}+\left(\omega_x p_{i,y}^{[O](k)}-\omega_y p_{i,x}^{[O](k)}\right)r_{k,x}-\Delta p_{i,x}^{[O]}]^2$$
$$+\sum_i \eta_w^{(i)}[\omega_z p_{i,x}^{[O](k)}-\omega_x p_{i,z}^{[O](k)}+\left(\omega_x p_{i,y}^{[O](k)}-\omega_y p_{i,x}^{[O](k)}\right)r_{k,y}-\Delta p_{i,y}^{[O]}]^2$$

$$(5.74)$$

根据这一几何变换模型，重新计算相应的图像几何变化参数，进而得到各个特征点的位置变化误差 $\delta p_i$，并剔除几何误差大于 2 倍标准差的匹配，得到几何一致的相匹配特征点对。

经过误匹配的剔除，最终得到的特征跟踪效果示例如图 5.37 所示。图中圆圈表示 SURF 特征点，线条表示特征点相对于原参考图像中相匹配特征点的位移，未标注线条的圆圈表示未找到与其几何一致的匹配点。

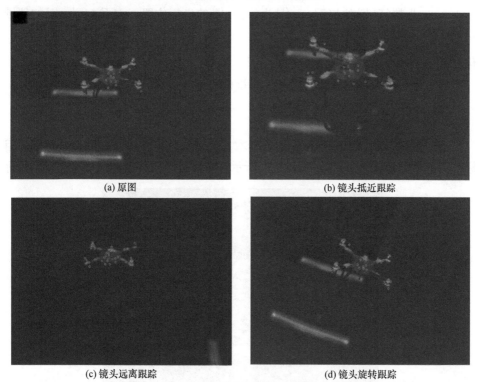

　　　(a) 原图　　　　　　　　　　　　　　　(b) 镜头抵近跟踪

　　　(c) 镜头远离跟踪　　　　　　　　　　　(d) 镜头旋转跟踪

图 5.37　特征跟踪效果示例

(2) 未匹配特征的关联预测

由于特征强度不稳定，部分局部特征描述子变化过快等因素，在以关键帧为

跟踪基准的特征跟踪过程中，如果不对未发生匹配的特征运动进行关联预测，在到达下一个关键帧之前，容易出现特征跟踪率衰减问题，导致跟踪失败。因此，极有必要引入关联预测估计未匹配特征的位置变化，提高跟踪过程的稳定性。

由于将特征划分到所属邻域，考虑基于邻域特征跟踪结果对未匹配特征的运动进行预测，此时有两种情况，即邻域范围内包含正确跟踪的特征和未能正确跟踪的特征。问题描述为，设以 $r$ 时刻图像为参考，其正确跟踪的特征 $x_i^{(r)} \in M$，对应 $k$ 时刻特征为 $x_i^{(r)}$；否则，记为 $x_i^{(r)} \in M^C$，$x_i^{(r)}$ 的邻域特征记为集合 $N_i$，则对任意 $x_i^{(r)} \in M^C$，其位置变化的预测为

$$p_i^{(k)} = \begin{cases} \dfrac{\sum\limits_{x_j^{(r)} \in (N_i \cap M)} w_j p_j^{(k)}}{\sum\limits_{x_j^{(r)} \in (N_i \cap M)} w_j}, & N_i \cap M \neq \varnothing \\ T(p_i^{(r)}, \varphi^{(r,k)}), & N_i \cap M = \varnothing \end{cases} \tag{5.75}$$

其中，$w_j$ 为特征 $x_j^{(r)}$ 的权重；$p_i^{(k)}$ 为特征 $x_j^{(r)}$ 的坐标位置；$N_i \cap M$ 为 $x_i^{(r)}$ 的邻域与正确跟踪特征集合的交集；$T(p_i^{(r)}, \varphi^{(r,k)})$ 为根据 $r$ 到 $k$ 时刻图像特征的总体变化参数 $\varphi^{(r,k)}$ 估计的 $k$ 时刻特征位置 $p_i^{(k)}$。

该过程可极大地提高以参考图为基准的特征跟踪率，避免跟踪丢失。

### 3. 目标区域前景特征分离

通常情况下，目标框不仅包含目标本身的特征，还包含一定的背景特征。目标框内前景与背景特征运动如图 5.38 所示。如果目标与背景存在相对运动，目标

图 5.38　目标框内前景与背景特征运动

框中背景特征会不断变化，此时直接用目标框中所有特征的位移计算目标的变化会带来较大的误差，甚至出现跟踪漂移，导致跟踪失败。因此，有必要对跟踪框中目标自身的前景特征与背景特征予以区分。

区分特征是否属于前景特征的方式多种多样，由于跟踪过程特征点位移较小，硬区分难度较高，因此下面介绍一种简单的软区分方式，即基于几何隶属度的特征分类。其基本思想是，假定目标框中大部分特征属于前景特征，则相对于框内的背景特征而言，前景特征在位置变化上有更高的几何一致性，因此可以认为目标框内几何一致性更高的特征更有可能属于前景特征。

根据上述思想，计算各特征前景权重的步骤如下。

Step1，根据图像特征总体的几何变换，计算目标区域内特征的重投影误差均值 $\overline{\delta p_A}$。

Step2，计算目标区域内每个特征的重投影误差 $\delta p_i (p \in A_i)$ 与区域误差均值 $\overline{\delta p_A}$ 之差 $\Delta \delta p_i = \delta p_i - \overline{\delta p_A}$。

Step3，排除 $\Delta \delta p_i$ 大于 3 倍标准差的特征，并重新计算 $\overline{\delta p_A}$。

Step4，根据 $\Delta \delta p_i = \delta p_i - \overline{\delta p_A}$，计算各个特征 $\alpha_i$ 的几何权重，即

$$\eta_g^{(i)} = \frac{1}{|\Delta \delta p_i| + E_0} \tag{5.76}$$

其中，$E_0$ 为权重灵敏度参数，用于调节 $\eta_g^{(i)}$ 对 $|\Delta \delta p_i|$ 变化的敏感性，在此取 $E_0 = 1$；$\eta_g^{(i)}$ 为特征 $\alpha_i$ 是否属于前景特征的评分。

$\eta_g^{(i)}$ 越大越可能属于前景特征，该参数将作为目标区域最优更新时各个特征在目标函数中的权值。

### 4. 目标区域最优更新

设目标框旋转缩放矩阵为 $Q$，其 $k$ 时刻的中心坐标为 $c^{(k)}$，$k-1$ 时刻的中心坐标为 $c^{(k-1)}$，则目标框中的特征 $p_i^{(k-1)} \in A^{(k-1)}$ 坐标变化可表示为

$$p_i^{(k)} = Q(p_i^{(k-1)} - c^{(k-1)}) + c^{(k)} \tag{5.77}$$

因此，目标框变化 $(Q, c^{(k)})$ 的最优估计为

$$\min J(Q, c^{(k)}) = \sum_{p_i^{(k-1)} \in A^{(k-1)}} \eta_g^{(i)} [Q(p_i^{(k-1)} - c^{(k-1)}) + c^{(k)} - p_i^{(k)}]^2 \tag{5.78}$$

可得

$$\begin{cases} Q = \left( \sum_{p_i^{(k)} \in A^{(k-1)}} p_i^{(k)} \left( p_{r,i}^{(k-1)} \right)^{\mathrm{T}} - \overline{p^{(k)}} \sum_{p_i^{(k-1)} \in A^{(k-1)}} \left( p_{r,i}^{(k-1)} \right)^{\mathrm{T}} \right) \\ \qquad \times \left( \sum_{p_i^{(k-1)} \in A^{(k-1)}} p_{r,i}^{(k-1)} \left( p_{r,i}^{(k-1)} \right)^{\mathrm{T}} - \overline{p_r^{(k-1)}} \sum_{p_i^{(k-1)} \in A^{(k-1)}} \left( p_{r,i}^{(k-1)} \right)^{\mathrm{T}} \right)^{-1} \\ c^{(k)} = \overline{p^{(k)}} - Q\left( p_{r,i}^{(k-1)} \right) \end{cases} \tag{5.79}$$

其中，$p_{r,i}^{(k-1)} = p_i^{(k-1)} - c^{(k-1)}$；$\overline{p_r^{(k-1)}} = \dfrac{\sum_{p_i^{(k-1)} \in A^{(k-1)}} p_i^{(k-1)}}{n_A}$；$\overline{p^{(k)}} = \dfrac{\sum_{p_i^{(k-1)} \in A^{(k-1)}} p_i^{(k)}}{n_A}$；$n_A$ 为 $k-1$ 时刻目标中包含的特征个数。

由此，$k$ 时刻目标区域的最优更新为 $(Q, c^{(k)})$，其中 $Q$ 为目标框的旋转缩放，$c^{(k)}$ 为目标框中心坐标。

### 5.5.3　算法跟踪实验与分析

该算法基于实验环境为 2.60GHz 的双核处理器，2GB 内存的 Windows 系统。采用 Point Gery 公司生产的 GS3-U3-41C6NIR-C 型摄像机采集红外图像视频序列，用该摄像机对静态无人机进行拍摄。在拍摄的过程中，伴随着镜头相对运动，包括镜头的抵近、远离、旋转。程序采用 $m$ 层 $k$ 分支的树状结构构建不同特征类型的视觉词典。特征类型可以选择，本节选取 SURF 特征对图像进行描述。默认输入图像的尺寸为 640×480 且跟踪的网格尺寸为 10，可根据实际情况调用参数修改函数来改变参数。用基于单词化 SURF 特征跟踪算法与传统的 SIFT、SURF 算法分别对同一静态无人机进行跟踪。三种算法在摄像机运动条件下对静态无人机的跟踪如图 5.39 所示。

从第 1～100 帧镜头作抵近变化，第 100～240 帧镜头作视角旋转变化，第 240～300 帧镜头作远离目标变化，无论是在距离变化还是视角旋转的条件下，提出的跟踪算法都保持着较好的性能。该效果图主要从定性角度检测算法的性能，下面选取运算时间、CLE、OR 比较三种算法的性能。

(1) 运算时间

因为打击时敏目标对时间的精度要求较高，跟踪所用的时间越短，命中打击目标的机会就越大。为验证算法的实时性，采用本书算法和传统的 SIFT、SURF 算法对该目标序列图像进行跟踪对比实验，每次跟踪间隔 20 帧，每帧消耗的平均时间如表 5.5 所示。

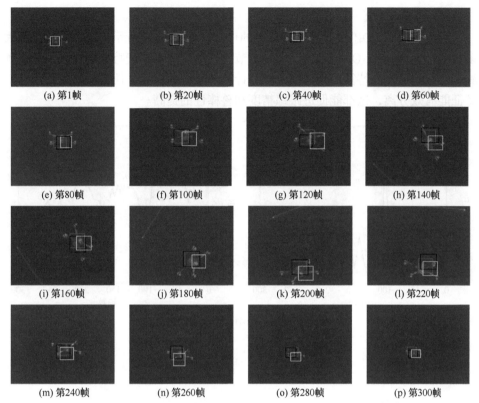

(a) 第1帧　(b) 第20帧　(c) 第40帧　(d) 第60帧

(e) 第80帧　(f) 第100帧　(g) 第120帧　(h) 第140帧

(i) 第160帧　(j) 第180帧　(k) 第200帧　(l) 第220帧

(m) 第240帧　(n) 第260帧　(o) 第280帧　(p) 第300帧

图 5.39　三种算法在摄像机运动条件下对静态无人机的跟踪

**表 5.5　不同跟踪算法每帧消耗的平均时间**

| 参数 | SIFT | SURF | 本书算法 |
|------|------|------|---------|
| 时间/(ms/帧) | 35.5 | 31.32 | 25.32 |

由此可知，与传统的 SIFT、SURF 算法相比，本书算法耗时更少，每秒能处理近 40 帧图像，能够满足实时跟踪目标要求。究其原因，SURF 算法是 SIFT 算法的升级版本，本身就具备 SIFT 算法的尺度变化和平移不变形的优点。尽管对 SURF 特征进行单词化的时候会丢失部分信息，这些优点依旧得到保持。在实际情况下，特征描述子在特征空间中的分布不均匀，一幅图像中存在许多特征描述子，且同一描述子各数字之间具有一定的相关性，导致直接采用特征描述子之间的距离作为特征相似度的不合理。BoVW 通过对特征样本进行聚类，可以减少特征描述子之间进行相似度计算时的计算量，能展现出特征的实际分布情况，以及不同特征之间的层次化相似度，较好地解决实际应用中特征相似性的计算和度量问题，简化运算难度，提高运算效率。

(2) CLE 与 OR

利用 CLE 和 OR 对算法进行定量的评估。如图 5.40 所示，本书算法在绝大多数时间 CLE 小且 OR 高，这是因为本节首先通过对误匹配特征剔除以及关联预测未匹配特征提高特征的跟踪率；然后计算各特征的权值，使其前景特征与背景特征能有效分离，这都能促进跟踪精度和鲁棒性的提高。

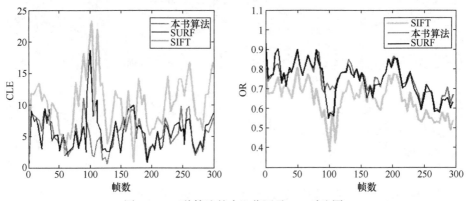

图 5.40　三种算法的中心位置及 OR 对比图

# 5.6　本　章　小　结

本章结合飞行器智能化精确制导需求，重点研究启发式的目标跟踪方法，研究适用于空地复杂场景下的红外目标鲁棒跟踪算法，设计了一种基于 Kalman 滤波和 GRA 特征的改进算法，提升跟踪效果；设计了一种基于贝叶斯互信息的显著目标跟踪方法，提高跟踪精度和鲁棒性；构建了两种基于子区域的显著目标跟踪方法，并仿真验证算法的有效性。

一般来说，基于启发式的跟踪算法关注的重点是如何将样本匹配目标模型，但是在实际跟踪中如何评估目标模型是很困难的。这类算法过度地依据前景信息，增强的学习目标表示，但是忽略了有利于跟踪稳定性和精确性的背景信息，因此在跟踪过程中有可能产生漂移的现象。越来越多的学者把研究重点放在辨别式的跟踪算法中，通过将目标跟踪和目标检测分类融合考虑，提高跟踪算法的整体性能。

# 第6章  辨别式红外图像显著目标跟踪

基于辨别式跟踪算法把目标跟踪问题看作图像局部区域内的二值分类问题，目的是利用分类面把目标从背景中分离出来。本章重点研究辨别式的空地红外目标跟踪算法，利用超像素描述的灵活性，设计基于超像素图结构约束的红外显著目标跟踪算法，有效地解决目标的姿态变化问题；将超图模型引入目标跟踪领域，设计基于概率超图排序的显著目标跟踪算法，提高跟踪的有效性和鲁棒性；研究基于多特征融合的相关滤波目标跟踪算法，提高算法的速度；讨论深度学习在目标跟踪中的应用。

## 6.1  引  言

近年来，基于辨别式的跟踪算法受到学者越来越多的关注。这类算法把视觉跟踪看作在图像局部区域的二值分类问题，目的是把目标从背景中分离出来。经典辨别式跟踪算法一般假设背景和目标是线性可分的，但在实际应用中，目标通常在复杂背景中出现剧烈的外观变化，因此这种假设并不可靠。另外，算法的分类器过度地依靠少量且代价"昂贵"的标记样本，抛弃了大量未标记的样本信息。最后，分类器缺乏有效的在线更新机制，会引入跟踪漂移问题。

基于图的直推学习算法[159,162]研究样本集的内部几何结构和相关关系。标记的样本作为整体约束最大化类间距离，未标记的样本探索样本集之间的结构关系。这种半监督学习的辨别式目标跟踪算法可以充分利用未标记样本的信息，具有较好的鲁棒性。本章从局部特征和全局特征两个方面研究基于图排序的目标跟踪算法，并通过仿真验证本章算法的有效性。

相关滤波算法由于其快速性和鲁棒性，在目标跟踪领域得到了十分广泛的应用。本章在分析相关滤波目标跟踪算法的原理基础上，研究设计基于多特征融合的相关滤波目标跟踪算法，提高相关滤波算法的跟踪精度和抗遮挡能力，并引入尺度滤波器，实现对目标跟踪的尺度自适应。最后，分析目前深度学习算法在目标跟踪领域的应用。

## 6.2  基于超像素图结构约束的红外目标跟踪算法

受图论中对邻域关系描述的启发，本书提出一种基于超像素图结构约束的目标跟踪算法,利用聚类的外部约束,提取正负样本;对分割的超像素构造图结构,充分描述目标的内部结构关系和邻域信息,计算基于中层视觉线索的置信图;在 PF 框架下对目标进行定位跟踪。

算法的结构框架如图 6.1 所示,步骤如下。

① 基于聚类算法的外部约束。对于构造的样本库,通过聚类算法对所有分割的超像素进行聚类。根据聚类面积在目标区域的比重选择正负样本类,用聚类中心描述样本类。

② 基于图排序的内部约束。对于一帧测试图像,利用分割的超像素进行图结构的构造,将训练得到的正负样本类选择最优的正负标记样本;根据排序准则对当前的超像素进行排序;根据正负样本的约束,构建两种图结构,融合两种图结构的置信图。

③ 基于 PF 框架下的目标定位。根据得到的置信图,构造合理的观测模型,最优的目标位置可以通过最大后验概率获取。

④ 更新模型。利用当前帧的跟踪结果对训练库进行在线更新,可以有效地解决目标外观模型的变化。

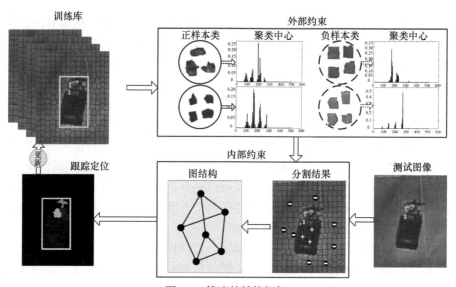

图 6.1　算法的结构框架

### 6.2.1　基于聚类算法的外部约束

外部约束通过聚类算法对超像素样本库进行聚类,产生正负样本聚类中心,从而在当前帧的测试样本中选择最优的标记样本。

初始选择具有真值(ground truth,GT)的 $M$ 帧图像作为训练库。需要注意的是,算法并没有选择整幅图像进行超像素分割，而是选择目标周围特定大小的区域来分割。这样裁剪的好处是可以减少计算量，更容易寻求目标和背景邻域之间的关系。

对每帧的 Surrounding Area 进行超像素分割，每一个超像素可以用其区域内的直方图表示 $a_{t,r}(t=1,2,\cdots,M,r=1,2,\cdots,N_t)$，其中 $N_t$ 表示第 $t$ 帧分割的超像素的数目。组合所有的超像素表示可以构成特征池 $F=\{a_{t,r}|t=1,2,\cdots,M,r=1,2,\cdots,N_t\}$。采用 MS 算法对特征池中的元素进行聚类，生成的类别为 $\text{Cluster}_i(i=1,2,\cdots,n)$。显然，若一个类内的超像素的位置大部分都位于目标区域内，那么这样的类应该定义为正样本类。因此，正样本类 $\text{Cluster}^+$ 定义为

$$\text{Cluster}^+ = \{\text{Cluster}^+\big|S(\text{Cluster}_i)^+/S(\text{Cluster}_i)^- > \lambda(\lambda>1)\},\quad i=1,2,\cdots,n \quad (6.1)$$

其中，$S(\text{Cluster}_i)^+$ 为第 $i$ 类中超像素在目标区域内的面积；$S(\text{Cluster}_i)^-$ 为区域外的面积。

假设生成 $N_+$ 个正样本类，那么正样本类的聚类中心用直方图可以表示为 $\text{Center}_j^+(j=1,2,\cdots,N_+)$。

同样，负样本类内的元素应该大部分出现在背景区域，定义负样本类为

$$\text{Cluster}^- = \{\text{Cluster}^-\big|S(\text{Cluster}_i)^+/S(\text{Cluster}_i)^- < \lambda(\lambda>1)\},\quad i=1,2,\cdots,n \quad (6.2)$$

负样本类的数目表示为 $N_-$，每个类的聚类中心为 $\text{Center}_j^-(j=1,2,\cdots,N_-)$。

### 6.2.2　基于图结构的内部约束

图结构是描述内部约束的有效方式，因此通过构造 $k$ 邻近图对超像素的邻域关系进行约束。一个图结构 $G=(A,E,w)$ 通常由三部分构成，即节点集合 $A$、边的集合 $E$，以及每一条边赋予的正的权值 $w$。

对测试帧 Surrounding Area 进行超像素的分割，并用超像素表示图中的节点。每个节点的直方图表示为 $a$。为充分利用节点之间的空间约束关系，通过构建 $k$ 正则图(k-regular graph，KRG)[124] 描述这种邻域关系。$k$ 表示计算边时考虑的邻近的阶数。若 $k=1$，表示空间位置相邻的两个节点之间有一条边；若 $k=2$，表示节点不仅与邻域的节点相邻，而且与邻域节点的所有邻域节点也相邻。综上所述，两个节点 $a_i$ 和 $a_j$ 之间的权值可以定义为

$$w_{ij} = \begin{cases} \exp(-|a_i-a_j|/2\sigma_e^2), & a_j \in \text{krg}(a_i) \\ 0, & \text{其他} \end{cases} \quad (6.3)$$

其中，$\sigma_e$ 为一个控制参数；$\text{krg}(a_i)$ 为 $a_i$ 的邻域节点的集合。

定义节点权重矩阵为一个对角矩阵 $D$，其元素 $d_{ii}$ 是权值矩阵第 $i$ 行所有元素

的总和，记为

$$d_{ii} = \sum_j w_{ij} \tag{6.4}$$

定义分类函数 $f$ 为给每一个节点赋予一个排序值。对于一个图结构的分割问题，一条边上的节点应该给赋予相似的排序值，分布比较集中的节点也应该赋予相似的排序值。因此，代价函数定义为[124]

$$\Phi(f) = \alpha \sum_{i,j=1}^n w_{i,j} \left| \frac{f_i}{\sqrt{d_{ii}}} - \frac{f_j}{\sqrt{d_{jj}}} \right|^2 + (1-\alpha) \sum_{i=1}^n |f_i - y|^2 \tag{6.5}$$

其中，$\alpha$ 为一个约束参数；$y$ 为一个指示向量。

指示向量一般可以定义为

$$y_i = \begin{cases} 1, & y_i \in Q \\ 0, & \text{其他} \end{cases} \tag{6.6}$$

其中，$Q$ 为标记样本集，可以通过外部的聚类中心获取。

最优的分类就是最小化代价函数所对应的分类 $f$，记为

$$f^* = \arg\min_f \Phi(f) \tag{6.7}$$

对 $\Phi(f)$ 求导数可以得到最后的排序结果，即

$$f^* = (1-\alpha)(I - \alpha S)^{-1} y \tag{6.8}$$

其中，$S = D^{-1/2} W D^{-1/2}$。

根据正负标记样本集特性的不同，可以构造两种不同的图结构描述，对两种图得到的置信图进行融合。

① 正标记样本集 $Q^+$ 的置信图。根据外部约束的正样本类 Cluster$^+$，在当前帧 Surrounding Area 分割的超像素获取正的标记样本。定义距离聚类中心 Center$_j^+$ $(j = 1,2,\cdots,N_+)$ 距离最近的超像素为正标记样本，那么正的标记样本集可以表示为

$$Q^+ = \{Q_j^+ \mid Q_j^+ = \arg\min_{r=1,2,\cdots,N_t} (\mathrm{dis}(a_{M_t,r}, \mathrm{Cluster}_j^+)), j = 1,2,\cdots,N_+\} \tag{6.9}$$

根据正的标记样本集，可以通过式(6.6)计算正样本约束的指示向量 $y^+$，以及构造图结构 Graph I，令权值矩阵为 $W^+$，节点度 $D^+$。由此可得正样本约束下属于目标的置信图 $C_m^+$，即

$$C_m^+ = f^{+*} = A^+ y^+ \tag{6.10}$$

其中，最优仿射矩阵 $A^+ = (1-\alpha)(I-\alpha S^+)^{-1}$。

② 负标记样本集 $Q^-$ 的置信图。负的标记样本集不仅包括通过外部约束负样本类获取的负标记样本，根据视觉注意机制，还应该包括 Surrounding Area 边界的样本，即

$$Q^- = Q_1^- \cup Q_2^- \tag{6.11}$$

其中，$Q_1^-$ 为从训练的负样本类获取的样本；$Q_2^-$ 为边界样本，即

$$\begin{cases} Q_1^- = \{Q_{1,j}^- \mid Q_{1,j}^- = \underset{r=1,2,\cdots,N_t}{\arg\min}(\mathrm{dis}(a_{M_t,r}, \mathrm{Cluster}_j^-)), j=1,2,\cdots,N_-\} \\ Q_2^- = \{a_{M_t,r} \mid a_{M_t,r} \in \mathrm{boundary}, r=1,2,\cdots,N_t\} \end{cases} \tag{6.12}$$

在负标记样本集进行图构造 Graph II 的过程中，假设所有边界上的负样本都是连通的，这样可以增强边界对前景的约束。根据图的权值矩阵 $W^-$ 和指示向量 $y^-$，可以得到负样本约束下属于背景的置信图 $C_m^-$，即

$$C_m^- = f^{-*} = A^- y^- \tag{6.13}$$

其中，最优仿射矩阵 $A^- = (1-\alpha)(I-\alpha S^-)^{-1}$。

③ 融合置信图。为了充分利用前景样本和背景样本的信息，算法将两种置信图进行融合。最终的置信图为

$$C_m = C_m^+ \times (1-C_m^-) \tag{6.14}$$

图 6.2 所示为基于图结构内部约束算法的框架。

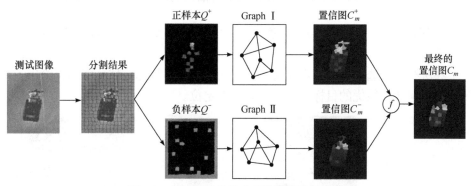

图 6.2  基于图结构的内部约束算法的框架

### 6.2.3  基于粒子滤波框架下的目标定位

粒子滤波是一种用于估计动态系统状态变量的后验概率分布的贝叶斯重要性采样技术。它给出一种能够方便地进行状态变量分布的后验概率密度函数

估计和随时间推演的算法框架。算法主要包括两个步骤，即预测模型和更新模型。假设 $x_t$ 为状态变量，表示目标在 $t$ 时刻的仿射参数。给定直到 $t$ 时刻的所有观测变量 $Y_t = \{y_1, y_2, \cdots, y_{t-1}, y_t\}$，可以利用贝叶斯公式[145,162]递归地估计后验概率 $p(x_t | Y_t)$，即

$$p(x_t | Y_t) \propto p(y_t | x_t) \int p(x_t | x_{t-1}) p(x_{t-1} | Y_{t-1}) \mathrm{d}x_{t-1} \tag{6.15}$$

其中，$p(x_{t-1} | Y_{t-1})$ 为 $t-1$ 时刻的估计；$p(x_t | x_{t-1})$ 为动态模型，表示系统中状态的采样模型；$p(y_t | x_t)$ 为观测模型，表示观测的似然概率。

对于视觉跟踪，通常用仿射扭曲对目标运动进行建模。此时目标的状态可以表示为 $x_t = \{c_t, r_t, \theta_t, s_t, \alpha_t, \phi_t\}$，其中 $c_t$、$r_t$、$\theta_t$、$s_t$、$\alpha_t$、$\phi_t$ 表示列平移、行平移、旋转角度、尺度因子、长宽比、斜向因子。根据 $t-1$ 时刻的状态 $x_{t-1}$，动态模型 $p(x_t | x_{t-1})$ 可以建模为 $x_{t-1}$ 周围的高斯分布，即

$$p(x_t | x_{t-1}) = N(x_t; x_{t-1}, \Psi) \tag{6.16}$$

其中，$\Psi$ 为对角协方差矩阵，对角线上的元素为仿射参数的方差，分别为 $\sigma_c$、$\sigma_r$、$\sigma_\theta$、$\sigma_s$、$\sigma_\alpha$、$\sigma_\phi$。

视觉跟踪中对目标定位的关键在于观测模型 $p(y_t | x_t)$ 的构建。基于置信图建立观测模型实现对目标的准确定位。显然，一个好的候选样本应该不仅有较高的置信值，还应该覆盖更多的前景区域。为此，观测模型可以定义为

$$p(y_t^i | x_t^i) = C_t^i = v_t^i \exp(-\left| s_t^i - \hat{s}_t^i \right|_2) / \left| s_t^i \right|, \quad i = 1, 2, \cdots, N \tag{6.17}$$

其中，$v_t^i = \sum\limits_{i,j} f_{i,j}$ 为候选样本中所有超像素置信值的总和；$s_t^i = [h_t^i, w_t^i]$ 为第 $i$ 个状态 $x_t^i$ 的区域向量，$h_t^i$ 为区域的高度，$w_t^i$ 为区域的宽度；$\hat{s}_t$ 为目标状态覆盖的区域向量。

在所有的候选模板中，观测模型最优的状态就是目标区域。图 6.3 给出了观测模型如何选择最优的目标状态来实现跟踪定位。

 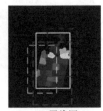  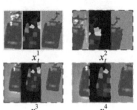

(a) 测试图像　　　　(b) 置信图　　　　(c) 分割图　　　　(d) 四个状态

图 6.3　观测模型

由图 6.3(d)可以看出，状态 $x_t^1$ 不但有较高的置信值，而且覆盖目标的大部分

区域，是较好的候选样本，$x_t^4$ 区域内的置信值较低，而 $x_t^2$ 和 $x_t^3$ 虽然含有更高的置信值，但是只覆盖目标的部分区域，都是不理想的候选目标。

### 6.2.4　遮挡处理及更新模型

模型的更新对于视觉跟踪至关重要。由于算法是基于置信图设置的状态估计，因此算法可以自动克服部分遮挡的问题。为了对遮挡进行合理的处理，定义置信比率为

$$\tau = \left| 1 - C_t^o / \bar{C}_t \right| \tag{6.18}$$

其中，$C_t^o$ 为 $t$ 时刻最优的目标样本所对应的置信值；$\bar{C}_t$ 为 $t$ 时刻训练库中各帧的平均置信值。

利用双阈值 $\theta_0$ 和 $\theta_1$ 对遮挡进行判断和处理。若 $\tau > \theta_0$，表示目标经受了比较严重的遮挡，这时候我们采用 Kalman 滤波对目标的位置进行估计，并且当前帧不用来更新训练库；若 $\tau < \theta_1$，表示目标受到的遮挡较少，这时我们用当前帧替换训练库中最早的那一帧数据。每隔 $W$ 帧对训练库内的超像素进行聚类，更新外部约束。

### 6.2.5　跟踪算法性能分析

测试实验在普通的 PC 上运行，配置为 Intel Core Dual 2.2GHz CPU 和 16 GB 内存。算法的处理速度大约为 1.0 秒每帧。训练库的帧数设置为 $M = 5$，Surrounding Area 设置为取宽和高最大值的 1.5 倍。对 Surrounding Area 进行超像素分割的数目为 300，外部约束中正负样本类的阈值 $\lambda$ 定义为 2~4 之间，MS 聚类算法中的带宽设置为 0.15~0.25。算法构造了 2 阶邻近图，即 $k = 2$，权重参数设置为 $\sigma_e^2 = 0.1$，排序中的平衡系数 $\alpha = 0.99$。在 PF 框架中，采样的粒子样本数为 300，每一个候选区域都归一化为 16×16。在更新模型中，双阈值设置为 $\theta_0 = 0.2$。$\theta_1 = 0.8$，训练库聚类的频率 $W = 8$。

为了全面评估算法的性能，实验测试 4 组带有 ground truth 的空地红外图像序列(rhino_behind_tree、horse、electric vehicle、walking man)，并对比四种典型的跟踪算法，分别为 DFT[186]、IVT[145]、STC[234]和 MIL[158]。下面从定性和定量的角度对实验结果进行分析。

1. 定性分析

如图 6.4 所示，图像序列 rhino_behind_tree 包含的挑战因素有目标姿态变化、尺度变化和遮挡等。本书算法在超像素这种中层描述的基础上，充分利用

图结构信息对目标和背景的外观模型进行描述,可以确保复杂场景下跟踪的准确性。可以看出,在第 389 帧、第 484 帧和第 588 帧,本书算法都优于其他跟踪算法。

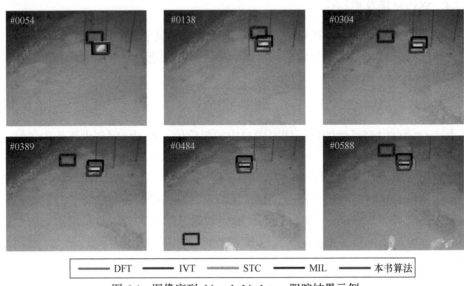

图 6.4　图像序列 rhino_behind_tree 跟踪结果示例

图像序列 horse 包含的挑战因素为目标具有严重的姿态变化和尺度变化。如图 6.5 所示,本书算法、STC 和 MIL 算法等跟踪算法都体现了较为鲁棒的跟踪性能,而 IVT 算法在跟踪过程中会出现较大的跟踪漂移。

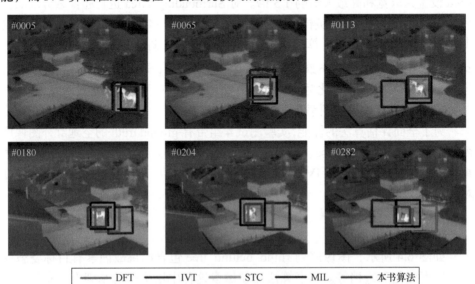

图 6.5　图像序列 horse 跟踪结果示例

图 6.6 给出了五种跟踪算法在红外图像序列 electric vehicle 的跟踪结果示例。由于目标运动速度较快,且无人机运动会产生一定的运动模糊,都给目标跟踪算法带来挑战。可以看出,在目标做快速运动的第 57 帧、第 70 帧,大部分的跟踪算法都出现跟踪失败,本书算法和 STC 算法仍能对目标进行有效跟踪,但是本书算法的跟踪稳定性更好。

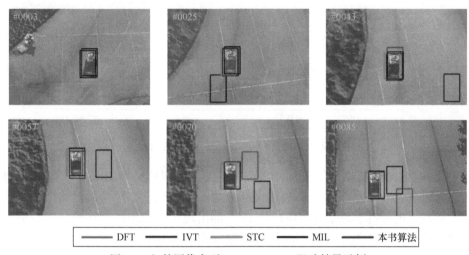

图 6.6 红外图像序列 electric vehicle 跟踪结果示例

图像序列 walking man 为无人机拍摄行人的空地红外图像序列。因为是非刚体目标,具有较大的姿态变形,所以如何精确地跟踪目标是一项具有挑战的工作。如图 6.7 所示,在无人机运行条件下,且目标具有姿态变化的第 44 帧和第 64 帧,大部分跟踪算法都出现跟踪失败,而本书算法则较为鲁棒地对目标进行追踪。较好的跟踪性能要归结本章设计的算法。它利用了超像素的特征进行局部的分割,设计的外观模型可以有效克服目标的姿态变化。

2. 定量分析

为了对跟踪算法的性能进行综合的评估,本书利用 CLE 和 OR 两种指标进行分析。如图 6.8 所示,本书算法在每一组图像序列中都具有较小的 CLE 和较大的 OR,可以体现跟踪算法的鲁棒性和精确性。本书算法在中层描述的基础上,可以充分利用未标记样本信息,实现对目标和背景的有效分割,最后设计的观测模型可以有效应对目标的姿态变化和尺度变化,实现对目标的可靠跟踪。

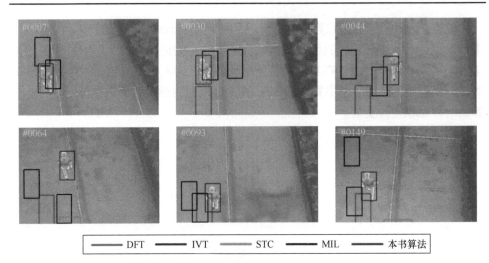

图 6.7　图像序列 walking man 跟踪结果示例

　　表 6.1 和表 6.2 给出了五种算法在每组图像序列的平均 CLE 和平均 OR 对比。可以看出，本章设计的算法在大部分的图像序列上都取得最优的结果。同时，启发式的跟踪算法，如 DFT 和 IVT 都出现较大的跟踪漂移现象。在应对剧烈姿态变化的场景下，本书算法具有较好的跟踪性能。

**表 6.1　平均 CLE 对比**

| 图像序列 | DFT | IVT | STC | MIL | 本书算法 |
|---|---|---|---|---|---|
| rhino_behind_tree | 4.9 | 66.4 | 8.1 | 11.1 | **1.8** |
| horse | 16.8 | 45.9 | 9.7 | 8.2 | **7.1** |
| electric vehicle | 39.7 | 147.9 | **8.4** | 9.7 | 8.5 |
| walking man | 150.1 | 212.2 | 239.6 | 111.2 | **7.5** |

**表 6.2　平均 OR 对比**

| 图像序列 | DFT | IVT | STC | MIL | 本书算法 |
|---|---|---|---|---|---|
| rhino_behind_tree | 0.63 | 0.01 | 0.55 | 0.34 | **0.78** |
| horse | 0.43 | 0.17 | 0.53 | 0.52 | **0.64** |
| electric vehicle | 0.62 | 0.08 | 0.77 | 0.75 | **0.78** |
| walking man | 0.09 | 0.01 | 0.18 | 0.17 | **0.80** |

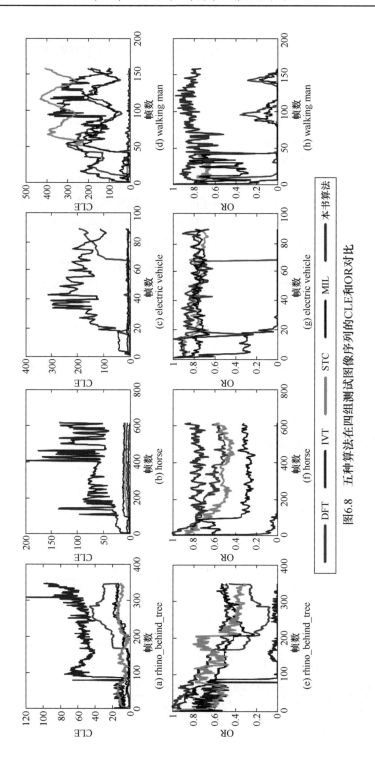

图6.8　五种算法在四组测试图像序列的CLE和OR对比

## 6.3　基于概率超图排序的红外目标跟踪算法

目前基于直推学习的目标跟踪算法都只是构造简单图结构，节点之间的相似性仅考虑节点之间的两两关系。显然，如果目标的外观模型由于遮挡或者姿态变化时，这种相似性的度量会受到较大的影响。因此，这种不稳定的表达方法不足以表示节点之间的高阶相关关系。

事实上，不仅两个独立的节点之间，包含充分邻域结构信息的上下文结构，也应该被考虑。为此，本节从全局特征描述的角度，首次将超图模型(hypergraph model，HM)[235]引入目标跟踪领域，提出一种基于概率超图排序(probabilistic hypergraph ranking，PHR)的视觉跟踪算法，构建三种不同类型的超图描述样本之间的高阶相关关系；充分利用未知样本的信息，将跟踪问题转化为在直推学习下的样本排序问题；通过粒子滤波框架下的最大后验概率估计实现目标的跟踪定位。

算法的主要贡献如下。

① 首次将超图模型引入目标跟踪领域。通过构建三种不同类型的超图，可以有效地捕捉样本之间的高阶相关关系。

② 提出一种自适应的模板集约束机制对超图排序算法进行整体的约束。

③ 提出一种动态的模板集更新策略克服跟踪中外观模型的变化和跟踪漂移问题。

### 6.3.1　概率超图排序与构造

对于概率超图 $G = (V, E, w)$，定义一个分类函数 $f$ 赋予每一个节点一个分类值。对于超图分割问题，分类函数 $f$ 应该尽可能地平滑。也就是说，一条超边连接的节点应该具有相似的标记，并且密集联系的节点也应该有相似的标记。通过累加每一条超边上所有节点的排序权值，可以得到基于超图结构的代价函数，即

$$\Omega(f) = \frac{1}{2} \sum_{e \in E} \sum_{u,v \in V} \frac{w(e)h(u,e)h(v,e)}{\delta(e)} \left( \frac{f(u)}{\sqrt{d(u)}} - \frac{f(v)}{\sqrt{d(v)}} \right)^2 \tag{6.19}$$

定义 $\Theta = D_v^{-1/2} H W D_e^{-1} H^{\mathrm{T}} D_v^{-1/2}$，基于 $d(v)$ 和 $\delta(e)$ 的定义，可得

$$\begin{aligned}
\Omega(f) &= \sum_{u \in V} f^2(u) \sum_{e \in E} \frac{w(e)h(u,e)}{d(u)} \sum_{v \in V} \frac{h(v,e)}{\delta(e)} - \sum_{e \in E} \sum_{u,v \in V} \frac{f(u)h(u,e)w(e)h(v,e)f(v)}{\sqrt{d(u)d(v)}\delta(e)} \\
&= \sum_{u \in V} f^2(u) - \sum_{e \in E} \sum_{u,v \in V} \frac{f(u)h(u,e)w(e)h(v,e)f(v)}{\sqrt{d(u)d(v)}\delta(e)} \\
&= f^{\mathrm{T}}(I - \Theta)f
\end{aligned} \tag{6.20}$$

在直推学习算法中，为了使学习得到的标记接近初始给定的标记信息，通常会引入反馈项，即

$$R_{emp}(f) = \sum_{v \in V} \|f - y\|^2 \tag{6.21}$$

其中，$y$ 为指示向量，即标记样本集的约束。

这种反馈项的引入并不准确，而且在超图排序时并没有考虑对角线上的约束，也就是样本本身对自己的约束。为了增强反馈项的准确性和引入对角线约束，修改反馈项为

$$R_{emp}(f) = \sum_{v \in V} \|f - T_A T_B y\|^2 \tag{6.22}$$

其中，$T_A = D_v^{-1/2} H H^T D_v^{-1/2}$ 为粗排序矩阵；矩阵 $T_B$ 为对角约束矩阵，其定义为对角线上的元素为 0，其余为 1。

这种对角约束由于弱化了样本本身对自己的相关性，增强了其他样本的作用，可以极大地提高分类的准确性。

对于分类函数 $f$，最优的分割就是最小化上述两个代价项之和，即

$$\min_f \Phi(f) = \min_f f^T (I - \Theta) f + u \sum_{v \in V} \|f - T_A T_B y\|^2 \tag{6.23}$$

通过对分类函数 $f$ 求微分 $d(\Phi(f)) / d(f) = 0$，可得

$$f = (1 - \gamma)(I - \gamma \Theta)^{-1} T_A T_B y \tag{6.24}$$

其中，$\gamma = 1/(1+u)$。

如果定义 $\Pi(V, E, w) = (1 - \gamma)(I - \gamma \Theta)^{-1} T_A T_B$ 为特定 $\gamma$ 下概率超图的特征矩阵，那么可得

$$f = \Pi(V, E, w) y \tag{6.25}$$

### 6.3.2　概率超图构造

为了有效地描述所有节点之间的高阶相关关系，本书构建三种不同类型的超图，即 location-adjacent 超图、feature-resembling 超图、manifold-close 超图。location-adjacent 超图可以描述节点之间的空间位置约束关系，feature-resembling 超图可以捕捉节点在特征向量空间的局部邻域关系，manifold-close 超图可以有效描述节点中的类别关系。

1. location-adjacent 超图

实际上，图像坐标系下位置相邻的节点通常有一些特定的性质。为了有效地

描述节点之间的这种空间关系，我们构建 location-adjacent 超图。location-adjacent 超图 $G_p$ 可以表示为 $G_p = (V, E_p, w_p)$，其中节点 $V = \{v_i\}_{i=1}^N$ 关联于所有采样的候选图像块。在这种超图中，每一个节点 $v_l$ 都用图像坐标系下的平移参数 $(x, y)$ 表示。$k_p$ 个位置最邻近节点 $v_q = \left\{ v_q \in N_{k_p} \right\}$ 就构成 location-adjacent 超边 $e_l^p$。对于节点 $v_l$ 构造的超边 $e_l^p$，用节点 $v_l^c (v_l^c = v_l)$ 表示这条超边 $e_l^p$ 的质心节点。距离质心节点越近的节点越应该赋予更高的权值，因此用高斯核函数描述节点 $v_l$ 和超边 $e_l^p$ 的相似度，隶属度矩阵 $H_p$ 可以表示为

$$h_p(v_i, e_j^p) = \begin{cases} \exp(-\sigma D(v_i, v_j^c)/\bar{D}), & v_i \in e_j^p \\ 0, & \text{其他} \end{cases} \tag{6.26}$$

其中，$\sigma$ 为正的参数；$v_i$ 和 $v_j^c$ 为节点 $v_i$ 和超边的质心 $v_j$ 对应图像块的归一化图像灰度向量；$D(v_i, v_j^c)$ 为向量之间的欧氏距离；$\bar{D}$ 为平均距离，即

$$\bar{D} = \frac{1}{|V|} \sum_{e_j^p \in E_p} \sum_{v_i \in e_j^p} D(v_i, v_j^c) \tag{6.27}$$

基于隶属度矩阵 $H_p$，根据定义可以计算出矩阵 $\Theta^p$、$T_A^p$ 和 $T_B^p$。location-adjacent 超图的特征矩阵 $\Pi_p(V, E, w)$ 可以表示为

$$\Pi_p(V, E, w) = (1 - \gamma)(I - \gamma \Theta^p)^{-1} T_A^p T_B^p \tag{6.28}$$

### 2. feature-resembling 超图

为了描述所有样本在特征空间的局部邻域信息，构建一种基于特征空间的 feature-resembling 超图 $G_f = (V, E_f, w_f)$。与 location-adjacent 超边类似，feature-resembling 超边 $e_l^f$ 包括质心节点 $v_l^c (v_l^c = v_l)$ 及其在特征空间上 $k_f$ 个最邻近的节点 $v_q = \left\{ v_q \in N_{k_f} \right\}$。这类超图中的所有节点都用归一化的整体图像灰度向量表示。基于超边集 $E_f = \{e_l^f\}_{l=1}^N$，隶属度矩阵可以写为

$$h_f(v_i, e_j^f) = \begin{cases} \exp(-\sigma D(v_i, v_j^c)/\bar{D}), & v_i \in e_j^f \\ 0, & \text{其他} \end{cases} \tag{6.29}$$

为了减少相似样本之间的度量距离，在 feature-resembling 超图中，定义所有的负样本都是相邻的。这种闭环的约束条件可以极大地提升排序性能。同样，feature-resembling 超图的特征矩阵 $\Pi_f(V, E, w)$ 可以定义为

$$\Pi_f(V,E,w) = (1-\gamma)(I-\gamma\Theta^f)^{-1}T_A^f T_B^f \tag{6.30}$$

### 3. manifold-close 超图

节点之间的关系除了空间位置关系和特征空间关系，在节点黏附体中仍然存在一些隐含的高阶相关关系。为了描述这种节点黏附体，我们通过聚类的算法构造 manifold-close 超图。假设通过聚类算法计算出 $L$ 类黏附体，每一类黏附体都关联一条 manifold-close 超边 $e_l^m$，那么超边集可以表示为 $E_m = \left\{ e_l^m \right\}_{l=1}^{L}$。每一条超边 $e_l^m$ 的质心节点可以用超边中所有节点的平均值表示，即

$$v_l^m = \frac{1}{|e_l^m|} \sum_{v_i \in e_j^m} v_i \tag{6.31}$$

其中，$v$ 为归一化的灰度向量。

manifold-close 超图的隶属度矩阵可以表示为

$$h_m(v_i, e_j^m) = \begin{cases} \exp(-\sigma D(v_i, v_j^c) / \bar{D}), & v_i \in e_j^m \\ 0, & \text{其他} \end{cases} \tag{6.32}$$

类似地，manifold-close 超图的特征矩阵 $\Pi_m(V,E,w)$ 可以写为

$$\Pi_m(V,E,w) = (1-\gamma)(I-\gamma\Theta^m)^{-1}T_A^m T_B^m \tag{6.33}$$

图 6.9 给出了三种不同类型概率超图构造的示意图。通过线性组合这三种类型的超图结构，最终的概率超图的特征矩阵可以描述为

$$\Pi_c(V,E,\gamma) = \alpha\Pi_p(V,E,\gamma) + \beta\Pi_f(V,E,\gamma) + (1-\alpha-\beta)\Pi_m(V,E,\gamma) \tag{6.34}$$

其中，$\alpha$ 和 $\beta$ 为非负的权重因子，且 $\alpha + \beta < 1$。

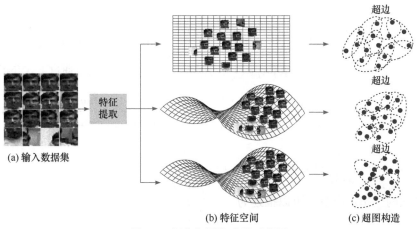

(a) 输入数据集　　　　　　(b) 特征空间　　　　(c) 超图构造

图 6.9　概率超图构造的示意图

显然，最终的概率超图维持三种类型超图的一种平衡，可以更加有效地捕捉样本之间的高阶相关关系。

### 6.3.3 自适应模板集约束模型

在超图排序问题中，指示向量 $y = [y_1, y_2, \cdots, y_n]$ 一般定义为

$$y_i = \begin{cases} 1, & v_i \in Q_p \\ -1, & v_i \in Q_n \\ 0, & \text{其他} \end{cases} \tag{6.35}$$

其中，$Q_p$ 为正模板集；$Q_n$ 为负模板集。

显然，这种定义的指示向量可以赋予正模板或者负模板相同的值，忽略不同模板之间的辨别性信息。为此，本书将基于前景的相似性和背景的相异性，提出一种自适应的模板集约束。

对于一个正的标记样本 $v_i \in Q_p$，其与前景相似性的置信值可以定义为

$$c_{p-p}(i) = \sum_{j=1, j \neq i}^{|Q_p|} D(v_i, v_j) \tag{6.36}$$

其中，$|\cdot|$ 为样本的数量；$v_i$ 为节点 $v_i$ 所对应的归一化的整体灰度向量。

该样本与背景相异性的置信值定义为

$$c_{p-n}(i) = \sum_{j=1, v_j \in Q_n}^{|Q_n|} D(v_i, v_j) \tag{6.37}$$

那么正标记样本 $v_i$ 的归一化的置信值可以写为

$$c_p(i) = \alpha_c \frac{\max(c_{p-p}) - c_{p-p}(i)}{\max(c_{p-p}) - \min(c_{p-p})} + (1 - \alpha_c) \frac{c_{p-n}(i) - \min(c_{p-n})}{\max(c_{p-n}) - \min(c_{p-n})} \tag{6.38}$$

类似地，对于负的标记样本 $v_i \in Q_n$，其归一化后的置信值可以通过下式获得，即

$$c_n(i) = \alpha_c \frac{\max(c_{n-n}) - c_{n-n}(i)}{\max(c_{n-n}) - \min(c_{n-n})} + (1 - \alpha_c) \frac{c_{n-p}(i) - \min(c_{n-p})}{\max(c_{n-p}) - \min(c_{n-p})} \tag{6.39}$$

其中，$c_{n-n}(i) = \sum_{j=1, j \neq i}^{|Q_n|} D(v_i, v_j)$；$c_{n-p}(i) = \sum_{j=1, v_j \in Q_p}^{|Q_p|} D(v_i, v_j)$。

"软的"指示向量 $y$ 可以描述为

$$y_i = \begin{cases} c_p(i), & v_i \in Q_p \\ -c_n(i), & v_i \in Q_n \\ 0, & \text{其他} \end{cases} \tag{6.40}$$

如图 6.10 所示，与传统的"硬的"指示向量相比，本书的模板集约束可以充分利用不同模板的辨别性信息，增加最后分类的准确性。

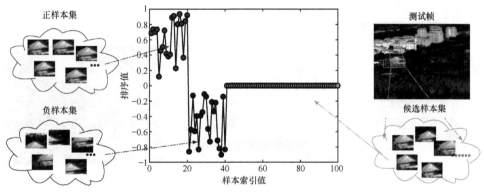

图 6.10　自适应模板约束的示意图

### 6.3.4　基于粒子滤波的目标定位

假设 $x_t$ 为状态变量，给定 $t$ 时刻的所有观测变量 $Y_t = \{y_1, y_2, \cdots, y_{t-1}, y_t\}$，可以重写贝叶斯递归的估计后验概率 $p(x_t | Y_t)$，即

$$p(x_t | Y_t) \propto p(y_t | x_t) \int p(x_t | x_{t-1}) p(x_{t-1} | Y_{t-1}) \mathrm{d}x_{t-1} \tag{6.41}$$

用仿射变形建模目标运动，动态模型可以通过高斯采样得到，即 $p(x_t | x_{t-1}) = N(x_t; x_{t-1}, \Psi)$。假设通过动态模型采样得到 $N$ 个候选目标 $Q_c$，那么观测模型 $p(y_t | x_t)$ 关联于候选目标 $Q_c$ 的排序值。

基于自适应的模板集约束 $y$ 和超图的特征矩阵 $\Pi_c(V, E, w)$，那么构造的概率超图最终的排序值可以写为

$$f = \Pi_c(V, E, \gamma) y \tag{6.42}$$

将排序函数 $f$ 分为三部分 $f = [f(Q_p), f(Q_n), f(Q_c)]$，其中 $f(Q_p)$ 表示前景模板集 $Q_p$ 的排序结果，$f(Q_n)$ 表示背景模板集 $Q_n$ 的排序结果，$f(Q_c)$ 表示通过采样得到的 $N$ 个候选目标 $Q_c$ 的排序结果。因此，观测模型可以定义为

$$p(y_t^i | x_t^i) = f(v_i), \quad v_i \in Q_c, i = 1, 2, \cdots, N \tag{6.43}$$

最优的目标状态可以通过最大后验概率估计获得，即排序值最大的候选目标，即

$$\hat{x}_t = \underset{x_t^i}{\arg\max} f(v_i) p(x_t^i \mid x_{t-1}), \quad i = 1, 2, \cdots, N \tag{6.44}$$

基于排序值的观测模型示意图如图 6.11 所示。可以看出，红色样本是较好的候选目标，其对应的排序值也较大；蓝色样本和紫色样本是较差的候选目标。

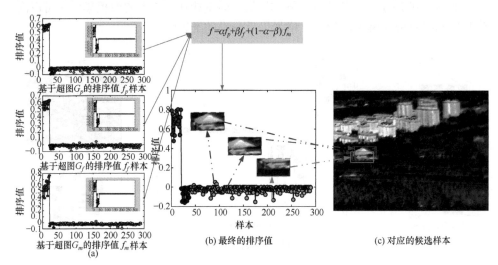

图 6.11　基于排序值的观测模型示意图

### 6.3.5　模板更新机制

由于目标和背景的模型会时刻发生变化，如果模板集不进行更新，跟踪算法就很难适应环境的变化[145,148,228]。如果模板集更新过于频繁，就会不断地引入误差，产生跟踪漂移问题。为此，我们设计一种动态的模板集更新策略解决这个问题。

初始正样本集 $Q_p$ 在初始目标位置一个极小的扰动下通过随机采样获得，负样本集 $Q_n$ 在初始目标位置周围的一个环形区域内通过随机采样获取。模板集初始化示意图如图 6.12 所示。正样本集可分为三个样本子集 $Q_p = [Q_p^o, Q_p^n, Q_p^d]$，即固定模板子集、新模型模板子集和动态模板子集。固定模板子集 $Q_p^o$ 在初始化获取之后便不再改变，目的是抑制跟踪漂移。如果最优目标状态 $\hat{x}_t$ 的排序值比设定的固定阈值 $\theta_n$ 还要小，通常预示着目标外观模型发生剧烈的变化或者目标受到严重的遮挡。这时，通过在最优状态 $\hat{x}_t$ 附近小的扰动范围内采样，可以实现新模型模板子集 $Q_p^n$ 的更新。一般较高的排序值都关联着更为重要的模板。动态模板子集 $Q_p^d$ 存储着这些重要的模板。若模板子集 $Q_p^d$ 中模板的排序值小于阈值 $\theta_{p1}$，那么就把这些模板从 $Q_p^d$ 中删除，即 $\Delta^{\text{delete}} = \{x \in Q_p^d \mid f(x) < \theta_{p1}\}$。若候选目标集 $Q_c$ 中候选样本

的 排 序 值 大 于 阈 值 $\theta_{p2}$ ， 那 么 就 把 这 些 样 本 添 加 到 $Q_p^d$ 中 ， 即 $\Delta^{\mathrm{add}} = \{x \in Q_c \,|\, f(x) > \theta_{p2}\}$ 。规定动态模板子集 $Q_p^d$ 的最大样本数量不超过 $M$ 个，如果满足条件的样本数目大于 $M$ 个，就选择排序值最大的 $M$ 个样本构建 $Q_p^d$ 。

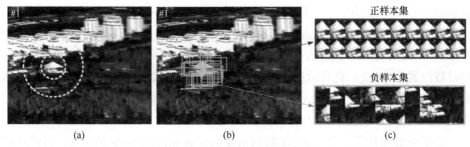

图 6.12　模板集初始化示意图

负样本集 $Q_n$ 在每一帧的最优目标状态 $\hat{x}_t$ 周围的环形区域内进行随机采样来更新。动态模板集的构造示意图如图 6.13 所示。算法 6.1 给出了模板更新策略。

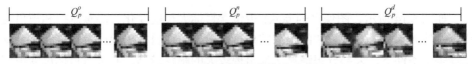

图 6.13　动态模板集的构造示意图

## 算法 6.1　模板更新策略

**输入**：正模板集 $Q_p = [Q_p^o, Q_p^n, Q_p^d]$ ，负模板集 $Q_n$ ，所有采样得到的候选目标 $Q_c$ ，最终的排序值向量 $f$ ，最优的目标位置 $\hat{x}_t$

**输出**：更新的模板集 $Q_t = [Q_p, Q_n]$

1：在第一帧对 $Q_p$ 和 $Q_n$ 进行初始化；

2：在跟踪的整个过程，模板子集 $Q_p^o$ 保持不变；

3：如果 $\max(f(Q_c)) < \theta_n$ ，根据最优目标状态 $\hat{x}_t$ 学习新的模板子集替换 $Q_p^n$ ；

4：删除动态模板子集 $Q_p^d$ 中排序值较小的样本， $\Delta^{\mathrm{delete}} = \{x \in Q_p^d \,|\, f(x) < \theta_{p1}\}$ ；

5：增加所有候选样本中排序值较大的样本 $Q_p^d$ ， $\Delta^{\mathrm{add}} = \{x \in Q_c \,|\, f(x) > \theta_{p2}\}$ ；

6：如果 $\left|Q_p^d\right| > M$（设置 $M = 20$），只选择排序值最大的 $M$ 个样本构建 $Q_p^d$ ；

7：通过最优目标状态 $\hat{x}_t$ 更新负样本集 $Q_n$ 。

### 6.3.6　跟踪实验与性能分析

本书算法的运行环境为 Intel Core Dual 2.2GHz CPU 和 16 GB 内存。算法的处理速度大约为 1.0 秒每帧。PF 中目标的观测量被归一化为 $16 \times 16$，被表示为一个 256 维的灰度向量。在所有的实验中，采样的粒子数目设置为 300。在 location-adjacent 超图中，参数 $k_p$ 设置为 20，在 feature-resembling 超图中参数 $k_f$ 设置为 20。对于构造 manifold-close 超图，采用经典的谱聚类算法[236]和多类谱聚类算法[237]对所有的节点进行聚类，参数 $L$ 设置为 16。在隶属度矩阵中，核函数的参数设置为 $\sigma = 2$。在自适应的模板约束中，平衡参数 $\alpha_c$ 设置为 0.7。排序函数的参数 $\gamma$ 设置为 0.01。对于模板更新策略，新的外观模型阈值 $\theta_n$ 设置为 0.0001，阈值 $\theta_{p1}$ 和 $\theta_{p2}$ 分别设置为 0.0001 和 0.0002。

为了全面评估算法的性能，实验测试 4 组带有 ground truth 的空地红外图像序列(tank1、gymnasium、house、truck)，并对比四种经典的跟踪算法，即 CT[151]、LRST[238]、MIL[158]和 SPT[239]。下面从定性和定量两个角度对算法进行评估。

1. 定性分析

如图 6.14 所示，图像序列 tank1 中包含目标大尺度变化、严重遮挡和视角变化等挑战因素。从五种算法的跟踪结果可以看出，在目标出现严重遮挡和尺度变化等多重条件下，大部分跟踪算法都出现较大的跟踪漂移，并且对目标尺度跟踪有较大的偏差。本书提出的跟踪算法设计了三种不同类型的超图来描述样本之间的高阶相关关系，充分利用未知样本的信息，将跟踪问题转化为在直推学习下的样本排序问题，体现较为鲁棒的跟踪性能。

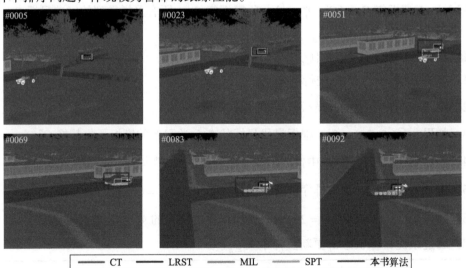

图 6.14　图像序列 tank1 跟踪结果示例

如图 6.15 所示，图像序列 gymnasium 包含摄像机快速运动、角度变化和运动模糊等挑战因素。可以看出，当场景出现大幅度抖动的情况下(第 180 帧)，大部分的跟踪算法都跟踪失败，而本节设计的算法能体现鲁棒的跟踪性能。原因是，本书算法设计了一种动态的样本集更新机制，可以确保目标在出现较大姿态变化和场景模糊的情况下，实现对目标的准确跟踪。

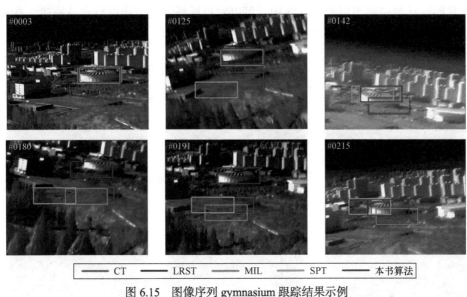

图 6.15　图像序列 gymnasium 跟踪结果示例

如图 6.16 所示，图像序列包括较为严重的模糊、角度变化和相似物体的干扰。

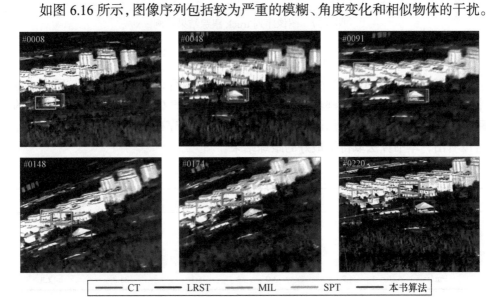

图 6.16　图像序列 house 跟踪结果示例

在场景出现较大幅度的震动条件下，SPT 算法首先偏离目标区域，当目标出现严重的图像模糊和角度变化时，四种对比算法全部都偏离目标位置，仅本书算法始终保持对目标的持续可靠跟踪。

如图 6.17 所示，目标为移动的卡车，且受到较强的背景干扰，目标的尺度和姿态都有明显变化。可以看出，本书算法能始终保持对目标准确跟踪。这要归功于我们设计的三种类型的超图结构，可以对目标样本的结构进行充分描述，在粒子滤波跟踪框架下，实现对目标的多尺度鲁棒跟踪。

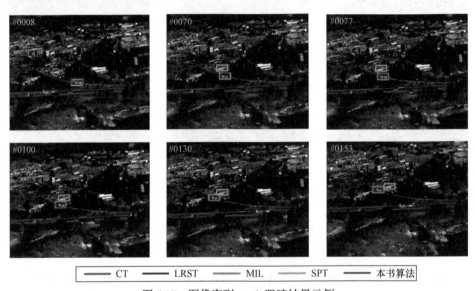

图 6.17　图像序列 truck 跟踪结果示例

## 2. 定量分析

我们用 CLE 和 OR 两个指标对跟踪算法进行综合评估。如图 6.18 所示，本书算法在所有图像序列中都具有最小的 CLE 和最大的 OR，体现算法具有优良的跟踪性能。表 6.3 和表 6.4 给出了五种算法在每组图像序列的平均 CLE 和平均 OR。可以看出，本书算法取得了最好的跟踪结果。

表 6.3　平均 CLE 对比

| 序列 | CT | LRST | MIL | SPT | 本书算法 |
|---|---|---|---|---|---|
| house | 60.0 | 6.0 | 66.5 | 217.3 | **4.6** |
| gymnasium | 28.6 | 196.7 | 35.2 | 112.3 | **11.9** |
| tank1 | 25.1 | 24.3 | 25.3 | 18.2 | **9.9** |
| truck | 4.2 | 3.0 | 5.1 | 28.8 | **2.3** |

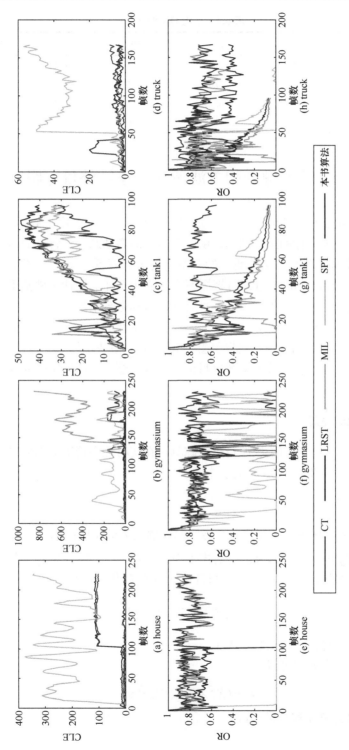

图6.18　五种算法在四组测试图像序列的CLE和OR对比

**表 6.4　平均 OR 对比**

| 序列 | CT | LRST | MIL | SPT | 本书算法 |
|---|---|---|---|---|---|
| house | 0.37 | 0.80 | 0.31 | 0.03 | **0.83** |
| gymnasium | 0.59 | 0.48 | 0.57 | 0.26 | **0.77** |
| tank1 | 0.30 | 0.29 | 0.22 | 0.42 | **0.71** |
| truck | 0.56 | 0.64 | 0.51 | 0.22 | **0.74** |

# 6.4　基于多特征融合相关滤波的快速红外目标跟踪算法

近年来，由于相关滤波器计算的高效性，研究者将其应用到目标跟踪算法当中。对于地面时敏目标的跟踪问题，由于飞行器的高动态性、背景的高复杂性，以及目标的快速移动性，相关滤波的跟踪性能大大降低。本节在核相关滤波器(kernelized correlation filters，KCF)[165]算法研究的基础上，设计一种基于多特征融合鲁棒目标跟踪算法。首先，设计一种有效的目标融合策略，将灰度特征和方向梯度直方图(histogram of oriented gradient，HOG)特性进行有效融合，提高跟踪的鲁棒性。然后，设计一种处理遮挡问题的有效策略，解决 KCF 无法处理遮挡的缺点。最后，引入多尺度滤波器来解决目标的尺度问题，并通过实验验证算法的有效性。

## 6.4.1　相关滤波原理

目标跟踪领域中核相关滤波目标跟踪算法在实时性和精度上都取得了较好的跟踪结果。下面简要介绍 KCF 的基本原理。

### 1. 岭回归分类器

在分类器中，样本的训练是一个岭回归问题，或者称为正则化最小二乘问题。对于判别函数 $f_z = \omega^{\mathrm{T}} z$。如果训练的样本为 $x_i$，其对应的标签为 $y_i$，分类器的训练就是寻找一组权重参数 $\omega_i$，使回归目标 $y_i$ 的平方误差最小，即

$$\min_{\omega} \sum_i (\omega x_i - y_i)^2 + \lambda \|\omega\|^2 \tag{6.45}$$

其中，$\lambda$ 为防止过拟合的正则化因子。

利用最小二乘方法可得

$$\omega = (X^{\mathrm{T}} X + \lambda I)^{-1} X^{\mathrm{T}} y \tag{6.46}$$

其中，$X$ 为训练样本组成的矩阵。

为了快速计算，可以在频域上进行运算，将变量统一写为复数域形式，即

$$\omega = (X^H X + \lambda I)^{-1} X^H y \tag{6.47}$$

其中，$X^H$ 为 $X$ 的复共轭转置矩阵。

2. 核方法

如果训练样本在原始空间内不是线性可分的，那么可以利用核函数的方法通过非线性核函数将原始数据空间映射到高维特征空间，从而实现线性可分。

假设 $H$ 为某一类特征空间，$\chi$ 为输入欧氏空间 $\mathbf{R}^n$ 的子集，如果存在某一映射 $\phi(x, y): \chi \to H$，使所有变量的 $x, z \in \chi$，函数 $\kappa(x, z)$ 满足

$$\kappa(x, z) = \phi(x)\phi(z) \tag{6.48}$$

则 $\kappa(x, z)$ 称为核函数，其中 $\phi(x)$ 为映射函数，$\phi(x)\phi(z)$ 为内积。

常见的核函数包括多项式核函数，即 $\kappa(x_1, x_2) = (\langle x_1, x_2 \rangle + 1)^p$，其中 $p$ 为指数项；高斯核函数 $\kappa(x_1, x_2) = \exp\left(-\dfrac{\|x_1 - x_2\|^2}{2\sigma^2}\right)$。

通过引入映射函数 $\phi(x)$，将输入 $x$ 映射到非线性特征空间中，则 $\omega = \sum_i \alpha_i \phi(x_i)$，将求解 $\omega$ 转化到求解 $\alpha$，那么 $f(z)$ 可表示为

$$f(z) = \sum_i^n \alpha_i \kappa(z, x_i) \tag{6.49}$$

所有训练样本 $X$ 的点积可以表示为 $n \times n$ 矩阵 $K$，则 $k_{ij} = \kappa(x_i, x_j)$。

如果 $X$ 为循环矩阵，$K$ 为核矩阵，那么式(6.49)的解为

$$\alpha = (K + \lambda I)^{-1} y \tag{6.50}$$

3. 循环矩阵

一般来说，为了保证跟踪实时性，跟踪目标的样本是通过随机采样获取。循环矩阵既可以增加在线训练样本的数量，又不会影响跟踪速度。如果目标样本 $x = [x_0, x_1, \cdots, x_{n-1}]^T$ 表示 $1 \times n$ 向量，把它作为基础样本，通过循环移位便可以得到训练样本集 $C(x)$，即

$$C(x) = \begin{bmatrix} x_0 & x_1 & \cdots & x_{n-1} \\ x_{n-1} & x_0 & \cdots & x_{n-2} \\ \vdots & \vdots & & \vdots \\ x_1 & x_2 & \cdots & x_0 \end{bmatrix} \tag{6.51}$$

可以看出，循环矩阵中的第一行为目标样本 $x$，其余各行都是 $x$ 通过循环移位获取。通过矩阵相乘的方式可以得到循环矩阵，如果令

$$P = \begin{bmatrix} 0 & 0 & \cdots & 0 & 1 \\ 1 & 0 & \cdots & 0 & 0 \\ 0 & 1 & \cdots & 0 & 0 \\ \vdots & \vdots & & \vdots & \vdots \\ 0 & 0 & \cdots & 1 & 0 \end{bmatrix} \tag{6.52}$$

循环矩阵能够在傅里叶空间使用离散傅里叶变换(discrete Fourier transform, DFT)进行对角化，即

$$X = F\mathrm{diag}(\hat{x})F^{\mathrm{H}} \tag{6.53}$$

其中，$\hat{x}$ 为矩阵 $X$ 第一行向量的傅里叶变换后的值；$F$ 为傅里叶常量矩阵。

如果向量 $x$ 和 $h$ 的 DFT 分别为 $\hat{x}$ 和 $\hat{h}$，那么根据卷积的时频域特性，$x$ 和 $h$ 的卷积可以通过频域上 $\hat{x}$ 和 $\hat{h}$ 的乘积得到，而卷积也可以对应频率域上的点积，即

$$X \odot h = x \otimes h = \mathfrak{I}^{-1}(\hat{x} \odot \hat{h}) \tag{6.54}$$

将式(6.54)代入式(6.47)可得

$$\omega = F\mathrm{diag}\left( \frac{\hat{x}^{*}}{\hat{x}^{*} \odot \hat{x} + \lambda} \right)F^{\mathrm{H}}y \tag{6.55}$$

对式(6.55)的两边进行傅里叶变换可得

$$\mathfrak{I}(\omega) = F^{*}\left( \mathfrak{I}^{-1}\left( \frac{\hat{x}^{*}}{\hat{x}^{*} \odot \hat{x} + \lambda} \right) \right) \odot \mathfrak{I}(y) \tag{6.56}$$

于是有

$$\hat{\omega} = \frac{\hat{x}^{*} \odot y}{\hat{x}^{*} \odot \hat{x} + \lambda} \tag{6.57}$$

可以看出，使用向量的点积运算取代矩阵运算，尤其是复杂度高的矩阵求逆运算，可以提高计算速度。

### 4. KCF 目标跟踪算法

KCF 目标跟踪算法通过对训练样本集进行学习得到滤波器目标模型。该算法将跟踪任务分解成快速训练分类器和快速检测目标位置两个部分。KCF 目标跟踪算法流程图如图 6.19 所示。

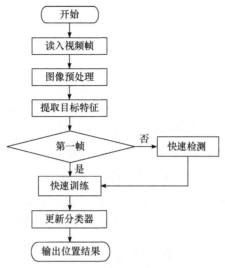

图 6.19　KCF 目标跟踪算法流程图

(1) 快速训练

利用核函数把原特征空间映射到高维特征空间可以提高分类器性能，从而解决非线性问题。核函数下的岭回归解为

$$\alpha = (K + \lambda I)^{-1} y \tag{6.58}$$

由于 $K$ 是循环矩阵，根据循环矩阵的性质，可以转换到傅里叶空间求解，对角化可得

$$\hat{\alpha} = \frac{\hat{y}}{\hat{k}^{xx} + \lambda} \tag{6.59}$$

其中，$k^{xx}$ 为核矩阵 $K$ 的第一行；∧ 表示向量的 DFT。

(2) 快速检测

为了获取目标在当前帧的准确位置，可以在当前帧的不同位置选择候选样本，通过前面的学习，这样的候选样本可以利用循环位移法获得。选取的策略是以前一帧中目标的中心点选取 $M \times N$ 图像块基本候选目标，经过循环位移基本候选目标块得到的就是候选目标集，可以用 $z$ 表示。

因为候选目标集 $z$ 进行图像处理计算量很大，这里构建核函数矩 $K^z = C(k^{xz})$，其中 $k^{xz}$ 表示向量 $x$ 和向量 $z$ 的核相关。这样便可以计算所有候选样本的样本响应 $f(z)$，即

$$f(z) = \mathcal{F}^{-1}(\hat{k}^{xz} \otimes \hat{\alpha}) \tag{6.60}$$

转换到频率域，可得

$$\hat{f}(z) = \hat{k}^{xz} \odot \hat{\alpha} \tag{6.61}$$

响应矩阵最大值对应的位置即目标的位置。

(3) 模型更新

在目标跟踪时,目标是不断变化的,尤其是目标形态的变化。为了满足跟踪的精确度,需要不断更新模型。在目标模型中,通过改变外观模型 $\hat{x}$ 和分类器系数矩阵 $\hat{\alpha}$,可以达到模型更新的目的,即

$$\hat{x}_t = (1-\eta)\hat{x}_{t-1} + \eta\hat{x}_t \tag{6.62}$$

$$\hat{\alpha} = (1-\eta)\hat{\alpha}_{t-1} + \eta\hat{\alpha}_t \tag{6.63}$$

其中,$\eta$ 为目标学习的系数;$\hat{x}_{t-1}$ 和 $\hat{x}_t$ 为上一帧的目标特征模型和现在学习得到的目标特征模型;$\hat{\alpha}_t$ 和 $\hat{\alpha}_{t-1}$ 为系数矩阵和上一帧学习获取的系数矩阵。

### 6.4.2 基于多特征融合的相关滤波跟踪算法

基于灰度特征 KCF 目标跟踪算法,跟踪过程体现跟踪的快速性,但也存在对光照和尺度变化适应性不强,无法处理遮挡问题,以及不能尺度自适应等缺点。因此,本节提出一种基于多特征融合和遮挡自适应策略的鲁棒目标跟踪算法。

#### 1. 多特征融合策略

多特征融合的目的是,各种类型的特征在对同一目标的描述上能够体现其互补性。特别注意的是,在计算过程中必须具备相似性。灰度(GRAY)特征在计算上具有简单高效的特点,可以有效捕捉目标图像的整体特性;HOG 特征能够描述目标的形状特征。因此,本节将灰度特征和 HOG 特征进行有效融合来提高跟踪的鲁棒性。

(1) 灰度特征

灰度特征是相关滤波跟踪算法中最为经典和高效的一种描述特征。高速跟踪算法 MOSSE 和 CSK 算法中都采用灰度特征,可以得到较高的计算效率。灰度仅需要将原始图像转换为灰度图像,因此计算效率极高。通过将灰度进行归一化至 [−0.5,0.5],从而应对减弱光照变化的影响。

灰度特征作为一种简单的特征描述,相比于其他特征描述子来说,有自身的特点。一般来说,在目标尺寸较小的情况下,灰度可以最大限度地利用整体信息表征目标本身的状态,描述更为鲁棒。另外,灰度特征计算简单,效率非常高,在高速目标跟踪算法中是常用的特征描述。

(2) 形状特征

HOG 是机器视觉领域中一种最为常用的形状描述子。HOG 特征的核心思想是梯度方向或者边缘方向的密度分布可以有效地描述物体的轮廓和形状信息,通

过将图像划分为众多小的胞元(Cell)，在每个胞元内计算梯度方向直方图，然后对所有胞元的直方图进行组合，对目标的形状进行描述。HOG 算子能有效描述目标的几何特征，且具有光照不变性。

常用的 HOG 特征向量一般采用 9 个方向通道的直方图统计每个区域的梯度信息。特征向量包括 2×9 维的对比度敏感方向通道，9 维的对比度不敏感方向通道，还有 4 个纹理通道，共计 31 维的向量。HOG 特征计算简单，能够很好地应对光照和局部遮挡问题。HOG 特征可视化示意图如图 6.20 所示。

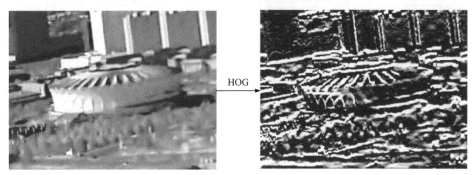

图 6.20　HOG 特征可视化示意图

(3) 特征融合

恰到好处的融合策略可以使跟踪算法事半功倍。HOG 特征维数为 31 维，若将 HOG 特征与灰度特征并行融合，会造成维数负担，因此本节采取串行融合的策略，将灰度、HOG 特征进行串行融合。在融合过程中，需对每个特征的尺度进行归一化才能进行相互融合。因此，融合得到的描述算子的特征层为 35 层。多特征融合示意图如图 6.21 所示。

2. 遮挡处理

在目标跟踪期间，遮挡问题始终是一个难题，因为长时间的遮挡会导致算法难以追踪目标甚至丢失目标。

为了克服目标的遮挡或者部分遮挡的问题，通常认为遮挡即目标跟踪失败，并且需再次捕获丢失的目标。因此，本节从两个方面进行解决，即丢失判断和再捕获设计。抗遮挡策略流程图如图 6.22 所示。

基于多特征融合 KCF 的跟踪算法判断目标与初始图像特征的相似度。在目标跟踪时，由于该值设置很低，再加上模型具有更新策略，因此很容易将遮挡物更新为目标模型导致跟错或跟丢。可以通过提高与初始目标模型的相似度门槛，使相似度值低于该值时位置滤波器模型不做更新。

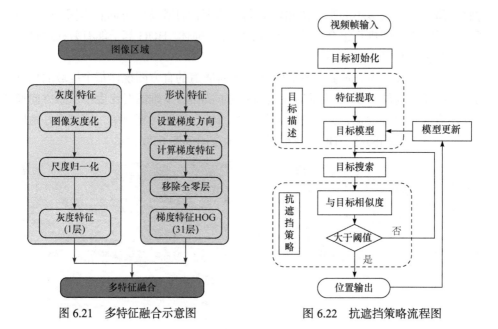

图 6.21　多特征融合示意图　　　　图 6.22　抗遮挡策略流程图

在判定目标被遮挡之后，首先要做的便是目标的再度获取，若目标只是短时间内被遮挡，通过跟踪停止的方式可以使算法在跟踪框乘以 panding 值的范围内重复快速搜索。一旦目标再度出现，相似度值重新满足要求，则跟踪继续。

3. 尺度自适应

借鉴 DSST 跟踪算法[166]，本书算法选择当前目标框的大小为基准，以目标为中心构建不同比例大小的候选框形成训练的样本，将峰值最高的尺度因子作为当前最适合的尺度结果。

以目标的实际尺寸为 $M \times N$ 为例，尺度滤波器的大小为 $S \times 1$，$S$ 为尺度的总级数，围绕目标中心获得比例不同且涵盖全面的目标块 $\rho^n M \times \rho^n N$，式中 $n = \{|-(S-1)/2|, \cdots, (S-1)/2\}$，$\rho$ 为尺度系数。

位置滤波器与尺度滤波器在原理上是相同的，都是通过一系列的位置获取，同时与原始目标进行相关运算，获得输出的最大值，尺度学习系数为

$$\hat{\alpha}_s = \frac{\hat{y}_s}{\hat{k}_s + \lambda} \tag{6.64}$$

其中，$\hat{k}$ 的元素为 $\hat{k}_i = \kappa(\hat{x}_s, \hat{x}_s)$；$\hat{y}_s$ 为期望的尺度响应输出。

设 $\hat{f}(z_s)$ 为快速计算尺度响应，则有

$$\hat{f}(z_s) = \hat{k}_{x_s z_{si}} \odot \hat{\alpha}_s \tag{6.65}$$

其中，$x_s$ 为多尺度外观模型；$z_{si}$ 为当前帧通过提取所获得的金字塔样本，在输出中获取最大值，并将最大值对应的尺度值应用为目前图像中目标的尺度。

与此同时，将目标的外观模型更新为 $\hat{x}_s$、尺度分类学习系数更新为 $\hat{\alpha}_s$，即

$$\hat{x}_s = (1-\theta)\hat{x}_{s_{t-1}} + \theta\hat{x}_{s_t} \tag{6.66}$$

$$\hat{\alpha}_s = (1-\theta)\hat{\alpha}_{s_{t-1}} + \theta\hat{\alpha}_{s_t} \tag{6.67}$$

其中，$\theta$ 为尺度学习系数；$\hat{x}_{s_t}$ 和 $\hat{x}_{s_{t-1}}$ 为现在和前一时刻的目标多尺度外观参数；$\hat{\alpha}_{s_t}$ 和 $\hat{\alpha}_{s_{t-1}}$ 为当前和上一帧分类器尺度的学习参数。

### 6.4.3　跟踪算法实验与性能分析

为了全面地对算法的性能进行综合评估，实验测试 4 组带有 ground truth 的空地红外图像序列(tank2、building2、walking man、gymnasium_occ)，包含的挑战因素为尺度变化、角度变化、姿态变化、遮挡和运动模糊。实验对比四种经典的跟踪算法，分别为 CSK[164]、KCF[165]、L1[148]和 SRDCF[169]。本书算法的运行环境为 VS2015、OpenCV3.1，机器配置为 Intel Core Dual 2.2GHz CPU 和 16 GB 内存。算法的处理速度大约为 100 秒每帧。

下面从定性和定量两个角度对算法进行评估。

1. 定性分析

图 6.23 和图 6.24 为两组具有尺度变化和视角变化的空地红外图像序列的测试

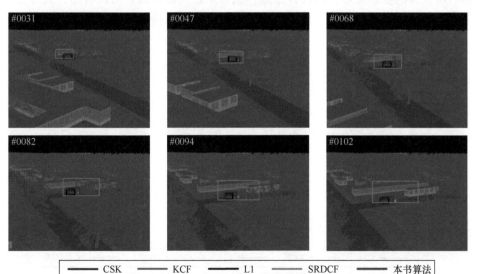

图 6.23　图像序列 tank2 跟踪结果示例

结果。可以看出，当图像有较大的尺度变化时，SRDCF 会出现较大的尺度偏差。CSK 和 KCF 算法虽然能在一定程度上跟踪目标位置，但是这类算法不能有效地应对目标的尺度变化。本书算法在目标出现较大尺度变化的时候，仍然可以有效地追踪目标区域，并且具有较高的跟踪精度。

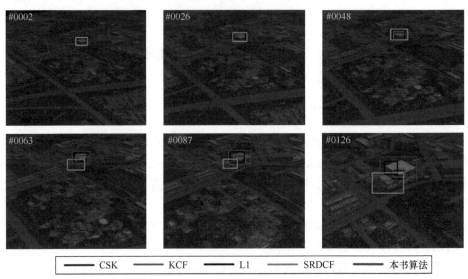

图 6.24　图像序列 building2 跟踪结果示例

如图 6.25 所示，由于行人为非刚体目标，因此在图像序列 walking man 中目标出现较大的姿态变形，给各种跟踪算法带来较大的挑战。可以看出，大部分的跟踪算法都出现跟踪失效，只有本书算法可以始终保持对目标的高精度跟踪。

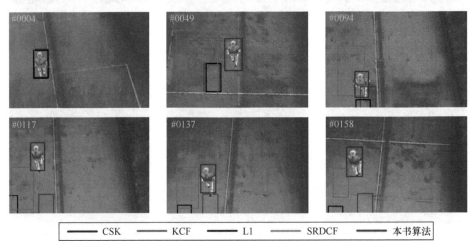

图 6.25　图像序列 walking man 跟踪结果示例

图像序列 gymnasium_occ 为遮挡条件下的空地红外图像序列，包含严重遮挡、角度变化、模糊等挑战因素。如图 6.26 所示，当目标出现严重遮挡的情况下(第 26 帧)，SRDCF 和 L1 跟踪算法首先偏离目标。当目标遭受不同角度的遮挡时，KCF 和 CSK 也出现跟踪失败。本书算法则表现出较为优越的跟踪性能。这得益于本节设计的遮挡处理策略，可以保证跟踪器在遮挡情况下的可靠性。

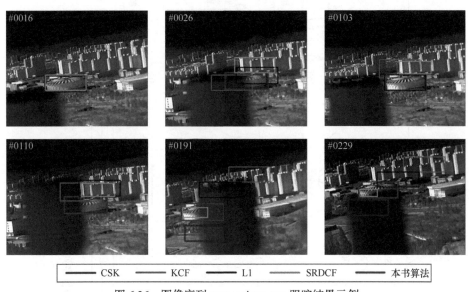

图 6.26　图像序列 gymnasium_occ 跟踪结果示例

2. 定量分析

为了对跟踪算法进行综合地评估，本节用 CLE 和 OR 两个指标进行分析。图 6.27 给出了测试算法在四组测试图像序列的 CLE 曲线和 OR 曲线。由于引入多特征的有效结合，并且设计更加有效的遮挡处理策略和多尺度应对策略，算法在四组测试图像序列中可以取得最优的跟踪结果。如表 6.5 和表 6.6 所示，本书算法在各种复杂场景下均能有效跟踪目标。

表 6.5　平均 CLE 对比

| 序列 | CSK | KCF | L1 | SRDCF | 本书算法 |
| --- | --- | --- | --- | --- | --- |
| tank2 | 16.3 | 7.4 | 17.2 | 59.1 | **5.3** |
| building2 | 7.8 | 5.5 | 16.5 | 36.3 | **4.5** |
| walking man | 457.2 | 138.3 | 183.7 | 102.1 | **10.8** |
| gymnasium_occ | 55.0 | 121.7 | 90.7 | 59.5 | **5.67** |

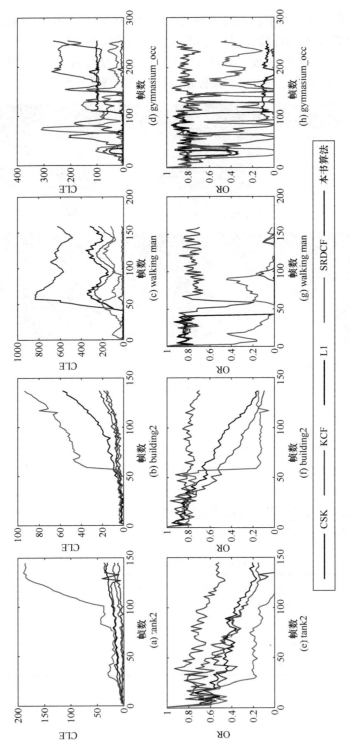

图6.27 五种算法在四组测试图像序列的CLE和OR对比

**表 6.6　平均 OR 对比**

| 序列 | CSK | KCF | L1 | SRDCF | 本书算法 |
|---|---|---|---|---|---|
| tank2 | 0.37 | 0.43 | 0.41 | 0.20 | **0.68** |
| building2 | 0.47 | 0.47 | 0.57 | 0.42 | **0.80** |
| walking man | 0.21 | 0.23 | 0.23 | 0.13 | **0.75** |
| gymnasium_occ | 0.43 | 0.22 | 0.38 | 0.32 | **0.81** |

## 6.5　深度学习在目标跟踪中的应用

与目标检测和识别等领域中深度学习占据统治地位的趋势不同，深度学习在目标跟踪领域的应用仍需进一步扩展。目标检测和识别任务有大量的训练数据集作为支撑，使深度模型的泛化能力很强。但在目标跟踪任务中，训练样本极少，通常只有第一帧数据为标记样本，因此深度模型应用难度较大。下面从网络结构出发，对深度学习在目标跟踪中的应用进行分类阐述。

### 6.5.1　基于卷积神经网络的深度目标跟踪

基于 CNN 的深度目标跟踪算法主要利用深度卷积特征强大的表征能力和泛化能力。该类算法有采用深度特征的算法，如分层卷积跟踪[172] (hierarchical convolutional features for visual tracking，HCF)算法、高效卷积算子跟踪[174] (efficient convolution operators for tracking，ECO)等算法，也有采用端到端进行训练的深度目标跟踪算法，如多域网络(multi-domain network，MDNet)[178]算法、双深度网络跟踪[240](dual deep network for visual tracking，DNT)等算法。下面以 MDNet 算法为例，简要说明其工作原理。

针对训练数据不足，以及用于目标检测和识别的深度神经网络与目标跟踪任务本身存在一定偏离的问题，MDNet 算法直接用跟踪视频序列对 CNN 进行预训练，从而获得通用的目标表征能力。在跟踪任务中，不同跟踪序列的跟踪目标不同，某类物体在一个序列中是跟踪目标，在另外一个序列中可能只是背景。不同序列中目标本身的表观、运动模式，环境中的光照、遮挡等情形也相差甚大。因此，仅采用一个 CNN 很难完成对所有训练序列进行前景和背景区分的任务。针对该问题，MDNet 算法提出多域的训练思路和多域网络。其网络结构如图 6.28 所示。整个网络主要分为共享层和特定域层两部分。其将每个训练序列当成一个单独的域，每个域都有一个针对它的二分类层(fc6 层)。该层用于区分当前序列的前景和背景，而网络之前的所有层都是跟踪序列共享的。共享层能够学习跟踪序列中通用的目标特征表达，特定域的层可解决不同训练序列分类目标不一致的问题。

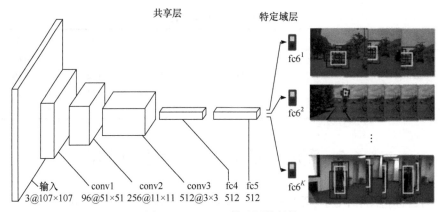

图 6.28　MDNet 算法网络结构

### 6.5.2　基于递归神经网络的深度目标跟踪

　　CNN 提取的深度特征通常未能充分利用视频序列的时间连续性，而递归神经网络 (recurrent neural networks，RNN)能有效应用数据的时空信息，在时序任务中表现突出，引起不少跟踪领域研究者的注意。该系列代表算法主要有递归目标跟踪[241](recurrently target-attending tracking，RTT)算法、结构感知网络跟踪[242](structure-aware network for visual tracking，SANet)等算法。下面以 SANet 算法为例，简要说明其工作原理。

　　CNN 模型主要适用于不同类型的目标判别，对同类相似物体的判别能力较弱。针对该情况，SANet 算法提出使用 RNN 对跟踪目标自身结构进行建模，从而提升目标模型的可鉴别性，避免相似物体的干扰。其算法整体框架如图 6.29 所示。SANet 算法首先利用 PF 方法提取目标候选区域。然后，融合多层卷积特征和 RNN 特征，其中卷积特征侧重于目标和背景的区分，RNN 特征侧重于目标和相似物体的区分。最后，将融合的特征用于目标跟踪，方法同 MDNet 算法。

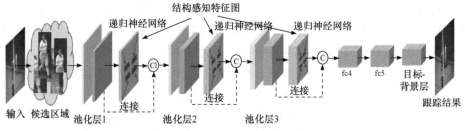

图 6.29　SANet 算法整体框架

### 6.5.3　基于孪生网络的深度目标跟踪

　　基于孪生网络的目标跟踪算法本质上是通过训练深度卷积网络来解决通用的相似性学习问题，把对目标的跟踪转化为搜索与目标模板具有最大相似性的候选区域。该系列代表算法主要有孪生全卷积[94](fully-convolutional siamese networks for object tracking，SiamFC)、孪生 RPN[180](high performance visual tracking with siamese region proposal network，SiamRPN)，以及孪生 Mask[243](fast online object tracking and segmentation: a unifying approach，SiamMask)等。下面以 SiamFC 算法为例，简要说明其工作原理。

采取离线预训练+在线微调思路的深度学习目标跟踪算法，由于网络需要在线微调，往往会降低算法的跟踪效率。基于端到端离线训练的孪生网络跟踪算法可以避免在线调整网络参数，很好地解决目标跟踪过程中准确度和速度之间的矛盾。SiamFC 算法整体结构由上下两个分支交汇组成，两个分支上有两个相同的子网络结构 $\varphi$，子网络结构设置为类似于 AlexNet，但只有卷积层和池化层，没有末端的全连接层。SiamFC 算法孪生网络结构中的子网络结构 $\varphi$ 如表 6.7 所示。

表 6.7　SiamFC 算法孪生网络结构中子网络结构 $\varphi$

| 网络层 | 卷积核 | 通道映射 | 步长 | 模板尺寸 | 搜索图像尺寸 | 通道数 |
|---|---|---|---|---|---|---|
| | | | | $127 \times 127$ | $255 \times 255$ | $\times 3$ |
| conv1 | $11 \times 11$ | $96 \times 3$ | 2 | $59 \times 59$ | $123 \times 123$ | $\times 96$ |
| pool1 | $3 \times 3$ | | 2 | $29 \times 29$ | $61 \times 61$ | $\times 96$ |
| conv2 | $5 \times 5$ | $256 \times 48$ | 1 | $25 \times 25$ | $57 \times 57$ | $\times 256$ |
| pool2 | $3 \times 3$ | | 2 | $12 \times 12$ | $28 \times 28$ | $\times 256$ |
| conv3 | $3 \times 3$ | $384 \times 256$ | 1 | $10 \times 10$ | $26 \times 26$ | $\times 192$ |
| conv4 | $3 \times 3$ | $384 \times 192$ | 1 | $8 \times 8$ | $24 \times 24$ | $\times 192$ |
| conv5 | $3 \times 3$ | $256 \times 192$ | 1 | $6 \times 6$ | $22 \times 22$ | $\times 128$ |

如图 6.30 所示，上分支子网络的输入为模板图像 $z$，下分支子网络的输入为当前候选框的搜索区域，两个输入分别经过相同的网络 $\varphi$，可以得到对应的深度卷积特征。然后，将上分支模板图像 $z$ 经过 $\varphi$ 后得到的特征作为卷积核，与下分支经过 $\varphi$ 后得到的特征进行卷积操作，得到一个单通道的响应得分图。响应得分图中的值表示模板图像提取特征和搜索区域各候选框提取特征的相似度。两个分支输入图像越相似，得分越高。最后，对响应得分图进行插值操作，转换为 $272 \times 272$ 的矩阵，找到响应得分图中相似度值最大的点，将该点对应的位置作为当前目标所在的区域。

### 6.5.4　基于生成对抗网络的深度目标跟踪

生成对抗网络是一种非监督学习方法，通过对抗的方式学习数据的分布。在

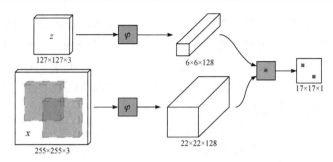

图 6.30　SiamFC 算法孪生网络结构

目标跟踪任务中，训练样本少，通常只有第一帧数据为标记样本，并且正负样本数量不平衡。基于生成对抗网络的深度目标跟踪算法主要利用生成对抗网络生成训练样本来弥补上述不足。该系列代表算法主要有对抗学习很深(visual tracking via adversarial learning，VITAL)算法[244]、正实例对抗生成很深(robust visual tracking via adversarial positive instance generation，SINT++)算法[245]，以及对抗深有跟踪[244](adversarial deep tracking，ADT)等算法。下面以 VITAL 算法为例，简要说明其工作原理。

针对视频序列中每帧正样本在空间上的高度重叠，且正样本与负样本存在严重的类别失衡问题，VITAL 算法将对抗性学习方法用于跟踪任务，解决这两个问题。VITAL 算法网络框架如图 6.31 所示，主要包括特征提取器、对抗特征提取器和二分类器组成。特征提取器用于提取深度卷积特征。对抗特征提取器主要利用对抗生成网络生成掩码，然后作用于深度卷积特征。其目的在于通过捕获跟踪目标的一系列变化，实现对正样本的丰富。二分类器主要用于目标和背景的区分，通过一个高阶敏感损失函数减小简单负样本的影响，解决正样本与负样本类别不平衡的问题。

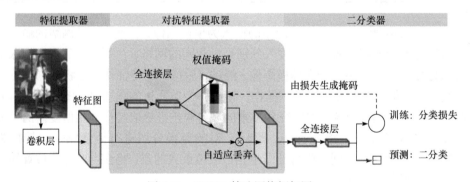

图 6.31　VITAL 算法网络框架图

### 6.5.5　基于自编码器的深度目标跟踪

自编码器是数据压缩算法的一种。用于数据压缩和解压缩的函数具有数据相关性和有损性,且是从样本中自动学习的。基于自编码器的深度目标跟踪算法主要利用自编码器的数据压缩功能,对深度特征进行压缩并提取更加本质的特征,从而提高跟踪算法性能。该系列代表算法主要有深度压缩表示跟踪[246](learning a deep compact image representation for visual tracking,DLT)、场景感知深度特征压缩跟踪[247](context-aware deep feature compression for visual tracking,TRACA)等算法。下面以 DLT 算法为例,简要说明其工作原理。

　　DLT 算法是第一个把深度模型运用在单目标跟踪任务上的跟踪算法。DLT 网络结构重要组件如图 6.32 所示。离线训练阶段首先使用栈式降噪自编码器(stacked denoising auto encoder,SDAE)在大规模自然图像数据集 Tiny Images dataset 上进行无监督的离线预训练,然后利用离线 SDAE 的编码部分和分类层构成离线训练好的分类网络。在线微调阶段,利用第一帧获取的正负样本,对分类网络进行微调,从而获得对当前跟踪目标和背景更有针对性的分类网络。在跟踪过程中,算法利用 PF 在当前帧提取目标候选区域,然后将候选区域输入分类网络中,将置信度最高的候选区域作为最终的预测目标。

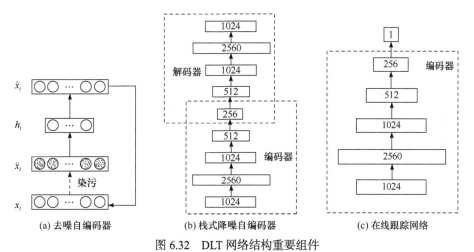

(a) 去噪自编码器　　　　(b) 栈式降噪自编码器　　　　(c) 在线跟踪网络

图 6.32　DLT 网络结构重要组件

# 6.6　本 章 小 结

　　本章结合飞行器智能化精确制导需求,重点研究辨别式空地红外目标跟踪算法。

　　基于半监督学习模型的优越性,从局部超像素特征描述入手,研究一种基于超像素图结构约束的红外显著目标跟踪算法,可以有效地解决目标的姿态变化问题,提高跟踪算法的鲁棒性。基于全局描述特征,将超图模型引入目标跟踪领域,研究一种基于超图排序的显著目标跟踪算法，提高跟踪算法的精度。

基于相关滤波目标跟踪算法的快速性和准确性，研究设计一种基于多特征融合的相关滤波目标跟踪算法，将灰度特征和形状特征进行有效融合，并设计目标受到遮挡条件下的动态应对策略，以及目标的多尺度处理模型，提高算法的鲁棒性。最后讨论深度学习在目标跟踪中的应用。

# 第 7 章　惯导信息辅助图像目标跟踪优化

惯导信息可以为飞行器景像匹配制导系统提供有效的辅助信息，研究惯导信息与图像信息的融合具有重要意义。本章重点研究基于惯导信息的目标跟踪优化问题，从惯导信息与图像的融合结构、基于惯导信息的模板校正、基于惯导信息的目标跟踪位置预测、基于增量惯导信息的目标跟踪位置预测四个方面进行深入的研究和分析，为目标跟踪的工程化应用提供有效的技术手段。

## 7.1　引　　言

飞行器中的成像传感器一般采用捷联安装方式。飞行器的运动和姿态变化都会直接影响传感器的成像，造成图像的变形、目标成像位置的移动等[248,249]。若仅利用图像信息对这些干扰进行消除，往往是一项费时且困难的任务。目前，大多数飞行器均配有捷联惯导信息，可以方便地提供飞行器的位置和姿态信息，惯导信息(inertial navigation information, INI)可以为图像信息提供有效的信息支持。因此，研究惯导信息与图像信息的融合技术对飞行器制导控制系统来说意义重大[250]。

本章重点研究飞行器中的惯导信息与图像信息融合的关键技术，首先研究基于惯导信息的目标校正技术，解决飞行器目标跟踪中的图像形变问题，实现飞行过程中对目标的鲁棒跟踪；然后研究基于惯导信息的位置预测技术，解决飞行器初始识别中处理图像区域的选择问题，解决目标跟踪中的准确位置预测问题；最后研究基于增量惯导信息(increment-inertial navigation information, I-INI)的目标位置预测算法，实现高动态下目标位置的准确预测，为飞行器动态条件下的目标鲁棒跟踪提供支撑。

## 7.2　惯导信息与图像的融合结构

惯导信息与图像信息的融合是飞行器景像匹配制导系统中一项极为重要的研究内容。多传感器的融合可以克服单一传感器的不足，解决工程上的诸多挑战。目前，惯导信息与图像信息的融合主要包括惯导信息对图像信息的校正、惯导信息对成像位置的预测、惯导信息与图像信息的融合制导、惯导信息与图像信息融合的速度估计、惯导信息与图像信息融合的电子稳像技术等。

### 7.2.1 惯导信息对图像进行校正

在摄像机与飞行器捷联的条件下，飞行器的位置和姿态的变化会引起成像的变形，给目标的识别和跟踪带来困难。如果在目标识别和跟踪的过程中，不对模板进行校正，就会出现误匹配和误跟踪。传统基于特征匹配的校正方法通过提取两幅图像的共性特征进行匹配完成校正。这种算法计算量较大且校正模型可能存在误差。基于惯导信息的图像校正技术[248]利用摄像机与飞行器固连的特点，根据惯导系统提供的惯导信息，对摄像机的运动模型进行建模，从而实现对特定姿态和位置下的图像校正。基于惯导信息的图像校正示意图如图 7.1 所示。

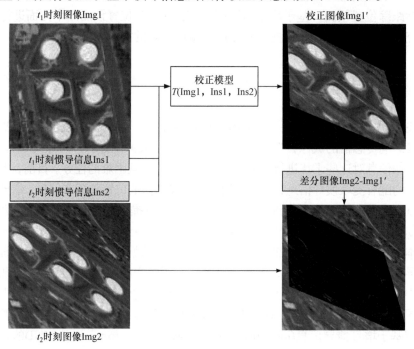

图 7.1　基于惯导信息的图像校正示意图

### 7.2.2 惯导信息对成像位置进行预测

在摄像机与飞行器固连的条件下，飞行器的运动会引起固定目标成像位置的变化。传统的位置预测都是基于估计的算法，如最小二乘估计、Kalman 估计、扩展 Kalman 估计等。由于飞行器的抖动和运动变化复杂，这类估计方法并不准确。因此，研究利用惯导信息对固定目标的成像位置进行预测尤为重要[251]。惯导信息的位置预测根据目标点的位置信息、飞行器的惯导信息，以及针孔成像原理，建立目标的成像位置模型。准确的成像位置预测可以有效地缩小识别和跟踪中的搜索范围，提高算法的效率。

### 7.2.3　惯导信息与图像信息的融合制导

由于飞行器在空中的震动噪声比较大，捷联成像与传统平台成像相比具有更加严重的测量噪声，并且捷联成像飞行器测量信号中耦合有飞行器的姿态信息，增加了系统的非线性程度。图像的处理周期比较长，严重的非线性化和复杂的测量噪声会增加提取视线角速率的难度[252]。传统的惯性滤波获取视线角速率的方法并不能十分有效地抑制噪声。在惯性滤波环节加大滤波常数，虽然能够有效抑制噪声的干扰，但是容易造成信息的延迟。这些都给飞行器的制导带来挑战和困难。惯导信息和图像信息的融合制导可以为飞行器制导控制系统提供有效的解决方案。目前研究的内容主要包括测量信号中的解耦算法、视线角速率的提取、制导控制系统综合设计等三个方面。

### 7.2.4　惯导信息与图像信息融合的速度估计

飞行速度是飞行器导航制导系统中的一个重要参数，在某些需要速度进行定位的应用场合，实现高精度的速度测量就尤为重要。由于无人机和月球登陆器等飞行器在特定的应用场景中无法应用全球卫星定位系统(global positioning system，GPS)，其配装的纯惯导系统中的加速度漂移随着时间会不断累积，速度和位置的漂移误差将十分严重，并不能在实际中应用。传统的普勒雷达测试虽然可以全天候、高精度地测量，但是其体积和重量较大，并且属于主动发射源，易跟踪识别，并不适合飞行器的使用。风速管测速装置的精度不高，且受风速影响较大，因此基于惯导信息、雷达高度表和图像信息融合的测速系统，具有可靠性好、精度高和体积小等优点，成为飞行器发展的重要方向。

信息融合测速系统[253]一般通过串口通信接受飞行器的启动指令、飞行姿态和飞行高度等信息，并发送通过数字平台计算出的飞行器平均速度或者速度矢量。因此，融合测速系统的输入为摄像机的视场角、飞行器飞行阶段的高度、飞行器的姿态参数，以及系统时间(触发时间)，输出为拍摄时间段内飞行器的轴向平均飞行速度。信息融合测速系统示意图如图 7.2 所示。

### 7.2.5　惯导信息与图像信息融合的电子稳像技术

在飞行器景像匹配制导系统中，图像的质量是影响导航和制导精度至关重要的因素。由于摄像机所处的工作平台大多不稳定，尤其在摄像机捷联状态下，摄像机会随着飞行器的运动发生抖动，造成采集系统获取的图像出现较大程度的失真、抖动和模糊，给后续的识别、跟踪带来很大的困扰。稳像技术通过消除或者减轻摄像载体对成像的影响，提高获取图像的质量。与传统的光学稳像、机电结合稳像技术相比，电子稳像(electronic image stabilization，EIS)[254]利用数字图像处理和电子技术进行帧间补偿，具有精度高、体积小、价格低和智能化高等优点。

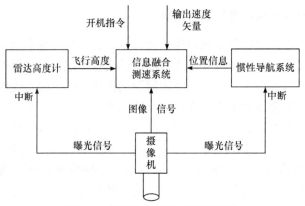

图 7.2　信息融合测速系统示意图

惯导与图像融合的电子稳像就是利用惯导信息进行图像的预处理，消除飞行器运动引起的图像变形，然后利用图像之间的共性特征匹配准确建立图像运动矢量模型，最后通过连续帧的运动补偿，输出清晰稳定的图像序列。信息融合电子稳像技术结构图如图 7.3 所示。

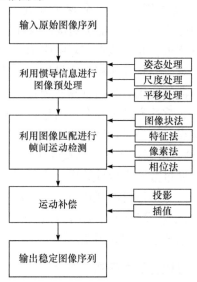

图 7.3　信息融合电子稳像技术结构图

## 7.3　基于惯导信息的目标跟踪模板校正

飞行器的位置移动和姿态变化会引起图像的变形，如果不对目标模板进行校正，那么在飞行过程中，就很难正确地识别和跟踪目标。传统的校正算法都是通过两幅图像的共性特征(点特征、线特征、区域特征等)建立变形模型，从而获取变形参数。这类算法非常耗时，并且共性特征提取困难，如在非制冷红外热成像系统(uncooled infrared thermal imaging system，UITIS)中，图像中的点特征较少，且存在较大误差。飞行器均配有捷联惯导信息，可以提供相对准确的飞行器位姿模型，并且惯导数据获取简单，因此利用惯导信息对图像进行校正，是一种十分有效的策略。

### 7.3.1　坐标变换模型建立

在跟踪过程中，连续两帧之间的视角变化较小。为了提高校正速度，可以将目标形变简化为尺度形变和角度形变。

#### 1. 目标形变

(1) 角度形变

两帧图像之间飞行器和目标之间距离的变化反映图像的尺度缩放。假设目标点 $p$ 的位置为 $\mathrm{po}_t = [\lambda_t, L_t, h_t]$ (经度、纬度、高度)，$t_1$ 时刻飞行器的位置为 $\mathrm{po}_1 = [\lambda_1, L_1, h_1]$，$t_2$ 时刻飞行器的位置信息为 $\mathrm{po}_2 = [\lambda_2, L_2, h_2]$。

首先，计算 $t_1$ 时刻飞行器 $\mathrm{po}_1$ 和目标点 $\mathrm{po}_t$ 对应的卯酉圈和子午圈半径，即

$$
\begin{cases}
R_{W_1} = \dfrac{a_e^2}{(a_e^2 \cos^2 L_1 + b_e^2 \sin^2 L_1)^{1/2}} \\[3mm]
R_{N_1} = R_{W_1} \dfrac{b_e^2}{a_e^2}
\end{cases}
\tag{7.1}
$$

$$
\begin{cases}
R_{W_t} = \dfrac{a_e^2}{(a_e^2 \cos^2 L_t + b_e^2 \sin^2 L_t)^{1/2}} \\[3mm]
R_{N_t} = R_{W_t} \dfrac{b_e^2}{a_e^2}
\end{cases}
\tag{7.2}
$$

其中，$a_e$ 和 $b_e$ 为地球椭球半径。

$\mathrm{po}_1$ 和 $\mathrm{po}_t$ 在地心系下的坐标为

$$
E(\mathrm{po}_1) = \begin{bmatrix} E_x(\mathrm{po}_1) \\ E_y(\mathrm{po}_1) \\ E_z(\mathrm{po}_1) \end{bmatrix} = \begin{bmatrix} (R_{W_1} + h_1)\cos L_1 \cos \lambda_1 \\ (R_{W_1} + h_1)\cos L_1 \sin \lambda_1 \\ (R_{N_1} + h_1)\sin L_1 \end{bmatrix}
\tag{7.3}
$$

$$
E(\mathrm{po}_t) = \begin{bmatrix} E_x(\mathrm{po}_t) \\ E_y(\mathrm{po}_t) \\ E_z(\mathrm{po}_t) \end{bmatrix} = \begin{bmatrix} (R_{W_t} + h_t)\cos L_t \cos \lambda_t \\ (R_{W_t} + h_t)\cos L_t \sin \lambda_t \\ (R_{N_t} + h_t)\sin L_t \end{bmatrix}
\tag{7.4}
$$

两者相减可得对应视线方向的投影，即

$$\Delta E(\mathrm{po}_1,\mathrm{po}_t) = E(\mathrm{po}_1) - E(\mathrm{po}_t) \tag{7.5}$$

那么，$\mathrm{po}_1$ 和 $\mathrm{po}_t$ 的空间距离可以表示为

$$\mathrm{dis}(\mathrm{po}_1,\mathrm{po}_t) = \mathrm{norm}(\Delta E(\mathrm{po}_1,\mathrm{po}_t),2) \tag{7.6}$$

同理，可以得到 $\mathrm{po}_2$ 和 $\mathrm{po}_t$ 的空间距离，即

$$\mathrm{dis}(\mathrm{po}_2,\mathrm{po}_t) = \mathrm{norm}(\Delta E(\mathrm{po}_2,\mathrm{po}_t),2) \tag{7.7}$$

那么，$t_2$ 时刻图像相比 $t_1$ 时刻图像的比例变化为

$$k = \frac{\mathrm{dis}(\mathrm{po}_1,\mathrm{po}_t)}{\mathrm{dis}(\mathrm{po}_2,\mathrm{po}_t)} \tag{7.8}$$

(2) 角度形变

两帧之间角度的变化可以简化为飞行器滚动角的变化。$t_1$ 时刻飞行器的滚动角为 $\gamma_1$，$t_2$ 时刻滚动角为 $\gamma_2$，那么两帧之间的角度形变可以写为

$$\Delta\gamma = \gamma_2 - \gamma_1 \tag{7.9}$$

### 2. 模板校正

在跟踪的过程中，利用形变模型对模板图进行持续的尺度和角度的校正，就可以实现对目标的鲁棒跟踪。假设 $T$ 为当前模板图，$T'$ 为校正之后的模板图，校正公式为

$$T' = k\begin{bmatrix} \cos\Delta\gamma & \sin\Delta\gamma \\ -\sin\Delta\gamma & \cos\Delta\gamma \end{bmatrix} T \tag{7.10}$$

在工程上，为了提高计算效率，一般采用最邻近法进行插值。

### 7.3.2 模板校正仿真实验与分析

为了测试算法的有效性，本节基于飞行器图像处理硬件系统，对三种场景下的目标进行基于惯导信息校正的跟踪测试。这三种场景分别为直升机挂飞实验、室外推车实验和跑车实验。实验中的目标模板图 $T$ 的大小为 $81\times81$，实时图 $S$ 的大小为 $256\times256$。

如图 7.4 所示，在跟踪过程中，由于飞行器的位置运动和姿态变化，目标发生大范围的尺度变化和角度变化。基于惯导信息的相关跟踪，由于利用飞行器提供的惯导信息对模板图进行校正，相关跟踪算法具有较强的鲁棒性，因此可以对目标进行持续有效的追踪。

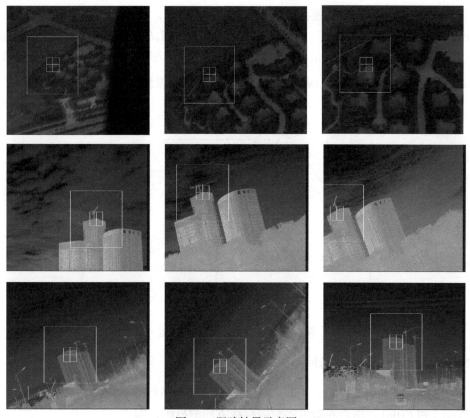

图 7.4　跟踪结果示意图

在 TMS320C6713 处理器中，计算比例参数和形变参数在 0.5ms 内完成，对大小为81×81的模板校正在 5ms 内可以完成操作，达到实时性的要求。

## 7.4　基于惯导导航信息的目标跟踪位置预测

在工程实际应用中，对于固定目标的跟踪，有时候可从多方资源获取目标的大致地理位置，利用飞行器自身的位置和姿态信息，以及目标的地理位置进行目标成像位置的预测，为目标跟踪提供基准位置参考。这种目标跟踪的位置预测可以对目标跟踪的漂移进行修正，有效对误跟踪情况进行辨别，对实际工程应用的意义重大。

### 7.4.1　位置预测问题描述

空间中固定目标点 $p$ 的位置为 $po_t = [\lambda_t, L_t, h_t]$（经度、纬度、高度），当前时刻飞行器坐标系的原点取摄像机的光心 $O_c$ ，其 $x_c$、$y_c$、$z_c$ 为滚动轴、偏航轴和俯仰轴，探测器与飞行器固连。当前时刻位置为 po $=[\lambda, L, h]$ ，飞行器的姿态角为 $\omega = [\theta, \varphi, \gamma]$ (俯仰角、偏航角、滚动角)。跟踪位置的预测可描述为计算目标点 $p$ 在成像平面 $uv$ 上的成像位置 $(u^*, v^*)$ 。空间目标点的成像模型如图 7.5 所示。

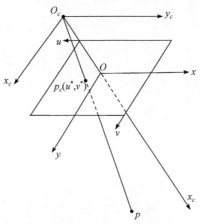

图 7.5　空间目标点的成像模型

### 7.4.2　模型建立与方法设计

根据式(7.3)和式(7.4)，可以得出目标点 $\mathrm{po}_t$ 和飞行器 po 在地心系下的坐标 $E(\mathrm{po}_t)$ 和 $E(\mathrm{po})$ ，两者相减可得对应视线方向的投影，即

$$\Delta E(\mathrm{po}_t, \mathrm{po}) = E(\mathrm{po}_t) - E(\mathrm{po}) \tag{7.11}$$

根据飞行器的位置信息，可以得到地心系到地理系的变换矩阵，即

$$R_o^n = \begin{bmatrix} -\sin L \cos \lambda & -\sin L \sin \lambda & \cos L \\ \cos L \cos \lambda & \cos L \sin \lambda & \sin L \\ -\sin L & \cos \lambda & 0 \end{bmatrix} \tag{7.12}$$

根据飞行器的姿态信息，可以得到地理系到弹体系的变换矩阵，即

$$R_n^b = \begin{bmatrix} \cos\theta\cos\varphi & \sin\theta & -\cos\theta\sin\varphi \\ \sin\gamma\sin\varphi - \cos\gamma\sin\theta\cos\varphi & \cos\gamma\cos\theta & \cos\gamma\sin\theta\sin\varphi + \sin\gamma\cos\varphi \\ \sin\gamma\sin\theta\cos\varphi + \cos\gamma\sin\varphi & -\sin\gamma\cos\theta & \cos\gamma\cos\varphi - \sin\gamma\sin\theta\sin\varphi \end{bmatrix} \tag{7.13}$$

飞行器和目标的视线在飞行器坐标系下的三个分量可以表示为

$$\begin{bmatrix} \Delta x \\ \Delta y \\ \Delta z \end{bmatrix} = R_n^b R_o^n \Delta E(\mathrm{po}_t, \mathrm{po}) \tag{7.14}$$

由于探测器与飞行器固连，根据标定的探测器焦距 $f$ ，可得

$$K\begin{bmatrix} f \\ -u^* + U_0 \\ v^* - V_0 \end{bmatrix} = \begin{bmatrix} \Delta x \\ \Delta y \\ \Delta z \end{bmatrix} \tag{7.15}$$

那么目标的成像位置预测可以表示为

$$\begin{cases} u^* = -\dfrac{\Delta y}{\Delta x}f + U_0 \\ v^* = -\dfrac{\Delta z}{\Delta x}f + V_0 \end{cases} \tag{7.16}$$

### 7.4.3　仿真实验与结果分析

本节对跟踪位置的预测算法进行实验测试。实验采用两组具有惯导数据的图像序列，惯导数据和图像数据通过半实物仿真系统获取。半实物仿真系统使用 Vega 视景仿真技术构建目标模拟器来模拟摄像机在不同位姿下所拍摄的真实目标场景。模拟器利用 3D 建模技术建立目标场景模型。场景贴图通过 Google Earth 截取，可以根据仿真生成的惯导位姿数据，以及预置的视景参数在显示器上显示当前位姿下拍摄的真实场景。目标点的真实成像位置通过手工标定。

两组图像序列的预测结果如图 7.6 所示。其中，小的十字架表示目标基准位置，大的十字架表示算法的预测位置。可以看出，基于惯导信息的预测算法能估计出目标的大致位置，为后续图像处理系统对处理区域的选择提供基础。如表 7.1 所示，预测算法存在一定的误差，但是对于工程实际来说，这种误差在可接受的范围之内。实际上，飞行器上的惯导系统会随着时间的累积不断漂移，并且惯导系统、探测器等部件存在一定的安装误差。这些误差都是造成预测误差的主要因素。

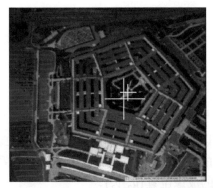

图 7.6　两组图像序列的预测结果

**表 7.1　预测误差**

| 位置 | 图像序列 1 | 图像序列 2 |
|---|---|---|
| 基准位置 | (282, 439) | (183, 371) |
| 预测位置 | (300, 428) | (161, 361) |
| 预测误差 | (18, −11) | (−22, −10) |

# 7.5　基于惯导增量信息的目标跟踪位置预测

在工程实际中，由于惯导系统的输出误差会累积，时间越长，惯导系统的漂移就越大，并且飞行器中存在安装误差，使这种预测结果并不精确。惯导系统的漂移方向具有一致性，连续两帧之间的增量惯导信息漂移误差很小，精度很高，因此本节重点研究目标跟踪过程中基于增量惯导信息的跟踪位置预测。

## 7.5.1　增量修正问题描述

一般来说，飞行器都与探测器固连，飞行器的运动直接体现在探测器成像的运动，因此可以利用惯导信息对两帧图像中目标的成像位置关系进行建模。同一目标点在飞行器不同位姿下的成像如图 7.7 所示。若空间目标点 $p$ 的位置为 $\mathrm{po}_t = [\lambda_t, L_t, h_t]$，设 $t_1$ 时刻飞行器的姿态为 $\omega_1 = [\theta_1, \varphi_1, \gamma_1]$ 位置为 $\mathrm{po}_1 = [\lambda_1, L_1, h_1]$。相同的，$t_2$ 时刻飞行器的位置信息为 $\mathrm{po}_2 = [\lambda_2, L_2, h_2]$，姿态信息为 $\omega_2 = [\theta_2, \varphi_2, \gamma_2]$。

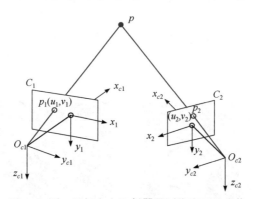

图 7.7　同一目标点在飞行器不同位姿下的成像

由于连续帧之间的时间间隔较短，可以假设两帧具有相同的地理系，因此对于目标点 $p$，可根据 $t_1$ 时刻摄像机坐标系的成像位置 $(u_1, v_1)$ 经过相同的地理系转换，准确地计算出 $t_2$ 时刻摄像机坐标系下的成像位置 $(u_2, v_2)$。

## 7.5.2 模型建立与方法设计

根据上面的分析，本章提出一种基于增量惯导信息的位置预测(location prediction based on the I-INI, LPI)模型，将两帧中飞行器运动引起的图像像素点的变化模型分为比例变化模型、姿态变化模型和平移变化模型。

### 1. 比例变化模型

弹体和目标之间距离的变化，反映图像上尺度的缩放。因此，可以通过飞行器与目标之间距离的变化对图像的比例参数进行建模。

与模板校正的比例参数算法一样，$t_2$ 时刻图像相比 $t_1$ 时刻图像的比例变化可以写为

$$k = \frac{\text{dis}(\text{po}_1, \text{po}_t)}{\text{dis}(\text{po}_2, \text{po}_t)} \tag{7.17}$$

### 2. 姿态变化模型

目标点的成像位置随着弹体姿态的改变而相应改变，因此在假设两帧之间的地理系相同的条件下，可以通过空间坐标系的转换，建立姿态变化模型。

根据 $t_1$ 时刻图像坐标系下的位置 $(u_1, v_1)$，可以得到成像平面坐标系的坐标 $(-u_1 + U_0, v_1 - V_0)$，其中 $(U_0, V_0)$ 为成像平面坐标系的原点 $O$ 在图像坐标系下的坐标。根据摄像机的焦距 $f$ (或者称为空间分辨率，单位用像素表示)，可以得到视线在摄像机系(弹体系)下的坐标，即

$$m_b = \begin{bmatrix} f \\ -u_1 + U_0 \\ v_1 - V_0 \end{bmatrix} \tag{7.18}$$

同理，根据坐标转换，$t_2$ 时刻待求的位置 $(u_2, v_2)$ 在弹体系下的坐标为

$$m_{b_2} = \begin{bmatrix} f \\ -u_2 + U_0 \\ v_2 - V_0 \end{bmatrix} \tag{7.19}$$

根据 $t_1$ 时刻飞行器的姿态信息，参照式(7.13)可以计算弹体系到地理系的转换矩阵 $R_{b_1}^n$，地理系到 $t_2$ 时刻弹体系的转换矩阵 $R_n^{b_2}$。因此，可以得到视线在 $t_2$ 时刻弹体系的三个分量，即

$$\begin{bmatrix} s_x(u_1, v_1) \\ s_y(u_1, v_1) \\ s_z(u_1, v_1) \end{bmatrix} = R_n^{b_2} R_{b_1}^n m_{b_1} \tag{7.20}$$

根据弹体坐标系和焦距的定义，这三个分量与 $t_2$ 时刻待求的位置 $(u_2, v_2)$ 在弹体系下的坐标成比例，即

$$\begin{bmatrix} s_x(u_1, v_1) \\ s_y(u_1, v_1) \\ s_z(u_1, v_1) \end{bmatrix} = Km_{b_2} = K \begin{bmatrix} f \\ -u_2 + U_0 \\ v_2 - V_0 \end{bmatrix} \tag{7.21}$$

解可以写为

$$\begin{cases} K = \dfrac{s_x(u_1, v_1)}{f} \\ -u_2 + U_0 = \dfrac{s_y(u_1, v_1)}{K} \\ v_2 - V_0 = \dfrac{s_z(u_1, v_1)}{K} \end{cases} \tag{7.22}$$

### 3. 平移变化模型

飞行器位置的变化还体现在两帧之间飞行器和目标视角的变化，因此可以根据飞行器之间的空间位置关系，建立视角变化模型。

根据式(7.3)，可以得出 $po_2$ 和 $po_1$ 在地心系下的坐标为 $E(po_2)$ 和 $E(po_1)$，两者相减可得对应视角变化矢量的投影，即

$$\Delta E(po_2, po_1) = E(po_2) - E(po_1) \tag{7.23}$$

从地心系到地理系的转换矩阵可以表示为

$$R_o^n = \begin{bmatrix} -\sin L_2 \cos \lambda_2 & -\sin L_2 \sin \lambda_2 & \cos L_2 \\ \cos L_2 \cos \lambda_2 & \cos L_2 \sin \lambda_2 & \sin L_2 \\ -\sin L_2 & \cos \lambda_2 & 0 \end{bmatrix} \tag{7.24}$$

从地理系到 $t_2$ 时刻飞行器系的转换矩阵为 $R_n^{b_2}$，那么视角变化矢量在飞行器系下的三个分量，即

$$\begin{bmatrix} \Delta t_x \\ \Delta t_y \\ \Delta t_z \end{bmatrix} = R_n^{b_2} R_o^n \Delta E(po_2, po_1) \tag{7.25}$$

其中，$\Delta t_y$ 和 $\Delta t_z$ 为飞行器坐标系下垂直方向和水平方向的增量；$\Delta t_x$ 为景深的变化量，无法与成像平面坐标系像素进行对应我们用 $t_2$ 时刻的弹目距离 $\mathrm{dis}(po_2, po_t)$ 进行替代，那么与焦距和像素的对应关系为

$$\begin{bmatrix} \mathrm{dis(po_2,po}_t) \\ \Delta t_y \\ \Delta t_z \end{bmatrix} = \begin{bmatrix} f \\ \Delta u_v \\ \Delta v \end{bmatrix} \tag{7.26}$$

可以得出视角变化模型为

$$\begin{bmatrix} \Delta u \\ \Delta v \end{bmatrix} = \begin{bmatrix} \dfrac{\Delta t_y f}{\mathrm{dis(po_2,po}_t)} \\ \dfrac{\Delta t_z f}{\mathrm{dis(po_2,po}_t)} \end{bmatrix} \tag{7.27}$$

综上所述，可以得到最终的变化模型为

$$\begin{bmatrix} -u_2 + U_0 \\ v_2 - V_0 \end{bmatrix} = k \begin{bmatrix} F_u(u_1,v_1) \\ F_v(u_1,v_1) \end{bmatrix} + \begin{bmatrix} \Delta u \\ \Delta v \end{bmatrix} \tag{7.28}$$

化简可得

$$\begin{cases} u_2 = -kF_u(u_1,v_1) + \Delta u + U_0 \\ v_2 = kF_v(u_1,v_1) - \Delta v + V_0 \end{cases} \tag{7.29}$$

### 7.5.3　仿真实验与结果分析

本节通过对带有惯导数据的图像序列进行实验验证。实验共测试两组图像序列。第一组通过半实物仿真系统采集，第二组通过直升机挂载实验获取。为了衡量预测的精度，在图像序列中采用互相关匹配位置作为各帧的 ground truth。

如图 7.8 所示，LPI 模型能够准确地对下一帧的位置进行预测，预测误差非常

(a) 半实物仿真实验结果

(b) 直升机挂载实验结果

图 7.8　两组图像序列的预测结果

小，可为目标跟踪提供非常有效的辅助信息。

图 7.9 和图 7.10 所示为 LPI 在两组图像序列的连续模型预测结果。可以看出，预测误差非常小，平均误差不超过 2 个像素，最大误差不超过 6 个像素，误差来源于卫星接收机的定位精度和安装误差。

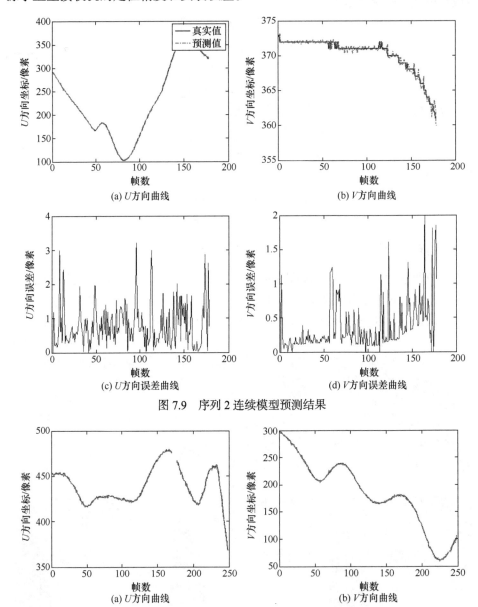

图 7.9　序列 2 连续模型预测结果

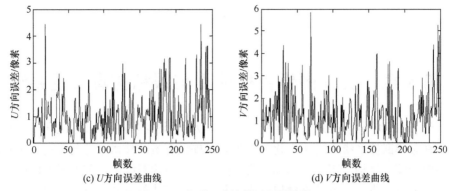

(c) U方向误差曲线        (d) V方向误差曲线

图 7.10 序列 4 连续模型预测结果

## 7.6 本 章 小 结

  本章重点研究飞行器中的惯导信息与图像信息融合的关键技术，在分析惯导信息与图像的融合结构的基础上，研究基于惯导信息的目标模板校正技术，解决飞行器目标跟踪中的图像形变问题，实现飞行过程中对目标的鲁棒跟踪。然后，研究基于惯导信息的位置预测技术，解决飞行器初始识别中处理图像区域的选择问题和目标跟踪中的准确位置预测问题。最后，研究基于增量惯导信息的目标位置预测算法，利用增量惯导信息对连续两帧图像摄像机的运动进行建模，对目标的成像位置进行准确预测，从而为目标的跟踪提供优化方案。

# 第8章 红外图像目标检测与跟踪仿真实验系统

红外目标检测与跟踪仿真实验系统可以为目标检测与跟踪技术的研究及相关理论在导弹武器系统中的实用化与工程化，提供有效的技术参考与支持。本章论述系统的硬件结构、工作原理和主要功能，重点讨论系统的空间对准和时间对准问题，分析仿真系统的软件模块组成，并对相关算法的有效性进行测试。

## 8.1 引 言

虚拟仿真技术的快速发展可以为成像制导武器的研制和实验提供巨大的便利[255]。国外很早就对成像制导武器的仿真系统展开了研究。Killius 等[256]开发了Scophony 红外场景投影系统用于评估热成像制导系统。Mobley 等[257]建立了一个应用于美国陆军某型双模(毫米波/红外)指令制导导弹的模拟器。O'Toole 等[258]构建了实时红外场景模拟器，为天空、太阳、目标、地形、大气等分别建立热辐射模型，从而在半实物仿真过程中实时地产生红外场景。国内成像制导的仿真系统近年来也取得显著的成果。王学伟等[259]将目标和干扰叠加到背景中，产生三维动态图像，开发了一套红外成像制导导弹虚拟战场系统，为红外制导导弹提供评估平台。金龙[260]以制导炸弹的研制为背景，研制视景生成系统，并搭建半实物仿真平台，对视景生成模型进行全面的测试。

## 8.2 系统结构与工作原理

红外成像模式已成为当前飞行器视觉导航与制导的重要研究方向之一。构建空地红外目标检测与跟踪的仿真实验系统对于促进算法性能的改进和提高具有重要意义。与可见光目标检测与跟踪仿真最根本的区别是，红外探测器敏感的是目标的红外辐射能量，需要研究专门的红外景像模拟器，国内相关单位对特定的红外目标识别应用，开发了有效的景像模拟器[261-263]。本章针对红外目标识别与跟踪算法演示验证的需求，利用旋翼飞行器、红外探测器、精密转台、典型目标实物缩比模型、虚拟场景仿真生成等进行目标和场景的模拟生成，构建基础的红外目标识别与跟踪仿真实验演示验证系统。

## 8.2.1　系统结构组成

红外目标检测与跟踪仿真实验系统结构示意图如图 8.1 所示。

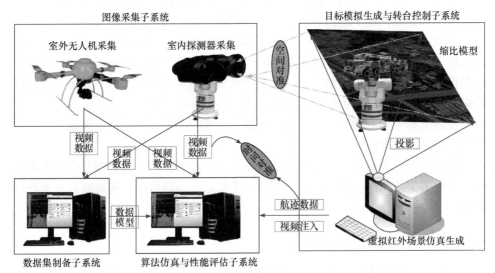

图 8.1　红外目标检测与跟踪仿真实验系统结构示意图

### 1. 图像采集子系统

目标采集子系统负责对室外场景或者室内场景中的图像数据进行采集，并将图像数据通过图传设备或者数据连接线输入给数据集制备子系统和仿真评估子系统。图像采集子系统包括两部分。一部分是搭载红外探测器的四旋翼无人机飞行器，可实现对室外场景和目标，图像数据采集；另一部分是搭载精密转台的可见光探测器，实时捕获红外虚拟场景和目标缩比模型的合成图像。

四旋翼飞行器图像采集设备为项目组自主搭建的四旋翼飞行平台。平台通过地面站进行任务规划，并将相应的导航指令经数传通信发送给无人机端，以控制四旋翼无人机运动。同时，利用无人机云台搭载红外传感器实时采集预定区域的图像信息，通过机载计算机进行视觉图像预处理和增强，经无线通信或者图传设备发送给地面站，实现对图像数据的采集。

室内图像采集设备依靠搭载精密转台的可见光探测器，捕获可见光探测器采集的图像，传输给算法仿真与性能评估子系统进行算法的综合仿真验证。精密转台准确控制探测器的姿态，需要对系统进行空间对准，可以保证探测器的视场覆盖整个投影区域。

### 2. 目标模拟生成与转台控制子系统

目标模拟生成与转台控制子系统主要由仿真工作站、投影设备、精密转台设备、目标缩比模型等组成。

仿真工作站负责对红外场景模拟生成，重点考虑目标与场景特性、传感器特性、成像环境特性、战场干扰特性，通过设计典型目标与场景可视化建模的基本方法与技术途径，基于热物理计算并结合实验室和现场实际测试数据的场景红外特性建模和仿真工具，能够实时生成动态场景(包含复杂地物背景、目标、目标运动轨迹、大气环境和光电传感器等因素)的红外等仿真图像。仿真工作站生成的红外图像一方面可以直接投影出来，供图像采集系统实时采集，另一方面可以通过数据注入的方式直接提供给仿真评估系统，进行算法评估。

投影设备为高清投影仪器，将红外仿真生成的图像投影到特定现实区域，为缩比模型提供动态的红外仿真背景。

精密转台可动态对缩比目标模型的姿态进行控制，结合仿真背景合成可供探测器实时采集的图像。精密转台接受仿真工作站的串口数据，实现对自身姿态的控制。

### 3. 数据集制备子系统

数据集制备子系统包括仿真工作站，主要负责对敏感目标数据标注、数据配准、数据融合、数据增广、数据管理等功能。数据集制备子系统可通过图传设备接收四旋翼无人机拍摄的图像，也可通过数据线接收室内探测器采集的图像，可将训练好的检测模型传输给算法仿真与性能评估子系统。

### 4. 算法仿真与性能评估子系统

算法仿真与性能评估子系统主要包括仿真工作站与数据连接线，负责对红外弱小目标检测算法、异源图像匹配检测算法、基于深度学习的目标检测算法、目标跟踪算法等各种算法的综合仿真验证，以及算法性能评估。

## 8.2.2 系统工作原理

在飞行器红外景像制导中,保障数据通常是典型空地场景下的红外目标图像。结合目标图像的数据来源,本节重点对系统的基本工作原理和主要功能进行分析。

### 1. 系统基本工作原理

依据实时图像来源方式的不同，本仿真系统包含三种典型的工作状态，第一种是基于四旋翼无人机飞行平台的数字仿真分析，第二种是室内探测器实时采集的半实物仿真分析，第三种是通过虚拟场景生成系统进行数据注入的仿真分析。

第一种工作状态通过遥控或者地面站飞行路径规划，控制无人机进行高空飞行，无人机配备两轴稳定平台，并搭载长波非制冷红外探测器，可对地面场景进行实时探测。无人机配备机载计算机，可对采集的图像数据进行预处理和数据增强，通过图传设备或者 WiFi 通信，将红外图像数据实时传输给算法仿真与性能评估子系统。仿真系统服务器通过图传设备接收红外图像，并进行算法的实时仿真测试与评估。室外无人机仿真状态如图 8.2 所示。

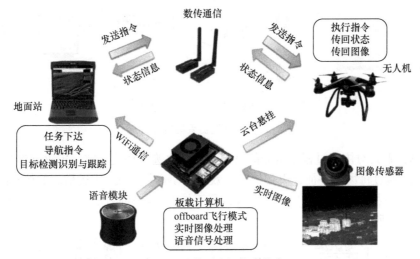

图 8.2　室外无人机仿真状态

在第二种工作状态下，由可见光探测器实时捕获场景图像对检测跟踪过程进行模拟。红外场景仿真生成器可以实时将红外场景图像通过投影设备将场景投射到屏幕。精密转台上放置目标缩比模型，转台可通过串口 RS232 或者 RS422 接收红外场景仿真生成器发送的转台控制信息，按照指定信息进行姿态的控制。由于投影幕布上的红外场景不具有红外特性，因此可以采用可见光探测器捕获目标模型图像和场景图像，通过可见光图像对红外相关检测和跟踪算法进行适应性的验证和分析。算法仿真与性能评估系统通过网口或者串口接收红外场景仿真生成器发送的飞行器与目标的相对位姿信息，并接收成像传感器传输的图像信息，综合惯导信息和图像进行算法的仿真验证(图 8.3)。

在第三种工作状态下，利用红外场景生成系统直接将图像信息、飞行器位姿信息、目标位姿信息、时标信息等直接注入算法仿真与性能评估系统中，完成各类算法的仿真验证。红外场景生成系统具有重要的作用和意义，也是第三种工作状态下的核心子系统。因此，项目组构建了一整套的多源传感器仿真软件系统，综合利用建模软件对目标模型进行建模；利用仿真区域的高程数据、矢量数据、影像数据等，采用 Creator、3DMAX、TerraVista 对仿真区域的地形进行建模；利用材质分类工具 Genesis MC 对目标和场景的纹理贴图，赋予相应的材质属性；利用大气建模工具 Modtran 对仿真过程所需的大气环境进行参数设定；通过场景想

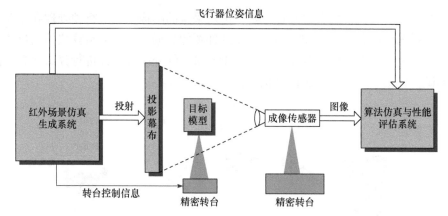

图 8.3　室内探测器采集仿真状态

定和编辑工具对仿真过程中所需的目标状态、轨迹、环境参数、传感器参数等进行设定；通过将场景特征建模和传感器效应建模进行合成，生成最后的仿真图像，通过第三方接口将图像输出到仿真验证子系统中。红外图像模拟生成仿真工作状态如图 8.4 所示。

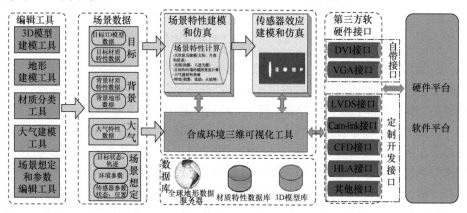

图 8.4　红外图像模拟生成仿真工作状态

### 2. 系统主要功能

#### (1) 目标数据集制备

系统软件平台可以完成典型多源数据的处理和存储，包括对可见光、中波红外、短波红外、长波红外等多种模式下的图像的处理；实现典型目标模板制备；完成对典型空地红外目标的数据增广，包含数据灰度变换增广、几何变换增广、加噪增广，以及结合飞行器位姿变换的增广等多种模型增广；完成对数据集的标注，包括对显著目标检测数据集的标注、目标跟踪数据集的标注；完成对数据集的管理功能。

(2) 红外目标及场景的仿真生成

在分析实际应用中目标与场景特性的基础上，一方面利用四旋翼无人机飞行器、室内传感器采集生成满足检测与跟踪要求的图像数据，为数据集的制备和算法的评估提供数据支持；另一方面利用红外场景仿真生成系统，基于多种场景模型和目标模型，结合目标状态、轨迹、环境参数、传感器参数，生成特定要求的红外仿真图像，实现红外图像实时处理，为目标实时检测与跟踪提供技术支持。

(3) 红外目标检测与跟踪算法仿真与性能评估

基于采集的红外数据集，以及红外仿真生成系统模拟生成的数据，可以利用空地红外弱小移动目标数据集，完成算法的检测仿真实验，为综合评价算法的性能提供可靠的技术手段；结合典型空地红外目标数据集的构建，对基于深度学习的目标检测算法进行训练、测试和评估，为智能算法提供技术支持；基于空地红外序列图像，可以对显著目标的跟踪算法进行综合测试和评估。

以上系统的建立以期通过仿真的方法评价红外成像制导系统的各类检测与跟踪算法的技术性能，完成针对飞行器红外成像制导性能评估的数字仿真和半实物仿真。同时，系统建设的部分成果还可为其他景像匹配的应用领域，如机器人的路径规划、目标的检测与跟踪等的仿真实验积累经验，提供技术支持。

# 8.3　系统的空间对准与时间对准

空地红外目标检测与跟踪半实物仿真平台依靠探测器捕获投影区域的画面对真实的飞行器运动进行模拟，因此探测器和投影区域的相对位置就尤为重要。半仿真系统的空间对准就是研究探测器和投影区域之间相对位置和姿态的标定，以及半实物仿真系统的虚拟焦距的标定。

红外场景仿真系统将飞行器的位置与姿态信息通过串口传给算法仿真与性能评估系统，由于数据的传输、视景的计算和显示等各个环节都存在时间的延时，因此探测器捕捉的图像与算法仿真系统接收的位姿数据存在时间不一致的问题。因此，两者之间的时间对准对于仿真系统来说十分重要。本节重点对系统的空间对准和时间对准两个方面进行详细分析。

## 8.3.1　空间对准

红外场景生成系统产生的红外场景图像是模拟飞行器和目标相对位姿下对应的成像，因此探测器的成像必须涵盖投影显示区中场景的所有特征。这就要求探测器和投影显示区之间的相对位置和姿态满足以下要求。

① 真实探测器的视场要框选整个显示区域。

② 探测器的成像坐标系必须与投影显示区域的坐标系(以投影显示区的左上角为坐标原点，水平向右为 $y$ 轴，垂直向下为 $x$ 轴)平行。

③ 探测器的光轴中心必须与投影显示区中心重合，并且光轴与投影显示区垂直。

基于微软基础类(microsoft foundation class，MFC)的实时位置标定系统(图 8.5)。

图 8.5　实时位置标定系统

首先，调整精密转台姿态控制机构中三个通道的角度，以及与投影显示区之间的距离，使探测器与投影显示区大致对准。然后，在算法仿真系统工作站中，利用互相关匹配算法实现对位置的精标定。用投影显示区显示一帧平面图像，在成像屏幕的 5 个不同位置放置 5 个相同的模板图。标定系统实时图的匹配如图 8.6 所示。在工作站装入模板图，利用归一化积相关匹配(normalized product correlation，NPROD)算法进行匹配。度量的定义为

$$R_1(x,y) = \frac{\sum_{i=1}^{M}\sum_{j=1}^{N} S(i+x,j+y)T(i,j)}{\sqrt{\sum_{i=1}^{M}\sum_{j=1}^{N} S^2(i+x,j+y)} \cdot \sqrt{\sum_{i=1}^{M}\sum_{j=1}^{N} T^2(i,j)}} \tag{8.1}$$

其中，$T$ 为模板图，设置为 $81 \times 81$；$S$ 为搜索的实时图，大小为 $576 \times 720$。

为了提升算法的效率，采用基于爬山法的搜索策略，在每一个粗标定的位置

设置一个爬山者即可。图 8.6(b)给出利用爬山法互相关的实时匹配结果，5 个匹配位置用 $(u_i, v_i)$，$i = 0, 1, \cdots, 4$ 表示。

若探测器与投影显示区严格对准，匹配位置须满足以下条件。

① 中心模板的匹配位置满足 $u_0 - 288 = 0$ 和 $V_0 - 360 = 0$，表示探测器光轴与投影显示区中心重合。

② 匹配位置满足 $u_1 - u_2 = 0$，$u_3 - u_4 = 0$，表示探测器 $x$ 轴与投影显示区的 $x$ 轴平行。

③ 匹配位置满足 $v_1 - v_3 = 0$，$v_2 - v_4 = 0$，表示探测器 $y$ 轴与投影显示区的 $y$ 轴平行。

通过不断修正精密转台姿态控制机构中三个通道的角度，观察实时位置标定系统中的偏差量，在所有偏差均为 0 的时候，表示位置和姿态标定完成。

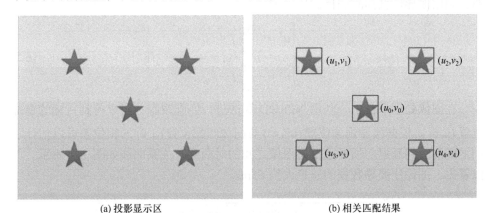

(a) 投影显示区　　　　　　　　　　　　　(b) 相关匹配结果

图 8.6　标定系统实时图的匹配

## 8.3.2　时间对准

由于半实物仿真系统中的红外场景生成系统、图像采集、数据传输等多个环节都存在时间延迟，很难通过精确的时间测量出飞行器位姿数据与图像数据之间的时间。因此，可以采用一种基于惯导信息预测与图像匹配跟踪的相位差方法估计时间延时。

若目标点 $p$ 的空间位置为 $\mathrm{po}_t = [\lambda_t, L_t, h_t]$，当前时刻弹体的空间位置表示为 $\mathrm{po}_m = [\lambda_m, L_m, h_m]$，弹体姿态用四元素表示 $q_m = [q_0, q_1, q_2, q_3]$。通过式(7.16)，可以得出 $\mathrm{po}_t$ 和 $\mathrm{po}_m$ 在地心系下的坐标 $E(\mathrm{po}_t)$ 和 $E(\mathrm{po}_m)$，两者相减可得对应视线方向的投影，即

$$\Delta E(\mathrm{po}_t, \mathrm{po}_m) = E(\mathrm{po}_t) - E(\mathrm{po}_m) \tag{8.2}$$

根据式(7.12)可以得到地心系到地理系的转换矩阵 $R_o^n$，地理系到弹体系的转换矩阵 $R_n^b$，那么弹目视线在弹体系下的分量可以表示为

$$\begin{bmatrix} \Delta x \\ \Delta y \\ \Delta z \end{bmatrix} = R_n^{b_2} R_o^n \Delta E(\mathrm{po}_t, \mathrm{po}_m) \tag{8.3}$$

根据标定的半实物仿真系统虚拟焦距为 $f$，可得

$$\begin{bmatrix} \Delta x \\ \Delta y \\ \Delta z \end{bmatrix} = K \begin{bmatrix} f \\ -u^* + U_0 \\ v^* - V_0 \end{bmatrix} \tag{8.4}$$

那么利用惯导信息预测的目标位置为

$$\begin{cases} u^* = -\dfrac{\Delta y}{\Delta x} f + U_0 \\[2mm] v^* = -\dfrac{\Delta z}{\Delta x} f + V_0 \end{cases} \tag{8.5}$$

在图像处理平台中，利用 NPROD 算法进行匹配跟踪，可以得到目标的跟踪位置 $(u, v)$。根据惯导预测位置 $(u^*, v^*)$ 与图像匹配位置 $(u, v)$ 的相位差可以估计它们之间的时间延迟。惯导数据与图像之间的时间延时关系曲线如图 8.7 所示。可以看出，图像比惯导数据的延迟大约 65ms。

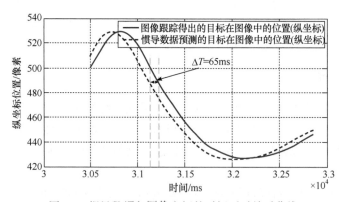

图 8.7　惯导数据与图像之间的时间延时关系曲线

由于摄像机的输入图像为 PAL 制式，帧周期为 40ms，惯导数据帧周期为 5ms，在图像处理平台对每一帧惯导数据都进行位置预测，那么在视景生成系统显示平稳的情况下，估计的时间延迟误差在 5ms 之内。

## 8.4 系统软件模块组成

空地红外目标检测与跟踪仿真系统软件平台按照其功能划分为文件管理模块、目标数据仿真生成模块、目标数据集制备模块、算法仿真与性能评估模块(图 8.8)。

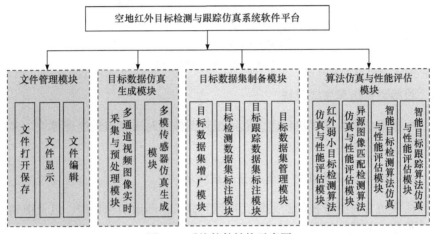

图 8.8 系统软件结构示意图

软件系统的主界面如图 8.9 所示。

图 8.9 软件系统的主界面

### 8.4.1　文件管理模块

文件管理模块主要由打开视频、打开图像、打开数据、保存图像、另存图像、关闭程序等菜单组成。文件管理模块菜单如图 8.10 所示。

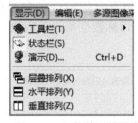

图 8.10　文件管理模块菜单

### 8.4.2　目标数据仿真生成模块

目标数据仿真生成模块包含多通道视频图像实时采集与预处理模块、多模传感器仿真生成模块。

**1. 多通道视频图像实时采集与预处理模块**

该模块负责对图像视频的采集、视频的显示、图像的预处理，以及视频的保存。该模块的界面如图 8.11 所示。

图 8.11　多通道视频图像实时采集与预处理模块界面

该模块可以实现对多通道视频数据采集与保存，如图 8.12 所示。

模块可以实现对视频数据进行预处理功能，处理效果如图 8.13 所示。

图 8.12　双通道的图像采集与保存

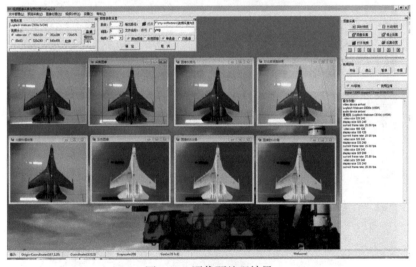

图 8.13　图像预处理效果

## 2. 多模传感器仿真生成模块

多模传感器仿真生成模块综合考虑目标与场景特性、传感器特性、成像环境特性、战场干扰特性，能够实时生成动态场景(包含复杂地物背景、目标、目标运动轨迹、大气环境和光电传感器等因素)的可见光、夜视、红外等多种仿真图像。软件总体仿真流程如图 8.14 所示。

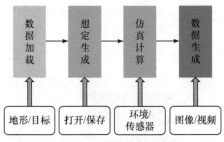

图 8.14 软件总体仿真流程

仿真图像生成模块的主窗口如图 8.15 所示。

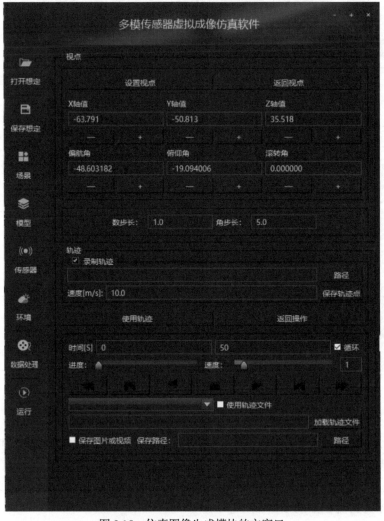

图 8.15 仿真图像生成模块的主窗口

软件模块包括打开想定、保存想定、场景、模型、传感器、环境和数据处理等多种功能。场景窗口(图 8.16),可以显示传感器的位置和姿态信息,可以使探测器和目标按照预定的运动轨迹运动,从而实时动态对环境和目标进行仿真图像的生成。

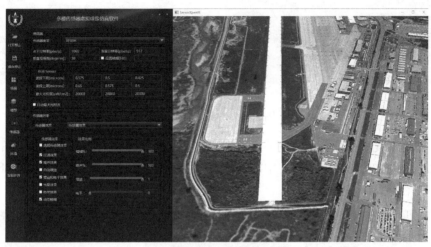

图 8.16　场景窗口

传感器窗口可以支持对传感器模式的选择、分辨率的设置、波段的设置、传感器效果、光学系统、电学系统的设置,如图 8.17 所示。

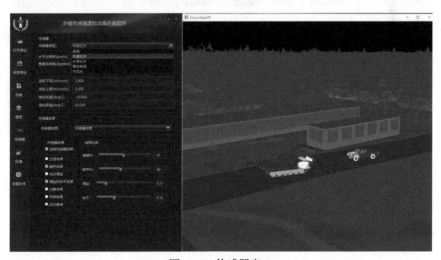

图 8.17　传感器窗口

对多模传感器仿真生成波段范围覆盖 0.35～16μm,涵盖中波红外、长波红外,并能够在此区间内任意指定需要仿真的波段。仿真图像生成如图 8.18 所示。

(a) 中波红外　　　　　　　　　　　　　　　(b) 长波红外

图 8.18　仿真图像生成

建立的光照变化模型可对一天 24 小时的成像模型进行建模，为数据库的多样化、精确化提供可靠支撑。中波红外传感器 24 小时的仿真生成图像如图 8.19 所示。

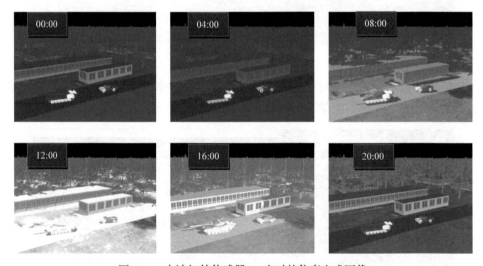

图 8.19　中波红外传感器 24 小时的仿真生成图像

场景包括复杂地面场景、海洋场景和深空场景三种类型，可实时生成双色红外图像。三种场景的双色红外仿真如图 8.20 所示。

### 8.4.3　目标数据集制备模块

目标数据集制备模块负责对目标数据集的制备和管理等，包括目标数据集增

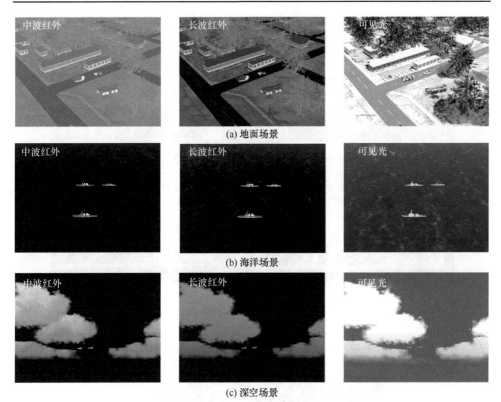

(a) 地面场景

(b) 海洋场景

(c) 深空场景

图 8.20　三种场景的双色红外仿真

广模块、目标检测数据集标注模块、目标跟踪数据集标注模块、目标数据集管理模块。

### 1. 目标数据集增广模块

目标数据增广模块可以实现对目标数据的增广。按照前面的分析，目标数据增广包含噪声模型增广、灰度畸变增广和几何畸变增广三类 10 种增广模型。增广模块的窗口如图 8.21 所示。

### 2. 目标检测数据集标注模块

目标检测数据集标注模块用来对目标数据集的种类、位置、使用模式等信息进行详细的标注。软件可以调用 LabelImg 软件实现对目标数据集的准确标注。标注软件的运行界面如图 8.22 所示。

目标标注模块可以自动生成 VOC 数据集所需要的 xml 文件的格式。

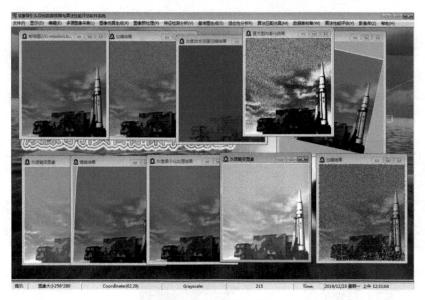

图 8.21　增广模块的窗口

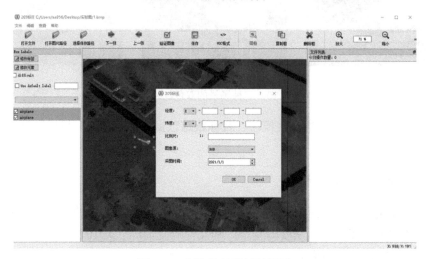

图 8.22　标注软件的运行界面

### 3. 目标跟踪数据集标注模块

目标跟踪数据集标注模块的总体框图如图 8.23 所示。它可对目标跟踪数据集的序列图像、视频数据、摄像头数据进行人工标注和自动标注，实现对已标注结果的验证功能，并将目标跟踪标注的结果进行保存。

### 4. 目标数据集管理模块

目标数据集管理模块可实现对现有数据集中的分类数据进行统计。另外，它还可以实现对新载入图像数据的保存功能，按照设定的文件夹自动保存到指定路径中(图 8.24)。

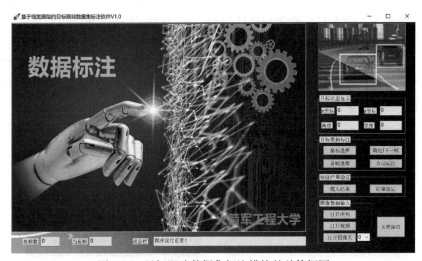

图 8.23　目标跟踪数据集标注模块的总体框图

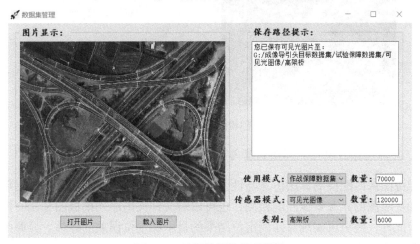

图 8.24　目标数据集管理模块

## 8.4.4　算法仿真与性能评估模块

算法仿真与性能评估模块的主要功能是对红外弱小目标检测算法、智能目标检测算法和智能目标跟踪算法进行训练，仿真实验和性能评估，具体包含四个典型模块，即红外弱小目标检测算法仿真与性能评估模块、异源图像匹配检测算法仿真与性能评估模块、智能目标检测算法仿真与评估模块、智能目标跟踪算法仿真与评估模块。

1. 红外弱小目标检测算法仿真与性能评估模块

红外弱小目标检测算法仿真与评估模块可以实现对图像序列、视频、摄像头等多种模式下的弱小目标检测与评估功能，实现对检测结果和视频检测轨迹的显示。具备对红外图像整体特性分析功能，可以实现对多种检测算法的选择和参数设置，从 SCRG、BSF、TIME 三个定量指标对算法进行评估，具备对带标注图像序列的接收者操作特征(receiver operating characteristic，ROC)曲线绘制功能。红外弱小目标检测算法仿真与性能评估模块窗口如图 8.25 所示。

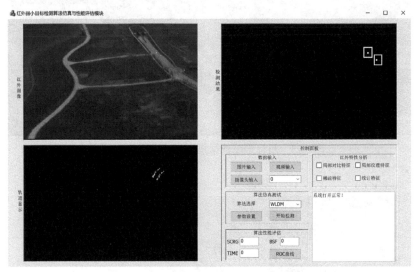

图 8.25　红外弱小目标检测算法仿真与性能评估模块窗口

2. 异源图像匹配检测算法仿真与性能评估模块

异源图像匹配检测算法仿真与性能评估模块可选择经典算法，实现对单张模板图和实时图的异源景像匹配检测，也可以对文件夹内序列模板图和实时图的批处理。此外，模块可实现对匹配定位结果的显示和定位误差的评估。异源图像匹配检测算法仿真与性能评估模块窗口如图 8.26 所示。

3. 智能目标检测算法仿真与评估模块

智能目标检测算法仿真与评估模块可以实现对基于深度学习的目标检测算法的选择、数据集的选择、模型的训练和保存、测试数据的选择、性能评估等多种功能。该模块的窗口如图 8.27 所示。

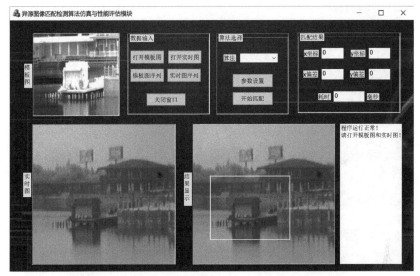

图 8.26　异源图像匹配检测算法仿真与性能评估模块窗口

图 8.27　智能目标检测算法仿真与评估模块窗口

### 4. 智能目标跟踪算法仿真与性能评估模块

智能目标跟踪算法仿真与评估模块可对序列图像、视频文件、摄像头实时采集的数据进行在线处理，实现多种跟踪算法的选择和参数设置，完成对目标的智能跟踪测试。若是带有标注的序列图像，还可以进行评估曲线的绘制，评价算法的跟踪性能。该模块的窗口如图 8.28 所示。

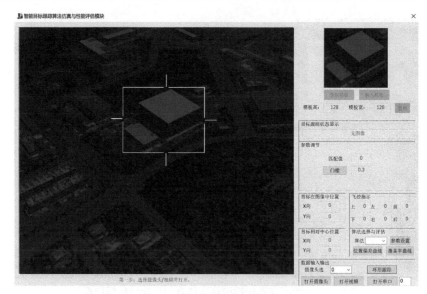

图 8.28　智能目标跟踪算法仿真与性能评估模块窗口

# 8.5　红外图像目标检测与跟踪实验验证

本节利用软硬件模块对空地复杂背景下的目标检测和跟踪算法进行综合仿真验证，对算法进行综合的评估，以期为后续算法的工程化应用提供方法手段。

## 8.5.1　红外弱小目标检测仿真实验验证

对带有标注位置的图像序列的仿真验证可以通过红外弱小目标检测软件模块，实现对指定序列图像和标注文件的读取，选择指定的检测算法，并设置该算法的关键参数，进行仿真测试。将每帧图像的检测结果和检测目标轨迹结果进行显示，验证算法的有效性，可以实现对算法定量的分析和 ROC 曲线的分析。针对序列图像的检测算法的仿真实验验证如图 8.29 所示。

针对红外视频文件，可以实现对检测结果和检测运动轨迹的显示。另外，也可以显示视频文件每一帧的定量指标参数(SCRG、BSF、TIME)，由于视频文件无法进行准确标注，因此对视频文件的仿真测试，不进行 ROC 曲线的绘制。针对视频文件的检测算法的仿真实验验证如图 8.30 所示。

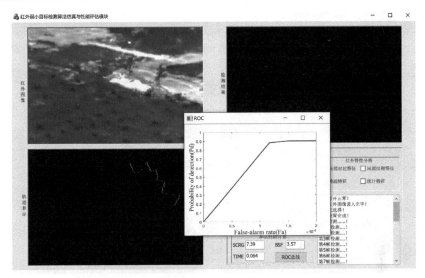

图 8.29　针对序列图像的检测算法的仿真实验验证

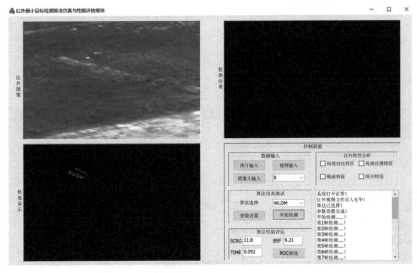

图 8.30　针对视频文件的检测算法的仿真实验验证

## 8.5.2　异源图像匹配检测仿真实验验证

为了验证和评估算法性能，对三组不同的可见光和红外图像对，利用基于梯度分布场、基于梯度 MI 和基于边缘信息(Canny 算法)的异源匹配算法进行综合评估。不同的算法利用参数设置对话框进行相关参数的设置，并在结果显示窗口对匹配位置、匹配偏差和算法耗时进行显示，从而对三种算法的性能特性进行评价。仿真实验验证如图 8.31～图 8.33 所示。

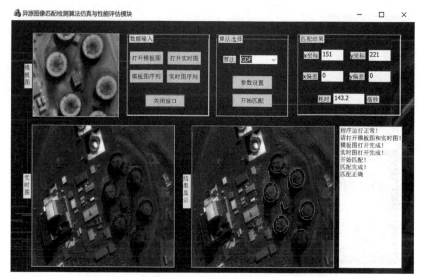

图 8.31　基于梯度分布场异源匹配算法仿真实验验证

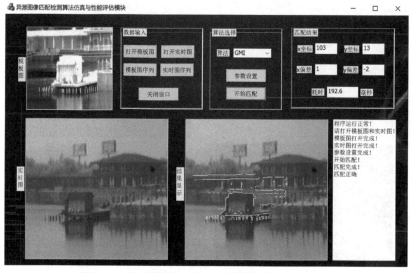

图 8.32　基于梯度 MI 异源匹配算法仿真实验验证

### 8.5.3　智能目标检测仿真实验验证

仿真系统提供图片、数据集和摄像头在线采集三种模式对基于深度学习的检测算法进行验证和评估。同时，提供对多种深度学习算法的选择、训练数据载入、训练参数设置等功能，可以实现深度学习算法的训练、测试和评估三大功能。我们利用 Faster-RCNN 算法对 COCO 数据集训练。其训练过程如图 8.34 所示。经历 4950 次的模型训练的结果，可以通过训练精度曲线评估。训练精度示例如图 8.35 所示。

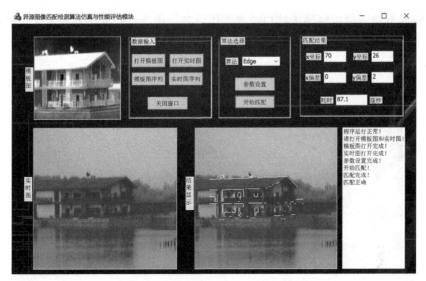

图 8.33　基于边缘信息的异源匹配算法仿真实验验证

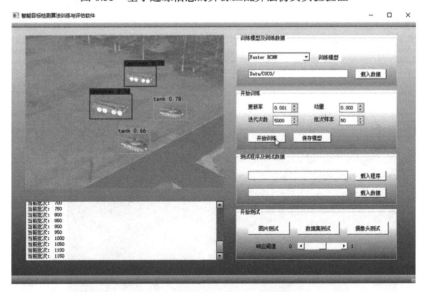

图 8.34　Faster-RCNN 训练过程

智能检测算法的测试过程如图 8.36 所示。

## 8.5.4　智能目标跟踪仿真实验验证

为了在红外模式下对目标跟踪算法进行综合评估和验证，我们在摄像头实时采集、视频文件、序列图像文件等三种模式下进行测试，并通过 CLE 和 OR 两种指标综合验证算法的有效性。

软件系统通过视频输入接口或者图传设备，连接红外探测器或者无人机吊舱采集的红外图像，进行跟踪性能的测试。针对摄像头实时采集视频的跟踪测试如图 8.37 所示。

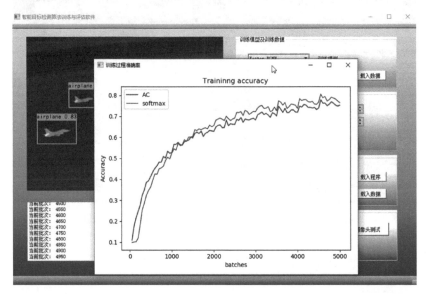

图 8.35　训练精度示例

图 8.36　智能检测算法的测试过程

图 8.37　针对摄像头实时采集视频的跟踪测试

　　针对视频文件的跟踪性能测试如图 8.38 所示。利用带有标注数据的图像序列可以对跟踪算法的跟踪性能进行定量和定性的分析，并把评估结果进行图形显示。针对带标注图像序列的跟踪性能测试与评估如图 8.39 所示。

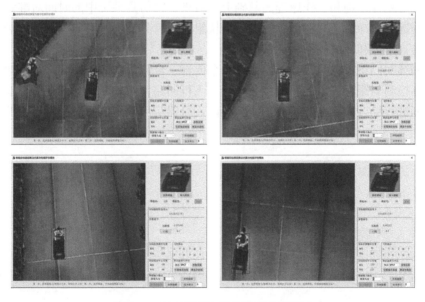

图 8.38　针对视频文件的跟踪性能测试

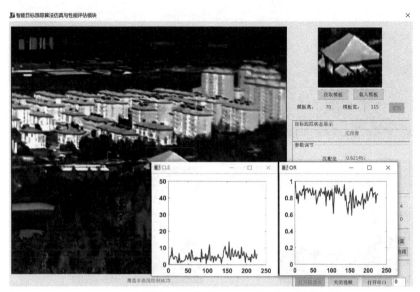

图 8.39 针对带标注图像序列的跟踪性能测试与评估

# 8.6 本 章 小 结

本节重点对空地红外图像目标检测与跟踪仿真实验系统进行分析，在分析仿真系统的硬件结构和工作原理的基础上，对半实物仿真系统中的时间对准和空间对准问题进行探讨，并对系统的软件模块组成进行分析。针对典型的应用场景，进行仿真验证和算法的性能评估。

后续我们将重点对飞行器全系统、全要素、全流程的仿真系统进行构建，并将目标检测与跟踪算法的验证接入飞行器飞行回路，对整个飞行器智能导航与制导过程进行综合验证与分析评估，为智能飞行器应用系统的研制提供有力的技术支撑。

# 参 考 文 献

[1] 杨小冈, 陈世伟, 席建祥. 飞行器异源景像匹配制导技术. 北京: 科学出版社, 2016.

[2] 尹宏鹏, 陈波, 柴毅, 等. 基于视觉的目标检测与跟踪综述. 自动化学报, 2016, 42(10): 1466-1489.

[3] 侯旺, 孙晓亮, 尚洋, 等. 红外弱小目标检测技术研究现状与发展趋势. 红外技术, 2015, 37(1): 1-10.

[4] Chu W, Cai D. Deep feature based contextual model for object detection. Neurocomputing, 2018, 275: 1035-1042.

[5] Li X, Hu W, Shen C, et al. A survey of appearance models in visual object tracking. ACM Transactions on Intelligent Systems and Technology, 2013, 4(4): 1-48.

[6] 管皓, 薛向阳, 安志勇. 深度学习在视频目标跟踪中的应用进展与展望. 自动化学报, 2016, 42(6): 834-847.

[7] 吴昊, 陈树新, 杨宾峰, 等. 鲁棒的高斯和容积卡尔曼滤波红外目标跟踪算法. 红外与毫米波学报, 2016, 35(1): 123-128.

[8] Sharma A, Anand S, Kaul S K. Intelligent querying for target tracking in camera networks using deep Q-learning with n-step bootstrapping. Image and Vision Computing, 2020, 103: 1-36.

[9] Dai X, Yuan X, Wei X. TIRNet: object detection in thermal infrared images for autonomous driving. Applied Intelligence, 2021, 51: 1233-1261.

[10] 王文秀, 傅雨田, 董峰, 等. 基于深度卷积神经网络的红外船只目标检测方法. 光学学报, 2018, 38(7): 160-166.

[11] Zhang H, Sun M, Li Q, et al. An empirical study of multi-scale object detection in high resolution UAV images. Neurocomputing, 2021, 421: 173-182.

[12] Yang L, Yang J, Yang K. Adaptive detection for infrared small target under sea-sky complex background. Electronics Letters, 2004, 40(17): 1083-1085.

[13] 董鸿燕, 李吉成, 沈振康. 基于高通滤波和顺序滤波的小目标检测. 系统工程与电子技术, 2004, (5): 596-598.

[14] 夏爱利, 马彩文, 张砺佳. 一种基于高通滤波的背景抑制方法. 科学技术与工程, 2007, (12): 2978-2980.

[15] 侯洁, 辛云宏. 基于高通滤波和图像增强的红外小目标检测方法. 红外技术, 2013, 35(5): 279-284.

[16] Deng H, Sun X, Liu M, et al. Infrared small-target detection using multiscale gray difference weighted image entropy. IEEE Transactions on Aerospace and Electronic Systems, 2016, 52(1): 60-72.

[17] Sun X, Long G, Shang Y, et al. A framework for small infrared target real-time visual enhancement//International Conference on Graphic and Image Processing, 2015: 2-7.

[18] Nie H S, Zhijian H, Jietao D, et al. A Wiener filter based infrared small target detecting and tracking method//International Conference on Intelligent System Design and Engineering Application, 2010: 184-187.

[19] Bae T, Kim B, Kim Y, et al. Small target detection using cross product based on temporal profile in infrared image sequences. Computers and Electrical Engineering, 2010, 36(6): 1156-1164.

[20] Toet A, Wu T. Small maritime target detection through false color fusion//SPIE Defense and Security Symposium, 2008: 1-9.

[21] Ye B, Peng J X. Small target detection method based on morphology top-hat operator. Journal of Image and Graphics, 2002, 7(7): 639-642.

[22] 过润秋, 张颖, 林晓春. 基于形态滤波的红外小目标检测方法. 激光与红外, 2005, (6): 451-453.

[23] Zeng M, Li J, Peng Z. The design of top-hat morphological filter and application to infrared target detection. Infrared Physics and Technology, 2006, 48: 67-76.

[24] Bai X, Zhou F, Xie Y, et al. Modified top-hat transformation based on contour structuring element to detect infrared small target//Proceedings of IEEE Conference on Industrial Electronics and Applications, 2008: 575-579.

[25] Bai X, Zhou F. Analysis of different modified top-hat transformations based on structuring element construction. Signal Processing, 2010, 90(11): 2999-3003.

[26] Hddhoud M M, Thoms D W. The two-dimensional adaptive LMS (TDLMS) algorithm. IEEE Transactions on Circuits and Systems, 1988, 35(5): 485-494.

[27] Soni T, Zeidler J R, Ku W H. Performance evaluation of 2-D adaptive prediction filters for detection of small objects in image data. IEEE Transactions on Signal Processing, 1993, 2(3): 327-340.

[28] Azimi-Sadjadi M R, Pan H. Two-dimensional block diagonal LMS adaptive filtering. IEEE Transactions on Image Processing, 1994, 42(9): 2420-2429.

[29] Cao Y, Liu R, Yang J. Small target detection using two-dimensional least mean square (TDLMS) filter based on neighborhood analysis. International Journal of Infrared and Millimeter Waves, 2008, 29: 188-200.

[30] Chen C L P, Li H, Wei Y, et al. A local contrast method for small infrared target detection. IEEE Transactions on Geoscience and Remote Sensing, 2014, 52(1): 574-581.

[31] Wei Y, You X, Li H. Multiscale patch-based contrast measure for small infrared target detection. Pattern Recognition, 2016, 58: 216-226.

[32] Deng H, Sun X, Liu M, et al. Small infrared target detection based on weighted local difference measure. IEEE Transactions on Geoscience and Remote Sensing, 2016, 54(7): 4204-4214.

[33] Bai X, Bi Y. Derivative entropy-based contrast measure for infrared small-target detection. IEEE Transactions on Geoscience and Remote Sensing, 2018, 56(4): 2452-2466.

[34] Han J, Liang K, Zhou B, et al. Infrared small target detection utilizing the multiscale relative local contrast measure. IEEE Geoscience and Remote Sensing Letters, 2018, 15(4): 612-616.

[35] Liu G, Lin Z, Yan S, et al. Robust recovery of subspace structures by low-rank representation. IEEE Transactions on Pattern Analysis and Machine Intelligence, 2013, 35(1): 171-184.

[36] Gao C, Meng D, Yang Y, et al. Infrared patch-image model for small target detection in a single image. IEEE Transactions on Image Processing, 2013, 22(12): 4996-5009.

[37] Dai Y, Wu Y, Song Y. Infrared small target and background separation via column-wise weighted robust principal component analysis. Infrared Physics and Technology, 2016, 77: 421-430.

[38] Guo J, Wu Y, Dai Y. Small target detection based on reweighted infrared patch-image model. IET Image Processing, 2018, 12(1): 70-79.

[39] Sun Y, Yang J, Long Y, et al. Infrared patch-tensor model with weighted tensor nuclear norm for small target detection in a single frame. IEEE Access, 2018, 6: 76140-76152.

[40] Gao C, Wang L, Xiao Y, et al. Infrared small-dim target detection based on Markov random field guided noise modeling. Pattern Recognition, 2018, 76: 463-475.

[41] Pratt W K. Digital image processing. European Journal of Engineering Education, 1994, 8: 213-227.

[42] Wang Q, Liu G, Shi Y. Detecting of multi-dim-small-target in sea or sky background based on higher-order cumulants and wavelet. Lecture Notes in Electrical Engineering, 2012, 128:497-507.

[43] Zhao J, Liu F, Mo B. An algorithm of dim and small target detection based on wavelet transform and image fusion//The Fifth International Symposium on Computational Intelligence and Design, 2012: 43-45.

[44] 徐永兵, 裴先登, 夏涌. 基于向量小波变换及 Fisher 算法的红外弱小目标检测. 红外技术, 2004, (1): 17-20.

[45] 王文龙, 韩保君, 张红萍. 一种海空背景下红外小目标检测新算法. 光子学报, 2009, 38(3): 725-728.

[46] 吴文怡, 吴一全. 基于 Contourlet 变换的红外弱小目标检测方法. 红外与激光工程, 2008, 37(1): 136-138.

[47] Gang L, Zhang Q Q, Tao H, et al. Detecting for the aerial small target in infrared image based on the correlation coefficients of nonsubsampled contourlet transform//Proceedings of IEEE International Conference on Automation and Logistics, 2012: 363-367.

[48] Lu R, Huang X, Xu W. Method of infrared small target detection based on contourlet transform and Facet model. Infrared and Laser Engineering, 2013, 42(8): 2281-2287.

[49] Qin H L, Li J, Zhou H X, et al. Infrared dim and small target background suppression using shearlet transform. Journal of Infrared and Millimeter Waves, 2011, 30(2): 162-166.

[50] Qi S, Shao L, Hu H, et al. Bayesian shearlet shrinkage for SAR image de-noising via sparse representation. Multidimensional Systems and Signal Processing, 2013, 25(4): 683-701.

[51] Silverman J, Caefer C E, Disalvo S, et al. Temporal filtering for point target detection in staring IR imagery: II: recursive variance filter. The International Society for Optical Engineering, 1998, 18(6): 44-53.

[52] Silverman J, Mooney J M, Caefer C E. Temporal filters for tracking weak slow point targets in evolving cloud clutter. Infrared Physics and Technology, 1996, 37: 695-710.

[53] Tzannes A P, Brooks D H. Point target detection in IR image sequences: a hypothesis-testing

approach based on target and clutter temporal profile modeling. Optical Engineering, 2000, 38(8): 2270-2278.

[54] Lim E T, Louis S, Ronda V. Adaptive mean and variance filter for detection of dim point-like targets//SPIE Conference on Signal and Data Processing of Small Targets, 2002: 492-502.

[55] Lim E T, Chan C W, Venkateswarlu R, et al. Dim point target detection and tracking system in IR imagery. The International Society for Optical Engineering, 2000, 4067: 277-284.

[56] Reed I, Gagliardi R, Stotts L. Optical moving target detection with 3-D matched filtering. IEEE Transactions on Aerospace and Electronic Systems, 1988, 24(4): 327-336.

[57] Li M, Zhang T, Yang W, et al. Moving weak point target detection and estimation with three-dimensional double directional filter in IR cluttered background. Optical Engineering, 2015, 44: 10-13.

[58] Liu X, Zuo Z. A dim small infrared moving target detection algorithm based on improved three-dimensional directional filtering//Chinese Conference on Image and Graphics Technologies, 2013: 102-108.

[59] Zhang T, Li M, Zuo Z, et al. Moving dim point target detection with three-dimensional wide-to-exact search directional filtering. Pattern Recognition Letters, 2007, 28: 246-253.

[60] Paul W, James Z, Walter K. Analysis of multiframe target detection using pixel statistics. IEEE Transactions on Aerospace and Electronic Systems, 1995, 31(1): 238-247.

[61] Deshpande S D, Er M H, Ronda V, et al. Max-mean and max-median filters for detection of small-targets//SPIE Conference on Signal and Data Processing of Small Targets, 1999: 74-83.

[62] Blostein S D, Huang T S. Detection of small moving objects in image sequences using multistage hypothesis testing//IEEE International Conference on Acoustics, 1988: 1068-1071.

[63] Blostein S D, Huang T S. Detecting small, moving objects in image sequences using sequential hypothesis testing. IEEE Transactions on Signal Processing, 1991, 39(7): 1611-1629.

[64] 李红艳, 吴成柯. 一种基于小波与遗传算法的小目标检测算法. 电子学报, 2001, (4): 439-442.

[65] 崔常嵬, 林英, 陈景春. 低信噪比缓动点目标的序贯检测算法的分析和改进. 电子学报, 2001, (6): 820-823.

[66] Barniv Y, Kella O. Dynamic programming solution for detecting dim moving targets part II: analysis. IEEE Transactions on Aerospace and Electronic Systems, 1987, 23(6): 776-788.

[67] Arnold J, Shaw S. Efficient target tracking using dynamic programming. IEEE Transactions on Aerospace and Electronic Systems, 1993, 29(1): 44-56.

[68] Tonissen S M, Evans R J. Performance of dynamic programming techniques for track-before-detect. IEEE Transactions on Aerospace and Electronic Systems, 1996, 32(4): 1440-1451.

[69] Johnston L A, Krishnamurthy V. Performance analysis of a dynamic programming track before detect algorithm. IEEE Transactions on Aerospace and Electronic Systems, 2002, 38(1): 228-242.

[70] Liu Q, Lu X, He Z, et al. Deep convolutional neural networks for thermal infrared object tracking. Knowledge-Based Systems, 2017, 134: 189-198.

[71] Lin L, Wang S, Tang Z. Using deep learning to detect small targets in infrared oversampling

images. Journal of Systems Engineering and Electronics, 2018, 29(5): 947-952.

[72] Shi M, Wang H. Infrared dim and small target detection based on denoising autoencoder network. Mobile Networks and Applications, 2020, 25(4): 1469-1483.

[73] 贺晓佳. 灰度图像快速匹配算法研究. 合肥: 合肥工业大学, 2012.

[74] 宋智礼. 图像配准技术及其应用的研究. 上海: 复旦大学, 2010.

[75] Wan X, Liu J G, Li S, et al. Phase correlation decomposition: the impact of illumination variation for robust subpixel remotely sensed image matching. IEEE Transactions on Geoscience and Remote Sensing, 2019, 57(9): 6710-6725.

[76] 李勇. 基于互信息的图像拼接算法研究. 哈尔滨: 哈尔滨工业大学, 2016.

[77] Angah O, Chen A Y. Tracking multiple construction workers through deep learning and the gradient based method with re-matching based on multi-object tracking accuracy//Automation in Construction, 2020: 119.

[78] Bay H, Tuytelaars T, van Gool L. SURF: speeded up robust features//Proceedings of European Conference on Computer Vision, 2006: 404-417.

[79] Ke Y, Sukthankar R. PCA-SIFT: a more distinctive representation for local image descriptors// Proceedings of the IEEE Computer Society Conference on Computer Vision and Pattern Recognition, 2004: 1-9.

[80] Smith S M, Brady J M. SUSAN-a new approach to low level image processing. International Journal of Computer Vision, 1997, 23(1): 45-78.

[81] Zhang L, Koch R. An efficient and robust line segment matching approach based on LBD descriptor and pairwise geometric consistency. Journal of Visual Communication and Image Representation, 2013, 24(7): 794-805.

[82] López J, Santos R, Fdez-Vidal X R, et al. Two-view line matching algorithm based on context and appearance in low-textured images. Pattern Recognition, 2015, 48(7): 2164-2184.

[83] Rosten E, Drummond T. Machine learning for high-speed corner detection//Proceedings of European Conference on Computer Vision, 2006: 430-443.

[84] Qiu W, Wang X, Bai X, et al. Scale-space sift flow//Dense Image Correspondences for Computer Vision, 2015: 71-82.

[85] 袁颖娜. 基于 BP 神经网络的特征点匹配方法研究. 西安: 西安科技大学, 2013.

[86] Ge D, Yao X, Zhang Q. Development of machine vision system based on BP neural network selflearning//Proceedings of the International Conference on Computer Science and Information Technology, 2008: 632-636.

[87] 尹书娟. 用于显微立体测量的彩色图像神经网络匹配方法研究. 北京: 北京工业大学, 2012.

[88] Laskowski L, Jelonkiewicz J, Hayashi Y. Extensions of hopfield neural networks for solving of stereo-matching problem//Proceedings of the International Conference on Artificial Intelligence and Soft Computing, 2015: 59-71.

[89] Mahdi W, Medjahed S A, Ouali M. Performance analysis of simulated annealing cooling schedules in the context of dense image matching. Computacion Sistemas, 2017, 21(3): 493-501.

[90] Wang Z, Pen H, Yang T, et al. Structure-priority image restoration through genetic algorithm optimization. IEEE Access, 2020, 8: 90698-90708.

[91] Liu W, Wang C, Bian X, et al. Learning to match ground camera image and UAV 3-D model-rendered image based on siamese network with attention mechanism. IEEE Geoscience and Remote Sensing Letters, 2020, 17(9): 1608-1612.

[92] Ostertag C, Beurton-Aimar M. Matching ostraca fragments using a siamese neural network. Pattern Recognition Letters, 2020, 131: 336-340.

[93] Liu Y, Gong X, Chen J, et al. Rotation-Invariant siamese network for low-altitude remote-sensing image registration. IEEE Journal of Selected Topics in Applied Earth Observations and Remote Sensing, 2020, 13: 5746-5758.

[94] Bertinetto L, Valmadre J, Henriques J F, et al. Fully-convolutional siamese networks for object tracking// Proceedings of European Conference on Computer Vision, 2016: 850-865.

[95] Hinton G E, Salakhutdinov R R. Reducing the dimensionality of data with neural networks. Science, 2006, 313(5786): 504-507.

[96] Girshick R, Donahue J, Darrell T, et al. Rich feature hierarchies for accurate object detection and semantic segmentation//Proceedings of the IEEE Computer Society Conference on Computer Vision and Pattern Recognition, 2014: 580-587.

[97] He K, Zhang X, Ren S, et al. Spatial pyramid pooling in deep convolutional networks for visual recognition. IEEE Transactions on Pattern Analysis and Machine Intelligence, 2015, 37(9): 1904-1916.

[98] Uijlings J R R, van de Sande K E A, Gevers T, et al. Selective search for object recognition. International Journal of Computer Vision, 2013, 104(2): 154-171.

[99] Girshick R G. Fast R-CNN//Proceedings of the International Conference on Computer Vision, 2015: 1440-1448.

[100] Ren S, He K, Girshick R, et al. Faster R-CNN: towards real-time object detection with region proposal networks. IEEE Transactions on Pattern Analysis and Machine Intelligence, 2017, 39(6): 1137-1149.

[101] Kong T, Yao A, Chen Y, et al. HyperNet: towards accurate region proposal generation and joint object detection//Proceedings of the IEEE Computer Society Conference on Computer Vision and Pattern Recognition, 2016: 845-853.

[102] 黄继鹏, 史颖欢, 高阳. 面向小目标的多尺度 Faster-RCNN 检测算法. 计算机研究与发展, 2019, 56(2): 319-327.

[103] Lin T Y, Dollár P, Girshick R, et al. Feature pyramid networks for object detection// Proceedings of the IEEE Conference on Computer Vision and Pattern Recognition, 2017: 936-944.

[104] Singh B, Davis L S. An analysis of scale invariance in object detection-SNIP//Proceedings of the IEEE Conference on Computer Vision and Pattern Recognition, 2017: 3575-3587.

[105] Dai J, Li Y, He K, et al. R-FCN: object detection via region-based fully convolutional networks//Proceedings of International Conference on Neural Information Processing Systems, 2016: 379-387.

[106] Zhu Y, Zhao C, Wang J, et al. CoupleNet: coupling global structure with local parts for object detection//Proceedings of the IEEE International Conference on Computer Vision, 2017: 4126-4134.

[107] Dai J, Qi H, Xiong Y, et al. Deformable convolutional networks//Proceedings of the IEEE International Conference on Computer Vision, 2017: 764-773.

[108] He K, Gkioxari G D P. Mask R-CNN//Proceedings of the IEEE International Conference on Computer Vision, 2017: 2961-2969.

[109] Jiang B, Luo R, Mao J, et al. Acquisition of localization confidence for accurate object detection//Proceedings of the European Conference on Computer Vision, 2018: 784-799.

[110] Cai Z, Vasconcelos N. Cascade R-CNN: delving into high quality object detection//Proceedings of the IEEE Conference on Computer Vision and Pattern Recognition, 2018: 6154-6162.

[111] Chen Z, Huang S, Tao D. Context refinement for object detection//Proceedings of the European Conference on Computer Vision, 2018: 71-86.

[112] Wang J, Chen K, Yang S, et al. Region proposal by guided anchoring//Proceedings of the IEEE Conference on Computer Vision and Pattern Recognition, 2019: 2965-2974.

[113] Bodla N, Singh B, Chellappa R, et al. Soft-NMS-improving object detection with one line of code//Proceedings of the IEEE International Conference on Computer Vision, 2017: 5562-5570.

[114] He Y, Zhang X, Kitani K, et al. Softer-NMS: rethinking bounding box regression for accurate object detection//Proceedings of the IEEE Conference on Computer Vision and Pattern Recognition, 2019: 658-666.

[115] Hu H, Gu J, Zhang Z, et al. Relation networks for object detection//Proceedings of the IEEE Conference on Computer Vision and Pattern Recognition, 2018: 3588-3597.

[116] Hamid R, Tsoi N, Gwak J Y, et al. Generalized intersection over union: a metric and a loss for bounding box regression//Proceedings of the IEEE Conference on Computer Vision and Pattern Recognition, 2019: 658-666.

[117] Redmon J, Divvala S, Girshick R, et al. You only look once: unified, real-time object detection//Proceedings of the IEEE Computer Society Conference on Computer Vision and Pattern Recognition, 2016: 779-788.

[118] Redmon J. YOLO9000: better, faster, stronger//Proceedings of IEEE Conference on Computer Vision and Pattern Recognition, 2017: 7263-7271.

[119] Redmon J, Farhadi A. YOLOv3: an incremental improvement. http://arxiv.org/abs/1804.02767[2020-10-30].

[120] Bochkovskiy A, Wang C Y, Liao H Y M. YOLOv4: optimal speed and accuracy of object detection. https://arxiv.org/abs/2004.10934[2020-10-8].

[121] Liu W, Anguelov D, Erhan D, et al. SSD: single shot multibox detector//Proceedings of the European Conference on Computer Vision, 2016: 21-37.

[122] Simonyan K, Zisserman A. Very deep convolutional networks for large-scale image recognition//Proceedings of the 3rd International Conference on Learning Representations, 2015: 714-723.

[123] Jeong J, Park H, Kwak N. Enhancement of SSD by concatenating feature maps for object detection//British Machine Vision Conference, 2017: 1-12.

[124] Cheng F C, Liu W, Ranga A, et al. DSSD: deconvolutional single shot detector//IEEE Conference on Computer Vision and Pattern Recognition, 2017: 1-11.

[125] He K, Zhang X, Ren S, et al. Deep residual learning for image recognition//Proceedings of the IEEE Computer Society Conference on Computer Vision and Pattern Recognition, 2016: 770-778.

[126] Li B, Liu Y, Wang X. Gradient harmonized single-stage detector//Proceedings of the AAAI Conference on Artificial Intelligence, 2018: 8577-8584.

[127] Liu S, Huang D, Wang Y. Receptive field block net for accurate and fast object detection// Proceedings of the European Conference on Computer Vision, 2018: 385-400.

[128] Zhang S, Wen L, Bian X, et al. Single-shot refinement neural network for object detection// Proceedings of the IEEE Conference on Computer Vision and Pattern Recognition, 2018: 4203-4212.

[129] Law H, Deng J. CornerNet: detecting objects as paired keypoints//Proceedings of the European Conference on Computer Vision, 2018: 734-750.

[130] 张迪飞, 张金锁, 姚克明. 基于 SVM 分类的红外舰船目标识别. 红外与激光工程, 2016, 45(1): 167-172.

[131] Newell A, Yang K, Deng J. Stacked hourglass networks for human pose estimation// Proceedings of the European Conference on Computer Vision, 2016: 483-499.

[132] Zhou X, Zhuo J, Krähenbühl P. Bottom-up object detection by grouping extreme and center points//Proceedings of the IEEE Conference on Computer Vision and Pattern Recognition, 2019: 850-859.

[133] Zhou X, Wang D, Krähenbühl P. Objects as points. https://arxiv.org/abs/1904.07850[2019-5-19].

[134] Tian Z, Chen C, Chen H, et al. FCOS: fully convolutional one-stage object dectection// Proceedings of the IEEE International Conference on Computer Vision, 2019: 9627-9636.

[135] Adam A, Rivlin E. Robust fragments-based tracking using the integral histogram//Proceedings of the IEEE Conference on Computer Vision and Pattern Recognition, 2006: 798-805.

[136] Bins J, Dihl L L, Jung C R. Target tracking using multiple patches and weighted vector median filters. Journal of Mathematical Imaging and Vision, 2013, 45(3): 293-307.

[137] Jepson A D, Society I C, Fleet D J, et al. Robust online appearance models for visual tracking. IEEE Transactions on Pattern Analysis and Machine Intelligence, 2003, 25(10): 1296-1311.

[138] Ning J, Zhang L, Zhang D, et al. Scale and orientation adaptive mean shift tracking. IET Computer Vision, 2012, 6(1): 52-61.

[139] 秦臻, 曹剑中. 基于方向直方图的 Mean shift 目标跟踪新算法. 电子设计工程, 2011, 19(12): 168-171.

[140] Comaniciu D, Member S, Ramesh V. Kernel-based object tracking. IEEE Transactions on Pattern Analysis and Machine Intelligence, 2003, 25(5): 564-577.

[141] Leichter I, Lindenbaum M, Rivlin E. Tracking by affine kernel transformations using color and boundary cues. IEEE Transactions on Pattern Analysis and Machine Intelligence, 2009, 31(1):

164-171.

[142] Nguyen Q A, Robles-Kelly A, Shen C. Kernel-based tracking from a probabilistic viewpoint// Proceedings of the IEEE Conference on Computer Vision and Pattern Recognition, 2007: 1-8.

[143] Yilmaz A, Javed O. Object tracking: a survey. ACM Computing Surveys, 2006, 38(4): 81-93.

[144] Michael J B. The robust estimation of multiple motions: parametric and piecewise-smooth flow fields. Computer Vision and Image Understanding, 1996, 63(1): 75-104.

[145] Ross D A, Lim J, Lin R S, et al. Incremental learning for robust visual tracking. International Journal of Computer Vision, 2008, 77: 125-141.

[146] Wang Q, Member S, Chen F. Object tracking via partial least squares analysis. IEEE Transactions on Image Processing, 2012, 21(10): 4454-4465.

[147] Kwon J, Lee K M. Visual tracking decomposition//Proceedings of the IEEE Conference on Computer Vision and Pattern Recognition, 2010: 1269-1276.

[148] Mei X, Ling H. Robust visual tracking using L1 minimization//Proceedings of the IEEE International Conference on Computer Vision, 2009: 1436-1443.

[149] Mei X, Blasch E. Minimum error bounded efficient tracker with L1 tracker with occlusion detection//Proceedings of the IEEE Conference on Computer Vision and Pattern Recognition, 2011: 1257-1264.

[150] Bao C, Wu Y, Ling H, et al. Real time robust L1 tracker using accelerated proximal gradient approach//Proceedings of the IEEE Computer Society Conference on Computer Vision and Pattern Recognition, 2012: 1830-1837.

[151] Zhang K, Zhang L, Yang M. Real-time compressive tracking//Proceedings of European Conference on Computer Vision, 2012: 864-877.

[152] Wang D, Lu H, Yang M H. Online object tracking with sparse prototypes. IEEE Transactions on Image Processing, 2013, 22(1): 314-325.

[153] Grabner H, Grabner M, Bischof H. Real-time tracking via on-line boosting//British Machine Vision Conference, 2006: 47-56.

[154] Avidan S. Support vector tracking. IEEE Transactions on Pattern Analysis and Machine Intelligence, 2004, 26(8): 1064-1072.

[155] Babenko B, Member S, Yang M, et al. Robust object tracking with online multiple instance learning. IEEE Transactions on Pattern Analysis and Machine Intelligence, 2011, 33(8): 1619-1632.

[156] Hare S, Saffari A, Torr P H S. Struck: structured output tracking with kernels//Proceedings of the IEEE Conference on Computer Vision and Pattern Recognition, 2011: 263-270.

[157] Avidan S. Ensemble tracking. IEEE Transactions on Pattern Analysis and Machine Intelligence, 2007, 29(2): 261-271.

[158] Babenko B, Belongie S, Yang M H. Visual tracking with online multiple instance learning// Proceedings of the IEEE Computer Society Conference on Computer Vision and Pattern Recognition Workshops, 2009: 983-990.

[159] Zhang X, Hu W, Chen S, et al. Graph-embedding-based learning for robust object tracking. IEEE Transactions on Industrial Electronics, 2014, 61(2): 1072-1084.

[160] He J, Li M, Zhang H, et al. Generalized manifold-ranking-based. IEEE Transactions on Image Processing, 2006, 15(10): 3170-3177.

[161] Yang C, Zhang L, Lu H, et al. Saliency detection via graph-based manifold ranking// Proceedings of the IEEE Conference on Computer Vision and Pattern Recognition, 2013: 3166-3173.

[162] Zha Y, Yang Y, Bi D. Graph-based transductive learning for robust visual tracking. Pattern Recognition, 2010, 43(1): 187-196.

[163] Bolme D S, Beveridge J R, Draper B A, et al. Visual object tracking using adaptive correlation filters//Proceedings of the IEEE Computer Society Conference on Computer Vision and Pattern Recognition, 2010: 2544-2550.

[164] Henriques J F, Caseiro R, Martins P, et al. Exploiting the circulant structure of tracking-by-detection with kernels//Proceedings of the European Conference on Computer Vision, 2012: 702-715.

[165] Henriques J F, Caseiro R, Martins P, et al. High-speed tracking with kernelized correlation filters. IEEE Transactions on Pattern Analysis and Machine Intelligence, 2015, 37(3): 583-596.

[166] Danelljan M, Hager G, Khan F S, et al. Discriminative scale space tracking. IEEE Transactions on Pattern Analysis and Machine Intelligence, 2017, 39(8): 1561-1575.

[167] Zhang M, Xing J, Gao J, et al. Joint scale-spatial correlation tracking with adaptive rotation estimation//Proceedings of the IEEE International Conference on Computer Vision, 2016: 595-603.

[168] Li Y, Zhu J. A scale adaptive kernel correlation filter tracker with feature integration// Proceedings of the European Conference on Computer Vision, 2015: 254-265.

[169] Danelljan M, Hager G, Khan F S, et al. Learning spatially regularized correlation filters for visual tracking//Proceedings of the IEEE International Conference on Computer Vision, 2015: 4310-4318.

[170] Dai K, Wang D, Lu H, et al. Visual tracking via adaptive spatially-regularized correlation filters//Proceedings of the IEEE Computer Society Conference on Computer Vision and Pattern Recognition, 2019: 4665-4674.

[171] Li Y, Fu C, Ding F, et al. Autotrack: towards high-performance visual tracking for UAV with automatic spatio-temporal regularization//Proceedings of the IEEE Conference on Computer Vision and Pattern Recognition, 2020: 11923-11932.

[172] Zhang F, Chang S. Hierarchical convolutional features fusion for visual tracking//Journal of Physics: Conference Series, 2020, 1651(1): 3074-3082.

[173] Danelljan M, Robinson A, Khan F S, et al. Beyond correlation filters: learning continuous convolution operators for visual tracking//Proceedings of the European Conference on Computer Vision, 2016: 472-488.

[174] Danelljan M, Bhat G, Shahbaz K F, et al. ECO: efficient convolution operators for tracking// Proceedings of the IEEE Conference on Computer Vision and Pattern Recognition, 2017: 6931-6939.

[175] Bertinetto L, Valmadre J, Golodetz S, et al. Staple: complementary learners for real-time

tracking//Proceedings of the IEEE Computer Society Conference on Computer Vision and Pattern Recognition, 2016: 1401-1409.

[176] Bhat G, Johnander J, Danelljan M, et al. Unveiling the power of deep tracking//Proceedings of the European Conference on Computer Vision, 2018: 483-498.

[177] Wang N, Song Y, Ma C, et al. Unsupervised deep tracking//Proceedings of the IEEE/CVF Conference on Computer Vision and Pattern Recognition, 2019: 1308-1317.

[178] Nam H, Han B. Learning multi-domain convolutional neural networks for visual tracking// Proceedings of the IEEE Computer Society Conference on Computer Vision and Pattern Recognition, 2016: 4293-4302.

[179] Nam H, Baek M, Han B. Modeling and propagating CNNs in a tree structure for visual tracking//Proceedings of the IEEE Conference on Computer Vision and Pattern Recognition, 2016.

[180] Li B, Yan J, Wu W, et al. High performance visual tracking with siamese region proposal network//Proceedings of the IEEE Computer Society Conference on Computer Vision and Pattern Recognition, 2018: 8971-8980.

[181] Zhu Z, Wang Q, Li B, et al. Distractor-aware siamese networks for visual object tracking// Proceedings of the European Conference on Computer Vision, 2018: 101-117.

[182] Li B, Wu W, Wang Q, et al. SiamRPN++: evolution of siamese visual tracking with very deep networks//Proceedings of the IEEE/CVF Conference on Computer Vision and Pattern Recognition, 2019: 4282-4291.

[183] 周苑, 张健民, 林晓. 基于加权 LoG 算子的红外弱小目标检测方法研究. 应用光学, 2017, 38(1): 114-119.

[184] 邓亚平, 王敏. 基于视觉注意机制的红外弱小目标检测. 华中科技大学学报(自然科学版), 2015, 43(1): 182-186.

[185] Comaniciu D, Meer P, Member S. Mean shift: a robust approach toward feature space analysis. IEEE Transactions on Pattern Analysis and Machine Intelligence, 2002, 24(5): 603-619.

[186] Laura S L, Miller E L. Distribution fields for tracking//Proceedings of the IEEE Computer Society Conference on Computer Vision and Pattern Recognition, 2012: 1910-1917.

[187] Dong X, Huang X, Zheng Y, et al. A novel infrared small moving target detection method based on tracking interest points under complicated background. Infrared Physics and Technology, 2014, 65: 36-42.

[188] 王华兵, 万烂军. 基于 Contourlet 及目标特性分析的弱小红外目标检测. 电子测量与仪器学报, 2019, 33(3): 120-125.

[189] Coifman R R, Donoho D L. Translation-Invariant De-Noising. Berlin: Springer, 1995.

[190] 吴志佳, 陈小林, 王雨青, 等. 基于Facet模型与方向相对极差的红外小目标检测方法. 红外, 2019, 40(5): 10-17.

[191] 隋连升, 王慧. 基于 Facet 模型的边缘检测算法. 计算机工程, 2009, 35(2): 187-189.

[192] Yang B, Zou L. Robust foreground detection using block-based RPCA. Optik, 2015, 126(23): 4586-4590.

[193] Yang C, Liu H, Liao S, et al. Small target detection in infrared video sequence using robust

dictionary learning. Infrared Physics and Technology, 2015, 68: 1-9.

[194] Xu L, Lu C, Xu Y, et al. Image smoothing via L0 gradient minimization// Proceedings of the SIGGRAPH Asia Conference, 2011: 1-12.

[195] Ye Z, Zhang Z, Qiu C. Infrared small target detection based on improved DoG filter// Proceedings of the Chinese Control and Decision Conference, 2020: 3095-3102.

[196] Wang Z, Wu F, Hu Z. MSLD: a robust descriptor for line matching. Pattern Recognition, 2009, 42(5): 941-953.

[197] Fischler M A, Bolles R C. Random sample consensus: a paradigm for model fitting with applications to image analysis and automated cartography//Communications of the ACM, 1981, 24(6): 381-395.

[198] 王艳丽. 基于多源融合图像的景像匹配技术研究. 北京: 北京航空航天大学, 2003.

[199] 朱爱平, 叶蕾. 战术战斧导弹武器控制系统. 飞航导弹, 2013, 9: 61-66.

[200] 申璐榕. 成像导引头地面目标跟踪技术研究. 长沙: 国防科技大学, 2014.

[201] Gao X, Sattar F, Venkateswarlu R. Multiscale corner detection of gray level images based on log-gabor wavelet transform. IEEE Transactions on Circuits and Systems for Video Technology, 2007, 17(7): 868-875.

[202] Kim Y S, Lee J H, Ra J B. Multi-sensor image registration based on intensity and edge orientation information. Pattern Recognition, 2008, 41(11): 3356-3365.

[203] 李壮, 杨夏, 雷志辉. 基于空间子区一致性的异源图像配准算法. 国防科技大学学报, 2011, 33(1): 31-37.

[204] 李想, 雷志辉, 朱宪伟. 基于分割相似度的异源图像配准算法. 国防科技大学学报, 2013, 35(6): 116-122.

[205] 廉蔺, 李国辉, 王海涛. 基于 MSER 的红外与可见光图像关联特征提取算法. 电子与信息学报, 2011, 33(7): 1625-1630.

[206] 王志社, 杨风暴, 纪利娥. 基于聚类分割和形态学的可见光与 SAR 图像配准. 光学学报, 2014, 34(2): 215002-215008.

[207] Hasan M, Pickering M R, Jia X. Robust automatic registration of multimodal satellite images using CCRE with partial volume interpolation. IEEE Transactions on Geoscience and Remote Sensing, 2012, 50(10): 4050-4061.

[208] Wang L, Niu Z, Wu C, et al. A robust multisource image automatic registration system based on the SIFT descriptor. International Journal of Remote Sensing, 2012, 33(12): 3850-3869.

[209] 李想, 朱遵尚, 尚洋. 方向矩异源图像匹配算法. 国防科技大学学报, 2015, 37(1): 153-160.

[210] Wilcher J, Melvin W L, Lanterman A. An information theoretical approach to sensor placement in a multi-sensor automatic target recognition environment// Proceedings of the IEEE National Radar Conference, 2015: 156-161.

[211] Small G W, Moody T D, Siddarth P, et al. Your brain on google: patterns of cerebral activation during internet searching. American Journal of Geriatric Psychiatry, 2009, 17(2): 116-126.

[212] Krizhevsky A, Sutskever I, Hinton G E. ImageNet classification with deep convolutional neural networks//Proceedings of International Conference on Neural Information Processing

Systems, 2012: 1097-1105.

[213] Vincent P, Larochelle H, Lajoie I, et al. Stacked denoising autoencoders: learning useful representations in a deep network with a local denoising criterion. Journal of Machine Learning Research, 2010, 11: 3371-3408.

[214] Hinton G E, Osindero S, Teh Y W. A fast learning algorithm for deep belief nets. Neural Computation, 2006, 18(7): 1527-1554.

[215] Szegedy C, Liu W, Jia Y, et al. Going deeper with convolutions//Proceedings of the IEEE Computer Society Conference on Computer Vision and Pattern Recognition, 2015: 1-9.

[216] Sravya P B, Suma D, Manju L C, et al. Large-scale video classification with convolutional neural networks. Smart Innovation, Systems and Technologies, 2021, 196: 689-695.

[217] Forsyth D. Object detection with discriminatively trained part-based models. Computer, 2014, 47(2): 6-7.

[218] Cheng M M, Zhang Z, Lin W Y, et al. BING: binarized normed gradients for objectness estimation at 300fps//Proceedings of the IEEE Computer Society Conference on Computer Vision and Pattern Recognition, 2014: 3286-3293.

[219] Dollár P, Zitnick C L. Fast edge detection using structured forests. IEEE Transactions on Pattern Analysis and Machine Intelligence, 2015, 37(8): 1558-1570.

[220] Arbeláez P, Maire M, Fowlkes C, et al. Contour detection and hierarchical image segmentation. IEEE Transactions on Pattern Analysis and Machine Intelligence, 2011, 33(5): 898-916.

[221] Gaede W. What is an object. Apeiron, 2003, 10(1): 15-31.

[222] Zitnick C L, Dollár P. Edge boxes: locating object proposals from edges//Proceedings of the European Conference on Computer Vision, 2014: 391-405.

[223] Zhang Z, Warrell J, Torr P H S. Proposal generation for object detection using cascaded ranking SVMs//Proceedings of the IEEE Computer Society Conference on Computer Vision and Pattern Recognition, 2011: 1497-1504.

[224] Chen X, Ma H, Wang X, et al. Improving object proposals with multi-thresholding straddling expansion//Proceedings of the IEEE Computer Society Conference on Computer Vision and Pattern Recognition, 2015: 2587-2595.

[225] 孟秀云. 导弹制导控制系统原理. 北京: 北京理工大学出版社, 2003.

[226] Takacs G, Chandrasekhar V, Tsai S, et al. Unified real-time tracking and recognition with rotation-invariant fast features//Proceedings of the IEEE Computer Society Conference on Computer Vision and Pattern Recognition, 2010: 934-941.

[227] Keller Y, Averbuch A. Multisensor image registration via implicit similarity. IEEE Transactions on Pattern Analysis and Machine Intelligence, 2006, 28(5): 794-801.

[228] Jia X, Lu H. Visual tracking via adaptive structural local sparse appearance model//Proceedings of IEEE Conference on Computer Vision and Pattern Recognition, 2012: 1822-1829.

[229] Everingham M, Gool L V, Williams C K I, et al. The PASCAL visual object classes (VOC) challenge. International Journal of Computer Vision, 2010, 88: 303-338.

[230] Yang F, Lu H, Zhang W, et al. Visual tracking via bag of features. IET Image Processing, 2012,

6(2): 115-128.

[231] van Gemert J C, Veenman C J, Smeulders A W M, et al. Visual word ambiguity. IEEE Transactions on Pattern Analysis and Machine Intelligence, 2010, 32(7): 1271-1283.

[232] 李卫平. K-Means 聚类算法研究. 中国西部科技, 2008, 7(8): 52-53.

[233] 刘建林. 基于样本-特征加权的模糊核聚类算法研究及应用. 南昌: 华东交通大学, 2013.

[234] Xu J, Yao L, Liu J. Robust tracking via weighted spatio-temporal context learning// IEEE International Conference on Image Processing, 2015: 413-416.

[235] Li X, Hu W, Shen C, et al. Context-aware hypergraph construction for robust spectral clustering. IEEE Transactions on Knowledge and Data Engineering, 2014, 26(10): 2588-2597.

[236] Ng Y A, Jordan I M, Weiss Y. On spectral clustering: analysis and an algorithm//Proceedings of the IEEE International Conference on Computer Vision, 2003: 313-319.

[237] Yu S X. Multiclass spectral clustering//Proceedings of the IEEE International Conference on Computer Vision, 2003: 313-319.

[238] Zhang T, Ghanem B, Liu S, et al. Low-rank sparse learning for robust visual tracking// Proceedings of the European Conference on Computer Vision, 2012: 470-484.

[239] Yang F, Member S, Lu H, et al. Robust superpixel tracking. IEEE Transactions on Image Processing, 2014, 23(4): 1639-1651.

[240] Chi Z, Li H, Lu H, et al. Dual deep network for visual tracking. IEEE Transactions on Image Processing, 2017, 26(4): 2005-2015.

[241] Cui Z, Xiao S, Feng J, et al. Recurrently target-attending tracking//Proceedings of the IEEE Conference on Computer Vision and Pattern Recognition, 2016: 1449-1458.

[242] Fan H, Ling H. SANet: structure-aware network for visual tracking//Proceedings of the IEEE Computer Society Conference on Computer Vision and Pattern Recognition, 2017: 2217-2224.

[243] Wang Q, Zhang L, Bertinetto L, et al. Fast online object tracking and segmentation: a unifying approach//Proceedings of the IEEE Conference on Computer Vision and Pattern Recognition, 2019: 1328-1338.

[244] Song Y, Ma C, Wu X, et al. VITAL: visual tracking via adversarial learning//Proceedings of the IEEE Conference on Computer Vision and Pattern Recognition, 2018: 8990-8999.

[245] Wang X, Li C, Luo B, et al. SINT++: robust visual tracking via adversarial positive instance generation//Proceedings of the IEEE Computer Society Conference on Computer Vision and Pattern Recognition, 2018: 4864-4873.

[246] Wang N, Yeung D Y. Learning a deep compact image representation for visual tracking// Proceedings of International Conference on Neural Information Processing Systems, 2013: 1-9.

[247] Choi J, Chang H J, Fischer T, et al. Context-aware deep feature compression for high-speed visual tracking//Proceedings of the IEEE Conference on Computer Vision and Pattern Recognition, 2018: 479-488.

[248] 闫宇壮, 黄新生, 郑永斌, 等. 惯导信息辅助的匹配模板校正方法. 国防科技大学学报, 2011, 33(4): 128-133.

[249] 姚郁, 章国江. 捷联成像制导系统的几个问题研究. 红外与激光工程, 2006, 35(1): 1-8.

[250] 徐婉莹. 面向捷联导引头的图像匹配与目标识别技术研究. 长沙: 国防科学技术大学,

2010.

[251] 卢瑞涛. 面向全捷联成像导引头的复杂背景下目标检测与跟踪技术研究. 长沙:国防科技
大学, 2016.

[252] 赵晶, 来庆福, 戴幻, 等. 导弹武器全制导技术发展分析. 中国电子科学研究院学报,
2012, 7(1): 34-41.

[253] 胡万海, 赵育善, 郭勤, 等. 采用序列图像的被动光学测速技术. 红外与激光工程, 2012,
41(10): 2805-2809.

[254] 王施鳗, 许文海, 董丽丽, 等. 基于改进的 Harris 角点的机载红外图像电子稳像. 红外技
术, 2020, 42(6): 573-579.

[255] 杨小冈, 左森, 黄先祥. 图像匹配综合实验与仿真系统研究. 系统仿真学报, 2010, 22(6):
1369-1373.

[256] Killius J, Elder B, Siegel L, et al. Multiwavelength scophony infrared scene projector// SPIE
Conference on Characterization, Propagation, and Simulation of Infrared Scene, 2011:
327-339.

[257] Mobley S B, Gareri J P. Hardware-in-the-loop simulation (HWIL) facility for development,
test, and evaluation of multispectral missile systems: update. International Society for Optical
Engineering, 2000, 5(4): 293-298.

[258] O'Toole X. A real time infrared scene simulator. International Journal of Infrared and
Millimeter Waves, 1996, 17(11): 1987-1995.

[259] 王学伟, 熊璋, 沈同圣, 等. 红外成像制导导弹虚拟战场仿真. 系统仿真学报, 2002, (7):
922-924, 931.

[260] 金龙. 制导炸弹视景仿真系统研究. 太原: 中北大学, 2015.

[261] 江照意. 典型目标场景的红外成像仿真研究. 杭州: 浙江大学, 2007.

[262] 李卓, 钱丽勋, 李平. 动态红外场景生成技术及其新进展. 红外与激光工程, 2011, 40(3):
377-383.

[263] 王建华, 孙力, 闫杰. 基于MOS电阻阵的红外目标模拟生成系统. 红外与激光工程, 2008,
37(3): 411-415.

# 附录　相关专业术语

**A**

| | |
|---|---|
| adaptive consensus algorithm(ACA) | 自适应一致性算法 |
| adaptive guidance navigation and control(AGNC) | 自适应制导、导航与控制 |
| adaptive matched filter(AMF) | 自适应匹配滤波器 |
| advanced digital optical control system (ADOCS) | 先进数字光学控制系统 |
| advanced launch system(ALS) | 先进发射系统 |
| advanced threat infrared countermeasures (ATIRCM) | 先进威胁红外对抗措施 |
| adversarial deep tracking(ADT) | 对抗深度跟踪 |
| aerial robotics cooperative assembly system(ARCAS) | 空中机器人协同装配系统 |
| air early warning(AEW) | 空中预警 |
| ant colony algorithm(ACA) | 蚁群算法 |
| anti-ballistic missile system(ABMS) | 反弹道导弹体系 |
| area under the curve(AUC) | 曲线下面积 |
| artificial bee colony algorithm(ABCA) | 人工蜂群算法 |
| artificial fish swarm algorithm(AFSA) | 人工鱼群算法 |
| artificial intelligence(AI) | 人工智能 |
| artificial neural network(ANN) | 人工神经网络 |
| artificial potential field(APF) | 人工势能场 |
| attitude heading reference system(AHRS) | 航向姿态参考系统 |
| audio visual interleaved(AVI) | 视听交错 |
| augmented reality(AR) | 增强现实系统 |
| automatic carrier landing system(ACLS) | 自动着舰系统 |
| automatic guided vehicle(AGV) | 自动导引车 |
| automatic target acquisition(ATA) | 自动目标截获 |
| automatic target recognition(ATR) | 目标自动识别 |
| autonomous navigation and sensing environment | 自主导航与环境感知研究 |

research(ANSER)

average precision(AP)　　　　　　　　　　　　　平均准确率

**B**

back propagation(BP)　　　　　　　　　　　　　反向传播

background suppress factor(BSF)　　　　　　　　背景抑制因子

bag of visual word(BoVW)　　　　　　　　　　视觉词袋

ballistic missile early warning system (BMEWS)　　弹道导弹预警系统

batch normalization(BN)　　　　　　　　　　　批归一化

Bayes MI(BMI)　　　　　　　　　　　　　　　贝叶斯互信息

behavior-based formation control(BBFC)　　　　基于行为的编队控制

beyond visual range(BVR)　　　　　　　　　　超视距

biometrics recognition　　　　　　　　　　　　生物特征识别

bitmap(BMP)　　　　　　　　　　　　　　　　位图

block diagonal least mean squared (BDLMS)　　块对角最小均方

Boston Dynamics　　　　　　　　　　　　　　波士顿动力

Butterworth high pass filter(BHPF)　　　　　　巴特沃斯高通滤波器

**C**

center location error(CLE)　　　　　　　　　　中心位置误差

charge coupled device(CCD)　　　　　　　　　电荷耦合器件

clutter-to-noise ratio(CNR)　　　　　　　　　杂噪比

co-evolutionary algorithm(CEA)　　　　　　　协同进化算法

command、control、communication、computer、　指挥、控制、通信、计算机、
information、surveillance、reconnaissance(C⁴ISR)　情报、监视与侦察

computer vision(CV)　　　　　　　　　　　　计算机视觉

context-aware deep feature compression for visual　场景感知深度特征压缩跟踪
tracking(TRACA)

continuous Fourier series(CFS)　　　　　　　　连续傅里叶级数

continuous Fourier transform(CFT)　　　　　　连续傅里叶变换

convolutional neural network(CNN)　　　　　　卷积神经网络

cooperation observe-orient-decide-act(Co-OODA)　协同观察-判断-决策-执行

cooperative game theory(CGT)　　　　　　　　合作博弈理论

cooperative guidance system(CGS)　　　　　　协同制导系统

| | |
|---|---|
| discrete Fourier transform(DFT) | 离散傅里叶变换 |
| discrete time Fourier transform(DTFT) | 离散时间傅里叶变换 |
| discrimative model | 辨别式模型 |
| distractor-aware siamese networks(DaSiamRPN) | 干扰物感知孪生网络 |
| distributed autonomous cooperative control (DACC) | 分布式自主协同控制 |
| distribution field(DF) | 分布场 |
| dual deep network for visual tracking (DNT) | 双深度网络跟踪 |
| dual-diffusion partial differential equation (DFPDE) | 双向扩散偏微分方程 |
| dull, dirty, dangerous, and deep(4D) | 枯燥、恶劣、危险、纵深 |
| dynamic link library(DLL) | 动态链接库 |
| dynamic programming | 动态规划 |
| dynamic programming(DP) | 动态规划 |
| dynamic swap targets algorithm(DSTA) | 动态交换目标算法 |

**E**

| | |
|---|---|
| earth centered inertial coordinate system (ECI) | 地心惯性坐标系 |
| earth mover distance(EMD) | 推土机距离 |
| edge based similar distance(ESD) | 边缘相似性距离 |
| edge contours(EC) | 边缘轮廓 |
| effective activation(EA) | 有效激活 |
| efficient convolution operators for tracking (ECO) | 高效卷积算子跟踪 |
| electronic image stabilization(EIS) | 电子稳像 |
| electronic protection(EP) | 电子防护 |
| elliptic symmetric directional moment (ESDM) | 椭圆对称方向矩 |
| enhanced correlation coefficient(ECC) | 增强相关系数 |
| evidence probability | 证据概率 |
| evolutionary algorithm(EA) | 进化算法 |

**F**

| | |
|---|---|
| false accept rate(FAR) | 错误接受率(误识率) |
| false alarm rate(FAR) | 虚警率 |
| false alarm(FA) | 虚警 |
| false positive rate(FPR) | 假正例率 |

| false reject rate(FRR) | 错误拒绝率(拒识率) |
| fast Fourier transform(FFT) | 快速傅里叶变换 |
| feature pyramid network(FPN) | 特征金字塔网络 |
| field of view(FOV) | 视场(视野) |
| fire and forget(FAF) | 发射后不管 |
| flight formation control(FFC) | 飞行编队控制 |
| forward looking infrared(FLIR) | 前视红外 |
| frequently asked questions(FAQ) | 常见问题 |
| fully convolutional network(FCN) | 全卷积神经网络 |
| fully convolutional siamese networks (SiameseFC) | 全卷积孪生网络 |

**G**

| Gaussian high pass filter(GHPF) | 高斯高通滤波器 |
| general graph optimization(g2o) | 通用图优化 |
| generative adversarial networks(GAN) | 生成式对抗网络 |
| generative model | 生成模型 |
| generic | 通用的、泛化 |
| genetic algorithm(GA) | 遗传算法 |
| geographic information system(GIS) | 地理信息系统 |
| global combat support system(GCSS) | 全球作战支援系统 |
| global positioning system(GPS) | 全球卫星定位系统 |
| global system for mobile communication (GSM) | 全球移动通信系统 |
| gradient description matrix(GDM) | 梯度描述矩阵 |
| gradient harmonizing mechanism(GHM) | 梯度协调机制 |
| gradient radius angle(GRA) | 梯度-径向夹角 |
| gradient radius transform(GRT) | 梯度-径向变换 |
| graph cut(GC) | 图分割 |
| graph neural network(GNN) | 图神经网络 |
| graphic user interface(GUI) | 图形用户界面 |
| graphics processing unit(GPU) | 图形处理单元 |
| greedy algorithm | 贪婪算法 |
| ground based augmentation system(GBAS) | 陆基增强系统 |

| | |
|---|---|
| ground based interceptor(GBI) | 地基拦截器 |
| ground truth(GT) | 真值 |
| guided bomb unit(GBU) | 制导炸弹 |

**H**

| | |
|---|---|
| hierarchical convolutional features for visual tracking(HCF) | 分层卷积跟踪 |
| high-altitude long-endurance(HALE) | 高空长航时 |
| high-definition vector imaging(HDVI) | 高精度矢量成像 |
| hill climbing algorithm | 爬山法 |
| histogram of oriented gradient(HOG) | 方向梯度直方图 |
| hue-saturation-intensity(HSI) | 色调-饱和度-强度 |
| human visual system(HVS) | 人类视觉系统 |
| hypergraph model(HM) | 超图模型 |

**I**

| | |
|---|---|
| ideal high pass filter(IHPF) | 理想高通滤波器 |
| image-quality metric(IQM) | 图像质量指标 |
| importance sampling(IS) | 重要性采样 |
| increment-inertial navigation information (I-INI) | 增量惯导信息 |
| independent component analysis(ICA) | 独立成分分析 |
| inertial navigation information(INI) | 惯导信息 |
| information consensus filter(ICF) | 信息一致性滤波 |
| information filtering(IF) | 信息过滤 |
| infrared countermeasure(IRCM) | 红外对抗 |
| infrared focal plane array(IRFPA) | 红外焦平面阵列 |
| infrared patch image(IPI) | 红外块图像 |
| infrared video automatic tracking(IRVAT) | 红外视频自动跟踪 |
| infrared(IR) | 红外 |
| intensified CCD(ICCD) | 增强型 CCD |
| intermediate-range ballistic missile(IRBM) | 中远程弹道导弹 |
| International Business Machines Corporation(IBM) | 国际商业机器公司 |
| intersection over union(IOU) | 交并比 |

| low rank representation(LRR) | 低秩表达 |

**M**

| machine vision(MV) | 机器视觉 |
| man in loop(MIL) | 人在回路 |
| mapping(SLAM) | 同步定位与地图构建 |
| Markov chain Monte Carlo(MCMC) | 蒙特卡罗-马尔可夫链 |
| Markov model(MM) | 马尔可夫模型 |
| Markov random field(MRF) | 马尔可夫随机场 |
| maximally stable external regions(MSER) | 极大稳定极值区域 |
| mean shift(MS) | 均值漂移 |
| meanshift | 均值漂移 |
| mean-standard deviation line descriptor (MSLD) | 均值-标准差直线描述子 |
| microsoft foundation class(MFC) | 微软基础类 |
| minimum output sum of squared error (MOOSE) | 最小方差和输出 |
| minimum-variance method(MVM) | 最小方差方法 |
| mixture of Gaussian(MOG) | 混合高斯 |
| motion picture experts group(MPEG) | MPEG(运动图像压缩)标准 |
| moving-target detection(MTD) | 动目标检测 |
| moving-target indication(MTI) | 运动目标指示 |
| multi-dimensional scaling(MDS) | 多维缩放 |
| multi-domain convolutional neural network (MDNet) | 多域卷积神经网络 |
| multi-layer perceptron(MLP) | 多层感知机 |
| multiple instance learning(MIL) | 多实例学习 |
| multiple instruction multiple data(MIMD) | 多指令多数据 |
| multiple to ground missile(BGM) | 多平台(发射)对地导弹 |
| multi-task autonomous navigation | |
| mutual information(MI) | 互信息 |

**N**

| naive Bayes | 朴素贝叶斯 |
| Nash equilibrium(NE) | 纳什均衡 |
| National Missile Defense(NMD) | 国家导弹防御系统 |

nearest neighbor(NN)　　　　　　　　　　　最近邻

neural network control(NNC)　　　　　　　　神经网络控制

non-maximal suppression(NMS)　　　　　　　非极大值抑制

normalizated product correlation(NPROD)　　归一化积相关

normalized cross correlation(NCC)　　　　　归一化积相关(同 NProd)

normalized moment of inertia(NMI)　　　　　归一化转动惯量(特征)

normed gradients(NG)　　　　　　　　　　　梯度幅值

nuclear magnetic resonance(NMR)　　　　　　核磁共振

**O**

object proposal　　　　　　　　　　　　　　目标建议

observation model　　　　　　　　　　　　　观测模式

operations(UACO)　　　　　　　　　　　　　无人自主协同作战

optical character recognition(OCR)　　　　　光学字符识别

optical flow feature　　　　　　　　　　　　光流特征

overlap rate(OR)　　　　　　　　　　　　　重合率

**P**

partial differential equations(PDE)　　　　　偏微分方程

particle filter(PF)　　　　　　　　　　　　　粒子滤波

particle swarm optimization(PSO)　　　　　　粒子群优化

pattern classification　　　　　　　　　　　模式分类

pattern recognition　　　　　　　　　　　　模式识别

peak signal to noise ratio(PSNR)　　　　　　峰值信噪比

phase correlation(PC)　　　　　　　　　　　相位关联

point-spread function(PSF)　　　　　　　　　点扩展函数

pooling　　　　　　　　　　　　　　　　　池化

position dilution of precision(PDOP)　　　　　位置精度(几何)因子

position, velocity and time(PVT)　　　　　　位置、速度和时间

positioning, navigation and timing(PNT)　　　定位导航与授时

power spectral density(PSD)　　　　　　　　功率谱密度

precise ROI pooling(PrROI Pooling)　　　　　精准感兴趣区域池化

precision positioning service(PPS)　　　　　精密定位服务

| principle component analysis(PCA) | 主成分分析 |
|---|---|
| probability density function(PDF) | 概率密度函数 |
| probablisitic hypergraph ranking(PHR) | 概率超图排序 |
| probablisitic hypergraph | 概率超图 |
| projection measurement(Proj) | 投影度量 |
| proportional integral derivative(PID) | 比例积分微分 |
| pseudo code | 伪码 |
| pyramidal directional filter bank(PDFB) | 塔型方向滤波器组 |

**R**

| random sample consensus(RANSAC) | 随机抽样一致 |
|---|---|
| recall | 召回率 |
| receiver operating characteristic(ROC) | 接收者操作特征曲线 |
| receptive field block(RFB) | 感受野模块 |
| rectified linear unit(ReLu) | 修正线性单元 |
| recurrent neural networks(RNN) | 递归神经网络 |
| recurrently target-attending tracking(RTT) | 递归目标跟踪 |
| region CNN(RCNN) | 区域卷积神经网络 |
| region of interest(ROI) | 感兴趣区域 |
| region proposal network(RPN) | 候选区域网络 |
| region-based fully convolutional network (R-FCN) | 基于区域的全卷积神经网络 |
| relation module(RM) | 目标关系模块 |
| relative local contrast measure(RLCM) | 关联局部对比度 |
| residual network | 残差网络 |
| restricted Boltzmann machine(RBM) | 受限波尔兹曼机 |
| reweighted infrared patch-tensor(RIPT) | 重加权红外块张量 |
| robust principal component analysis (RPCA) | 鲁棒主成分分析 |
| root mean square error(RMSE) | 均方根误差 |

**S**

| saliency feature | 显著性特征 |
|---|---|
| scale and orientation adaptive mean shift tracking(SOAMST) | 尺度和方向自适应均值偏移跟踪 |

| | |
|---|---|
| sum of squared differences(SSD) | 平方差和 |
| super pixels(SP) | 超像素 |
| support vector machines(SVM) | 支持向量机 |
| swarm intelligence(SI) | 群体智能 |
| synthetic aperture radar(SAR) | 合成孔径雷达 |
| system(MADAN) | 多任务自主导航系统 |

**T**

| | |
|---|---|
| tactical common data link(TCDL) | 战术通用数据链 |
| target analysis and simulation(TAS) | 目标分析与模拟 |
| target recognition and tracking(TRT) | 目标识别与跟踪 |
| task scheduling(TS) | 任务调度 |
| technology for autonomous operational survivability(TAOS) | 自主运行生存技术 |
| temporal profile(TP) | 时域剖面 |
| theatre missile defense(TMD) | 战区导弹防御系统 |
| three dimensional matched filtering (TDMF) | 三维匹配滤波器 |
| tightly coupled(TC) | 紧耦合 |
| time dilution of precision(TDOP) | 时间精度因子 |
| time sensitive target(TST) | 时敏目标 |
| time sequence image(TSI) | 时间序列图像 |
| tracking before detection(TBD) | 跟踪后检测 |
| transmission control protocol/internet rotocol(TCP/IP) | 传输控制协议/网际协议 |
| true accept rate(TAR) | 正确接受率 |
| true positive rate(TPR) | 真正例率(召回率) |
| two dimensional least mean square (TDLMS) | 二维最小均方 |

**U**

| | |
|---|---|
| uncooled infrared thermal imaging system (UITIS) | 非制冷红外热成像系统 |
| unidentified flying object(UFO) | 不明飞行物 |
| unmanned aerial vehicle(UAV) | 无人机 |
| unmanned autonomous collaborative | |
| unmanned combat aerial vehicle(UCAV) | 无人作战飞行器 |
| unmanned ground vehicle(UGA) | 地面无人平台 |

# 彩　　图

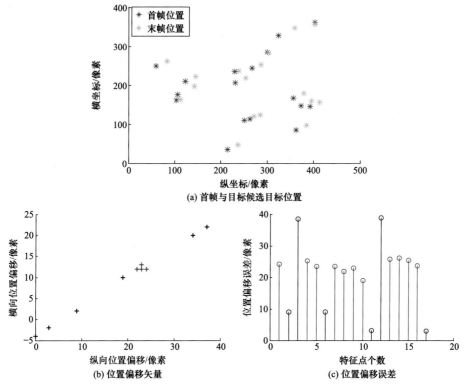

(a) 首帧与目标候选目标位置

(b) 位置偏移矢量

(c) 位置偏移误差

图 2.36　首帧与末帧候选目标位置关系

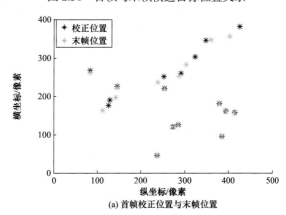

(a) 首帧校正位置与末帧位置

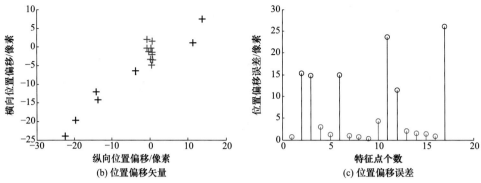

(b) 位置偏移矢量　　　　　　　　　　(c) 位置偏移误差

图 2.37　背景运动补偿之后首帧与末帧候选目标位置关系

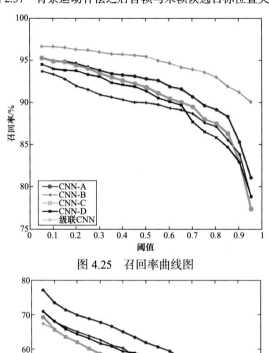

图 4.25　召回率曲线图

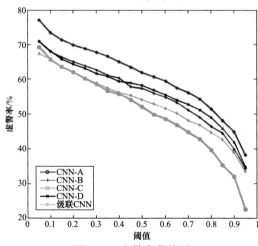

图 4.26　虚警率曲线图

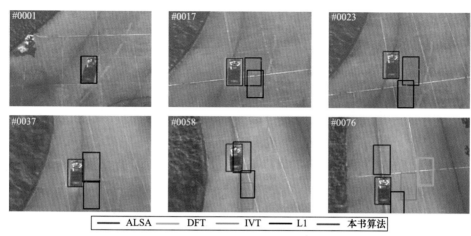

图 5.19　图像序列 electric vehicle 跟踪结果示例

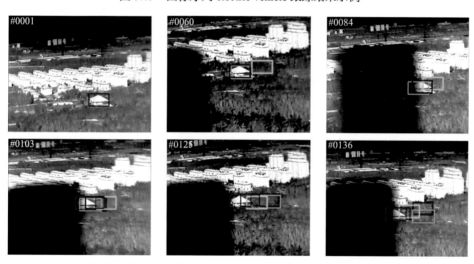

图 5.20　图像序列 house_occ 跟踪结果示例

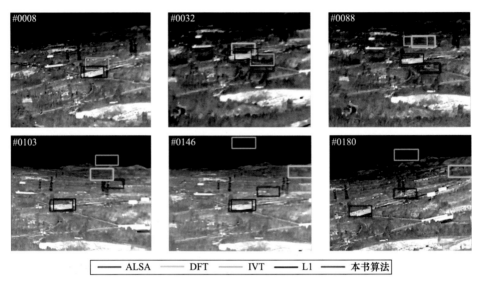

图 5.21　图像序列 bridge 跟踪结果示例

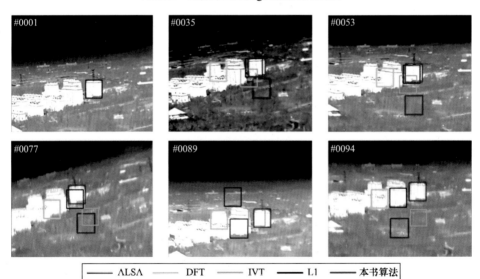

图 5.22　图像序列 building1 跟踪结果示例

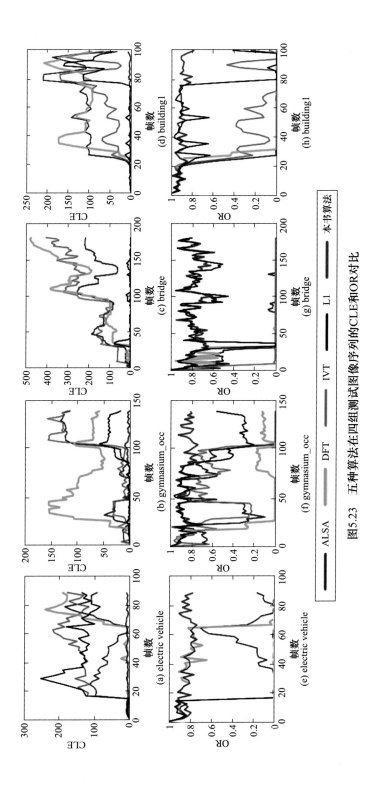

图5.23　五种算法在四组测试图像序列的CLE和OR对比

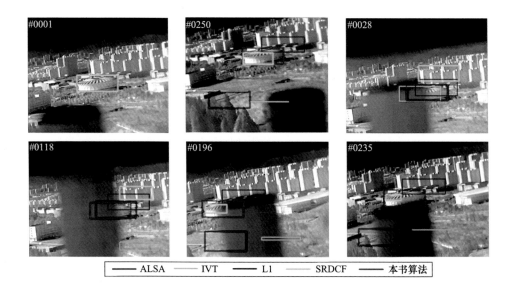

图 5.29　图像序列 gymnasium_occ 跟踪结果示例

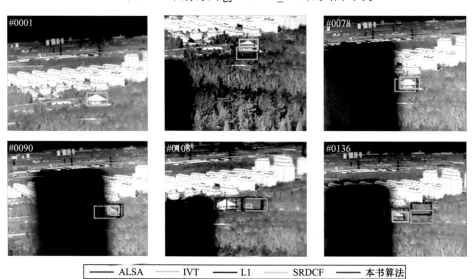

图 5.30　图像序列 house_occ 跟踪结果示例

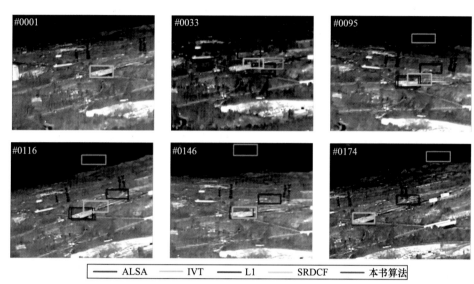

图 5.31 图像序列 bridge 跟踪结果示例

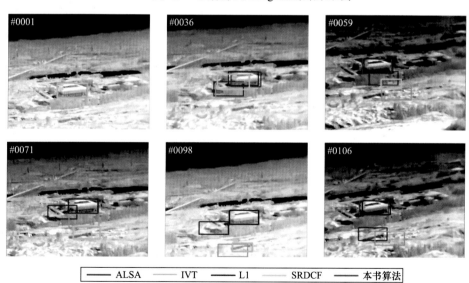

图 5.32 图像序列 museum 跟踪结果示例

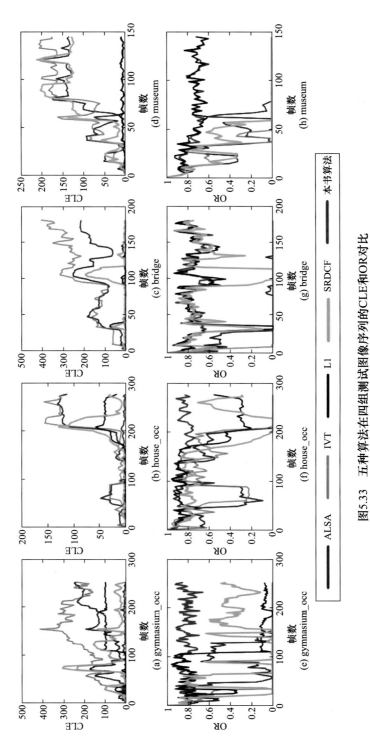

图5.33 五种算法在四组测试图像序列的CLE和OR对比

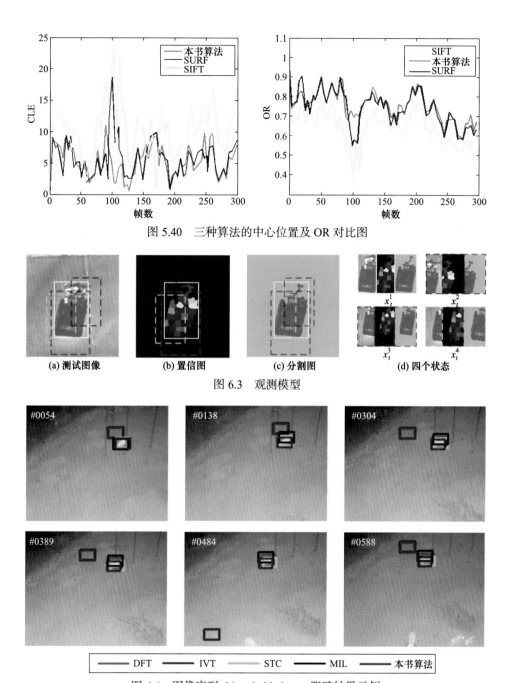

图 5.40 三种算法的中心位置及 OR 对比图

(a) 测试图像　　　　(b) 置信图　　　　(c) 分割图　　　　(d) 四个状态

图 6.3　观测模型

#0054　　　　　#0138　　　　　#0304

#0389　　　　　#0484　　　　　#0588

DFT —— IVT —— STC —— MIL —— 本书算法

图 6.4　图像序列 rhino_behind_tree 跟踪结果示例

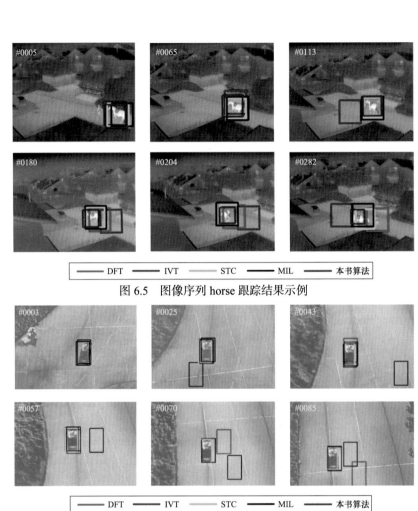

图 6.5　图像序列 horse 跟踪结果示例

图 6.6　红外图像序列 electric vehicle 跟踪结果示例

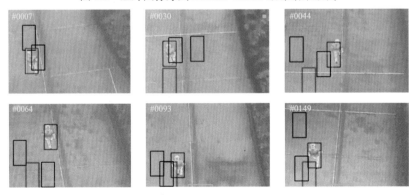

图 6.7　图像序列 walking man 跟踪结果示例

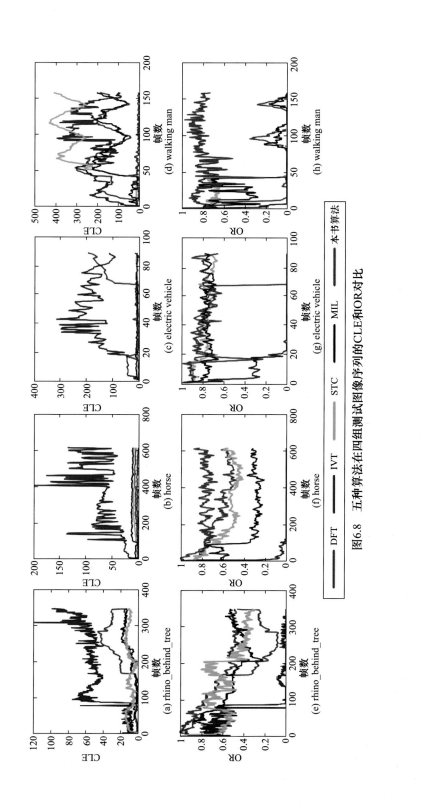

图6.8 五种算法在四组测试图像序列的CLE和OR对比

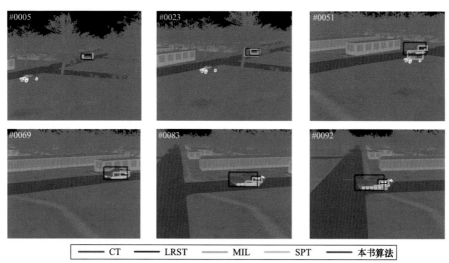

图 6.14　图像序列 tank1 跟踪结果示例

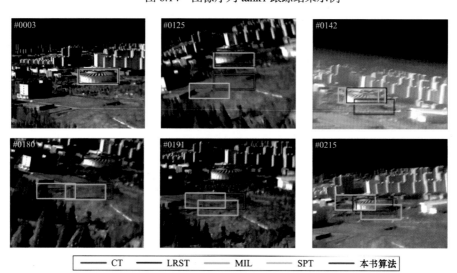

图 6.15　图像序列 gymnasium 跟踪结果示例

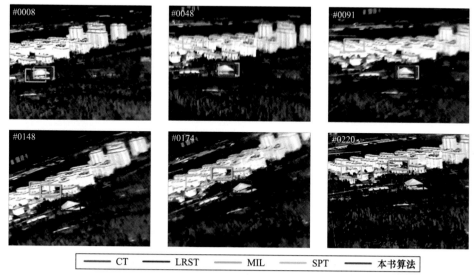

图 6.16　图像序列 house 跟踪结果示例

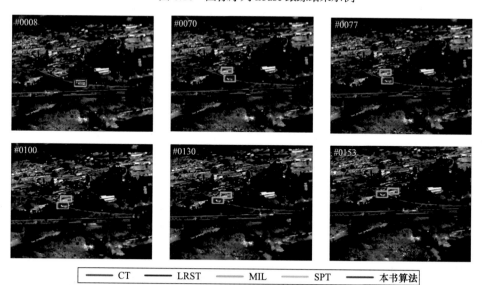

图 6.17　图像序列 truck 跟踪结果示例

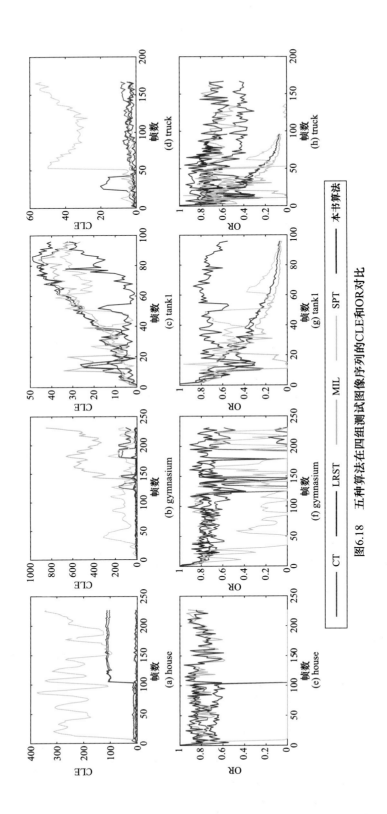

图6.18 五种算法在四组测试图像序列的CLE和OR对比

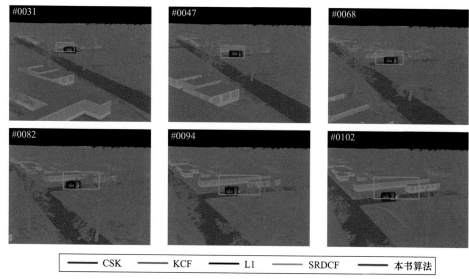

图 6.23 图像序列 tank2 跟踪结果示例

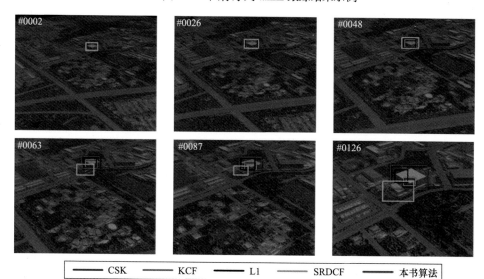

图 6.24 图像序列 building2 跟踪结果示例

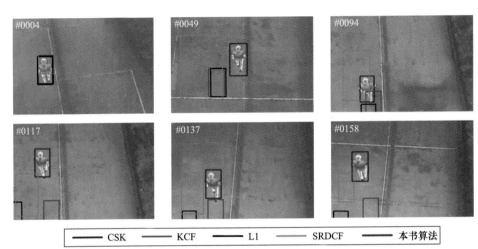

| —— CSK | —— KCF | —— L1 | —— SRDCF | —— 本书算法 |

图 6.25　图像序列 walking man 跟踪结果示例

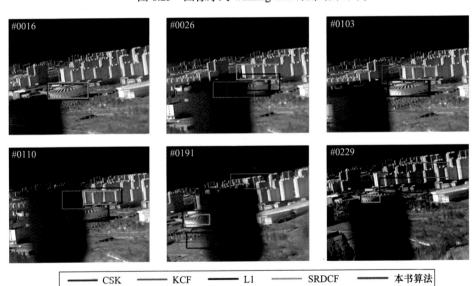

| —— CSK | —— KCF | —— L1 | —— SRDCF | —— 本书算法 |

图 6.26　图像序列 gymnasium_occ 跟踪结果示例

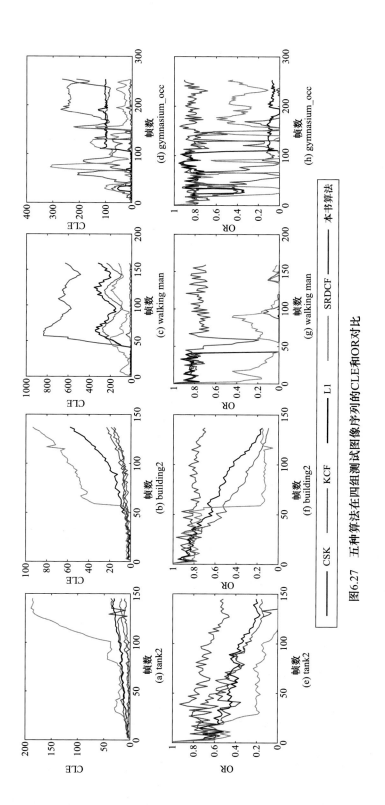

图6.27 五种算法在四组测试图像序列的CLE和OR对比

(a) 半实物仿真实验结果

(b) 直升机挂载实验结果

图 7.8 两组图像序列的预测结果

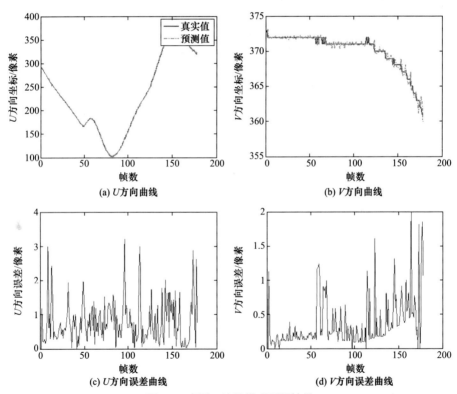

(a) U方向曲线

(b) V方向曲线

(c) U方向误差曲线

(d) V方向误差曲线

图 7.9 序列 2 连续模型预测结果

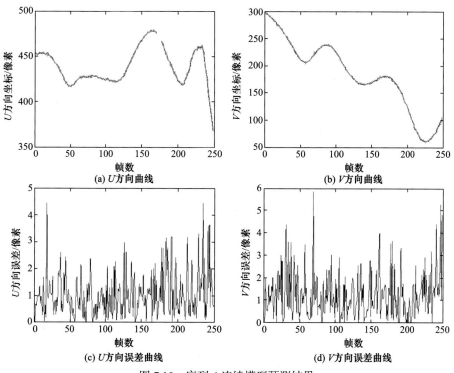

(a) $U$方向曲线

(b) $V$方向曲线

(c) $U$方向误差曲线

(d) $V$方向误差曲线

图 7.10　序列 4 连续模型预测结果

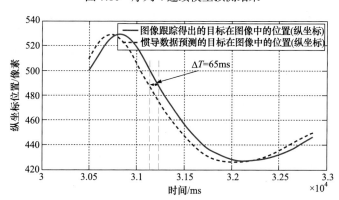

图 8.7　惯导数据与图像之间的时间延时关系曲线

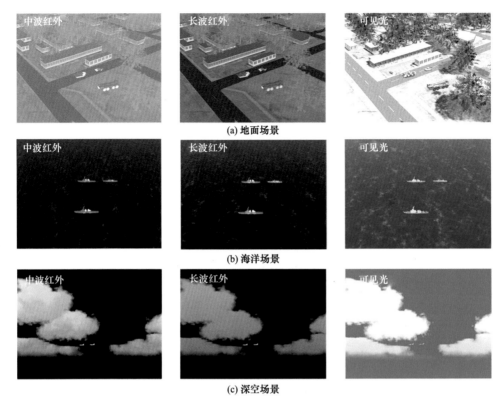

(a) 地面场景

(b) 海洋场景

(c) 深空场景

图 8.20　三种场景的双色红外仿真